铁矿石优化配矿实用技术

许满兴　张天启　编著

北　京

冶金工业出版社

2022

内 容 提 要

本书共 6 章，主要内容包括：铁矿资源概述；高炉炼铁精料要求及冶金性能检验；铁矿石评价及采购原则；铁矿石性能与科学配矿；铁矿烧结技术；铁矿烧结、球团发展与降本增效。

本书适用于钢铁冶金企业铁矿石采购人员、成本管控人员、高炉烧结配矿人员和基层烧结工人学习，也可供大专院校有关专业师生参考。

图书在版编目（CIP）数据

铁矿石优化配矿实用技术/许满兴，张天启编著．—北京：冶金工业出版社，2017.5（2022.4 重印）
ISBN 978-7-5024-7523-9

Ⅰ. ①铁…　Ⅱ. ①许…　②张…　Ⅲ. ①铁矿床—配矿—实用技术
Ⅳ. ①TD951.1

中国版本图书馆 CIP 数据核字（2017）第 090305 号

铁矿石优化配矿实用技术

出版发行	冶金工业出版社	电　话	（010）64027926
地　　址	北京市东城区嵩祝院北巷 39 号	邮　编	100009
网　　址	www.mip1953.com	电子信箱	service@mip1953.com

责任编辑　戈　兰　美术编辑　彭子赫　版式设计　孙跃红
责任校对　石　静　责任印制　李玉山
北京虎彩文化传播有限公司印刷
2017 年 5 月第 1 版，2022 年 4 月第 3 次印刷
710mm×1000mm　1/16；16 印张；313 千字；244 页
定价 76.00 元

投稿电话　（010）64027932　投稿信箱　tougao@cnmip.com.cn
营销中心电话　（010）64044283
冶金工业出版社天猫旗舰店　yjgycbs.tmall.com
（本书如有印装质量问题，本社营销中心负责退换）

序

随着我国钢铁工业的迅猛发展，进口铁矿石的依存度逐渐增加，1990 年为 14.82%（年进口量为 1745 万吨），2000 年增长到 19.24%（年进口量为 6997 万吨），2005 年快速增长到 50.5%（年进口量为 27524 万吨），2016 年增长到 85.75%（年进口量为 102412.43 万吨），根据以上依存度的变化说明，高炉炼铁从以国产矿为主发展到国内和进口两种资源并驾齐驱，再到以进口矿为主，甚至不少企业已经进入全外矿冶炼状态。但是由于国外铁矿资源的特点不同，良莠不齐，优化配矿的重要性更加突出。我国高炉炼铁近几十年发展的历史也是铁矿石优化配矿技术的发展史，《铁矿石优化配矿实用技术》一书的出版，对我国烧结、球团和高炉炼铁炉料优化有着重要的指导作用和实用价值。《铁矿石优化配矿实用技术》一书充分反映和体现了如下几个特点：

（1）全面系统表述了国内外铁矿资源的特点，着重讲述了澳大利亚、巴西、加拿大等铁矿资源的特点，为优化配矿提供了依据。

（2）详细介绍了铁矿粉的烧结基础特性、烧结矿的矿物组成、微观结构、冶金性能及对高炉冶炼的影响。

（3）完善了铁矿石的科学评价体系，铁矿石综合品位的计算方法，提出了优化原料采购的低成本原则。

（4）详细论述了进口铁矿粉的物理、化学性能和科学合理配矿原则、理论和方法。

（5）论述了铁矿粉特别是褐铁矿和高铝矿的烧结性能、使用方法和特点，并对不同矿种影响烧结矿质量的因素进行了深入分析。

（6）对我国烧结矿和球团矿生产技术的发展及趋向进行了科学分析，重点提出从优化原料采购到烧结、高炉配矿一体化组织生产的思路和方法，最大限度降低生铁成本，高炉炼铁向烧结要效益，向降低炉渣镁铝比要效益；论述了实现高炉炼铁低成本、低燃料比的战略举措和实施方案。

总之，该书对多种铁矿石特点的描述全面、详实，并列举了大量企业成功的案例和经验数据，突出了优化配矿技术的实用性，拓展了烧结球团生产的工艺技术理论，提出了低成本、低燃料比炼铁的思路和理念，是一本难得丰富的铁矿石优化配矿资料。该书的出版发行将会推动烧结、炼铁优化配矿工艺技术的进步和促进铁矿石科学合理综合评价体系的完善。

中国金属学会　王维兴

2017 年 4 月

前　言

近年来，由于铁矿石等原材料价格频繁波动，钢材市场跌宕起伏，钢铁企业面临"微利"时代的严峻挑战。对此，国内外众多钢铁企业实施低成本战略。作为占铁水成本一半以上的烧结矿，其成本的高低将直接影响铁水成本。传统的铁矿石评价和烧结配料优化方法都是建立在获得最低烧结成本的基础上，但实际生产中发现，这种追求最低烧结成本的评价或配比优化，并不意味着铁水成本的降低。常常由于低成本烧结矿性能变差，渣量增多，焦比升高，炉渣性能不稳定，有害杂质含量升高，铁水成本反而升高。因此，有必要从整个炼铁系统总成本出发，建立铁矿石评价、采购、烧结配料以及高炉炉料结构一体化的优化模型。

北京科技大学、中南大学、宝钢等院校钢企以适宜的炉渣碱度和镁铝比作为配料目标，综合考虑铁矿粉烧结基础特性、烧结矿成分、高炉的有害元素负荷以及每种原料的配比限制，并同时对高炉炉料结构进行优化，取得了良好的效果，是一个有益的尝试。

本书以北京科技大学著名烧结球团专家许满兴教授多年的学术论文和实验报告为基石整理而成，同时引用北京科技大学张建良、吴胜利教授，中南大学范晓慧教授，中国金属学会王维兴教授，宝钢股份公司阎丽娟等专家学者的文献。

北京科技大学张建良，中国金属学会王维兴，山西太钢不锈钢股份有限公司贺淑珍等教授学者对全书进行了修改。河北同业冶金科技有限责任公司董事长张静霞提供了十几年来烧结球团会议论文集，河北新钢钢铁有限公司配矿工程师程国伟、王东参与了部分内容编写和修改。文中引用和参考了大量的文献资料，在此一并表示衷心的感谢。

本书适用于钢铁冶金企业铁矿石采购人员、成本管控人员、高炉烧结配矿人员和基层烧结操作工学习，共分6章，从认识铁矿、评价铁矿、合理购矿、科学配矿、优化烧结到高炉配矿一体化，最终达到降本增效的目的。

由于编者水平有限，书中不妥之处，恳请专家、学者和广大读者给予指正。

2017 年 4 月

目　　录

1　铁矿资源概述

【本章提要】

本章概括地介绍世界铁矿资源的储量、分布、矿床成因类型，以及铁矿资源特点、铁矿石产量、矿业公司概况等。同时介绍了我国铁矿资源特点、资源分布、铁矿产量和进口铁矿石的现状。

1.1　世界铁矿资源储量

美国地质调查局 2012 年以前公布的数据，世界铁矿石储量 1600 亿吨，铁金属量 730 亿吨。2012 年 1 月，美国地质调查局（USGS）报告《矿产品概要》（U. S. Geological Survey, Mineral Commodity Summanes, January 2012）公布世界铁矿石储量 1700 亿吨，铁金属量 800 亿吨，平均品位 47%。世界铁矿石资源量勘查潜力大约 8000 亿吨以上，铁金属量大约 2300 亿吨，折合平均品位 28.75%。2012 年前及 2012 年 1 月美国地质调查局公布全球铁矿石资源情况见表 1-1。

表 1-1　2012 年前后美国地质调查局公布全球铁矿石资源情况　　（亿吨）

国家（地区）	2012 年前		2012 年 1 月	
	铁金属量	储量	铁金属量	储量
巴　西	89	160	160	290
俄罗斯	140	250	140	250
澳大利亚	100	160	170	350
乌克兰	90	300	21	60
中　国	70	210	72	230
哈萨克斯坦	33	83	10	30
印　度	42	66	45	70
瑞　典	22	35	22	35
美　国	21	69	21	69
委内瑞拉	24	40	24	40

国家（地区）	2012 年前		2012 年 1 月	
	铁金属量	储量	铁金属量	储量
加拿大	11	17	23	63
南 非	6.5	10	6.5	10
伊 朗	10	18	14	25
毛里塔尼亚	4	7	7	11
墨西哥	4	7	4	7
其 他	63.5	171	60.5	160
合 计	730	1600	800	1700

根据《固体矿产资源/储量分类》GB/T 17766—1999。

资源量：指查明矿产资源的一部分和潜在矿产资源的总和。资源量包括经可行性研究或预可行性研究证实为次边际经济的矿产资源及经过勘查而未进行可行性研究或预可行性研究的内蕴经济的矿产资源，以及经过预查后预测的矿产资源。

查明矿产资源：指经勘查工作已发现的固体矿产资源的总和。

潜在矿产资源：指根据地质依据和物化探测预测而未经查证的那部分固体矿产资源。

基础储量：指查明矿产资源的一部分。它能满足现行采矿和生产所需的指标要求（包括品位、质量、厚度、开采技术条件等），是经详查勘探所获得的、探明的并通过可行性研究、预可行性研究认为属于经济的、边际经济的部分，用未扣除设计采矿损失的数量表示。

储量：指基础储量中的经济可采部分。又分为可采储量和预可采储量。用扣除设计、采矿损失的可实际开采数量表示。

1.2　世界铁矿床成因类型

1.2.1　受热变质沉积型铁矿床

世界铁矿储量的 80%，富铁矿储量的 70%，均属受热变质沉积型铁矿床。巴西、澳大利亚、中国、乌克兰、美国等国铁矿多属于此类型。

巴西米纳斯-吉拉斯铁矿区又称铁四角矿区，铁矿资源储量 340 亿吨，铁矿品位 40%～69%。此矿区高品位富铁矿成因属此类型。巴西卡拉加斯铁矿区在亚马逊河流域，资源储量 180 亿吨，铁矿品位 59%～66%，属于与沉积和火山喷发作用有关的受热变质沉积铁矿床。

属此类型的大型铁矿床还有澳大利亚哈默斯利铁矿区和乌克兰克里沃罗格铁矿区。澳大利亚哈默斯利铁矿区,在西澳洲皮尔巴拉地区,有100多个大型赤铁矿床,全区资源储量约320亿吨,铁矿品位50%~64%。乌克兰克里沃罗格铁矿区,有9个含矿层,矿石工业类型是含铁石英岩,铁矿品位25%~43%,赤铁富矿品位大于50%,拥有资源储量200亿吨。

1.2.2　岩浆型铁矿床

岩浆型铁矿床(又称钒钛磁铁矿床)又分为岩浆晚期分异型和贯入型两大类,主要分布在乌拉尔、斯堪的纳维亚、加拿大和我国四川,矿石资源储量占世界的7%~10%。

著名的矿区南非布什维尔德铁矿区和俄罗斯卡其卡纳尔铁矿区属于此类型。南非布什维尔德铁矿区资源储量22亿吨,铁矿品位55%~58%,为大型钒钛磁铁矿床;俄罗斯卡其卡纳尔铁矿区,含矿带由浸染状和条纹状钛磁铁矿组成,长8.5km,宽3km,拥有储量122亿吨,铁矿品位14%~57%。

1.2.3　接触交代-热液型铁矿床

接触交代又称矽卡岩型铁矿床,是指侵入体与碳酸盐类岩石为主的围岩接触带,以交代、伴生有充填方式产生的铁矿床。首钢秘鲁矿业公司马科纳铁矿即属于此类型,拥有资源储量14亿吨,铁矿品位54%。

热液型铁矿床又分高温热液磁铁矿床和中低温热液赤铁矿、菱铁矿(褐铁矿)矿床,成矿时期与接触交代铁矿有内在联系,相伴产出。俄罗斯的巴卡尔铁矿区即属于热液型,该区有200多个矿体,拥有资源储量10.5亿吨,铁矿品位31%,主要是菱铁矿和褐铁矿。

1.2.4　火山岩型铁矿床

火山岩型铁矿床是指成矿物质来源于火山作用的铁矿床,最著名的瑞典基律纳铁矿属于此类型。该矿位于北极圈内,其资源储量34亿吨,铁矿石品位60%~70%,矿石属于磁铁矿,但磷含量较高。

属于此类型的哈萨克斯坦索科洛夫-萨尔拜铁矿,位于库斯坦奈城西南45km,1984年飞机飞越该矿上空时,因磁针强烈偏转而被发现。矿石资源储量估计142亿吨,铁矿品位平均41%,矿石资源储量中约一半是品位50%以上的富矿。

1.2.5　沉积型铁矿床

此类矿床由沉积作用形成,分为海相沉积和陆相沉积两类。新西兰塔哈罗尼

（Taharoa）铁矿属于沉积型矿床，位于北岛西海岸，为磁铁矿，品位 57%，资源储量 3 亿吨。法国洛林铁矿属于沉积型鲕状高磷褐铁矿，资源储量 77 亿吨，铁矿品位 40%~52%。

1.3　世界铁矿资源特点

世界铁矿资源特点为：

（1）铁矿资源集中在少数国家和地区，集中度高。包括俄罗斯、乌克兰、澳大利亚、巴西、哈萨克斯坦和中国在内的 6 个国家的铁矿石储量占世界总储量的 75.6%。

资源集中的地区也正是当今世界铁矿石的集中生产区。如巴西淡水河谷公司、澳大利亚必和必拓公司和力拓公司的铁矿石出口量占世界总出口量的 60% 以上。

（2）受变质沉积型铁矿床居多。从成因类型上，受变质沉积型铁矿床居多，其他类型铁矿床少，受变质沉积型铁矿床储量估计占总储量的 80%，这与我国的情况一致。

（3）从矿石质量上看南半球富铁矿多，北半球富铁矿少。巴西、澳大利亚和南非都位于南半球，其铁矿石品位高，质量好。世界铁矿平均品位 44%，澳大利亚赤铁富矿品位 56%~63%，成品矿粉矿一般 62%，块矿一般能达到 64%。巴西铁矿平均品位 53%~57%，成品矿粉矿一般 65%~66%，块矿品位 64%~67%。北半球贫矿多，多需要加工处理。

1.4　世界铁矿石产量

Wood Mackenzic 统计的世界各国铁矿石年产量见表 1-2，2012 年美国地质调查局公布的数据见表 1-3。

表 1-2　Wood Mackenzic 统计的世界各国铁矿石年产量　　　　　　（万吨）

国家（地区）	2010 年	2011 年	国家（地区）	2010 年	2011 年
北　美	8077	8837	俄罗斯及独联体	18211	18801
巴　西	35381	39671	印　度	19647	18910
拉美其他地区	4874	5332	澳大利亚	44176	47481
南　非	5760	5762	中　国	107156	132694
非洲其他地区	1367	1462	其他地区	3536	3946
欧　洲	2578	3112	合　计	250763	286008

注：我国是原矿产量。

表 1-3　2012 年美国地质调查局公布的铁矿石产量　　　（万吨）

国家（地区）	2009 年	2010 年	2011 年
美　国	2700	5000	5400
澳大利亚	39400	43300	48000
巴　西	30000	37000	39000
加拿大	3200	3700	3700
中　国	88000	107000	120000
印　度	24500	23000	24000
伊　朗	3300	2800	3000
哈萨克斯坦	2200	2400	2400
毛里塔尼亚	1000	1100	1100
墨西哥	1200	1400	1400
俄罗斯	9200	10100	10000
南　非	5500	5900	5500
瑞　典	1800	2500	2500
乌克兰	6600	7800	8000
委内瑞拉	1500	1400	1600
其他国家	4300	4800	5000
合　计	224400	259200	280600

注：我国是原矿产量。

2011 年世界铁矿石产量（折成品矿）约为 18 亿吨。世界十大铁矿石生产国依次为（按成品矿计）澳大利亚、中国、巴西、印度、俄罗斯、乌克兰、南非、加拿大、美国和伊朗，十个国家铁矿石产量占世界铁矿石总产量的 90% 以上。澳大利亚为世界第一大铁矿石生产国（折成品矿），2011 年约生产铁矿石 4.55 亿吨，约占世界铁矿石产量的 25.3%；我国为世界第二大铁矿石生产国，2011 年生产铁矿石 4.3 亿吨（折成品矿），约占世界铁矿石产量的 24%；巴西为世界第三大铁矿石生产国，2011 年生产铁矿石约 3.8 亿吨，约占世界铁矿石总产量的 21.1%。世界前三大铁矿石生产国产量占世界总产量的 70% 以上。

2012 年，全球铁矿石产量（折成品矿）共计 20 亿吨，其中产量排名前五位的国家共生产 15.4 亿吨，约占总产量的 77%，全球铁矿石生产呈高度集中态势。

1.5　世界主要矿业公司概况

世界铁矿石资源丰富，但铁矿石资源相对地集中在乌克兰、俄罗斯、澳大利亚、巴西、美国、印度、南非、加拿大、瑞典等国。由于各国计算储量的标准和方法不同，无法准确地得出各国的铁矿石储量，通常采用美国地质调查局发布的数据来比较，该局 2002 年公布的世界大型铁矿区分布及相关著名铁矿生产企业列于表 1-4。

表 1-4　世界大型铁矿区分布及相关著名铁矿生产企业

国　家	矿区名称	铁矿资源/亿吨		含铁品位/%	占本国储量的百分比/%	相关著名铁矿生产企业
		美国地质局公布的储量	相关国家公布的储量			
澳大利亚	皮尔巴拉	164	320	57	91	BHP、力拓（哈默斯利、罗布河）
巴　西	铁四角	50	340	35~69	65	淡水河谷公司南部生产系统
	卡拉加斯	26	180	60~67	35	淡水河谷公司北部生产系统
印　度	比哈尔、奥里萨	20	67	>60	29	NMDC、TATA
加拿大	拉布拉多	9	206	36~38	51	IOC、QCM
美　国	苏必利尔	65	163	31	94	明塔克、帝国、希宾
俄罗斯	库尔斯克	240	435	46	96	列别金、米哈依洛夫
乌克兰	克里沃罗格	108	194	36	36	英古列茨
瑞　典	基律纳	13	34	58~68	66	LKAB

　　世界主要从事用于全球贸易的铁矿石生产公司有力拓、必和必拓和巴西淡水河谷等，这几个公司的主要情况简介如下。

1.5.1　必和必拓公司

　　必和必拓公司（BHP）的矿山主要位于澳大利亚西部皮尔巴拉地区，分别是纽曼、扬迪和戈德沃斯，此外必和必拓公司还拥有 Jimblebar 矿和萨曼科公司。必和必拓公司铁矿石总储量约为 55 亿吨，2011 年，必和必拓公司铁矿产量约 1.62 亿吨。所有矿山生产的铁矿石通过长 426km 的铁路线，运输到黑德兰和芬尼康岛的港口混匀，装船外运国际铁矿石市场销售。

1.5.2　力拓公司

　　力拓公司（RT）主要矿山有哈默斯利全资矿、恰那铁矿、东部地区矿、Hope Downsl、4 号矿、加拿大铁矿公司（拥有 59% 股份）和罗布河矿（拥有 53% 的股份），其铁矿石储量达 25.98 亿吨。此外力拓公司还拥有 3 个矿石码头和 1400 多千米的铁路。2011 年，力拓铁矿石产量为 2.31 亿吨。

1.5.3　FMG 公司

　　FMG 是澳大利亚第三大铁矿石出口商，公司成立于 2003 年。2008 年 5 月 15 日 FMG 驶出第一船矿石。FMG 公司拥有 Christmas Creek 矿和 Cloudbreak 矿，铁矿储量达 16.25 亿吨。2011 年,FMG 公司生产铁矿石 4780 万吨。

1.5.4 淡水河谷公司

巴西主要铁矿石生产公司为淡水河谷公司(Vale,原名 CVRD),该公司铁矿石年产量占巴西铁矿石总产量的 82% 左右,它也是世界第一大铁矿石生产、出口公司。该公司主要矿山公司为 Urucum 和 Samarco。淡水河谷铁矿石储量达 149.6 亿吨,2011 年,铁矿石产量为 3.12 亿吨。

2012 年,全球产量排名前 7 的铁矿石生产公司共生产铁矿石 9.27 亿吨,占全球铁矿石总产量的近一半;而这 7 家公司中除安赛乐米塔尔外,其余 6 家公司生产铁矿基本用于贸易,6 家产量占全球铁矿贸易量的 75.7%,见表 1-5。

表 1-5 2012 年世界主要公司铁矿石生产情况

公司名称	产量/万吨	占全球铁矿产量比重/%	占全球铁矿贸易比重/%
淡水河谷	30900	15.45	26.87
力 拓	23900	11.95	20.78
必和必拓	17600	8.8	15.30
FMG	5600	2.8	4.87
安赛乐米塔尔	5600	2.8	4.87
英美资源	4900	2.45	4.26
Gliffs 公司	4200	2.1	3.65
合 计	92700	46.35	80.6
全球产量	200000		
全球贸易量	115000		

1.6 世界主要铁矿石企业产品保证值

世界主要铁矿石企业产品质量见表 1-6~表 1-9。

表 1-6 澳大利亚铁矿产品保证值

公司名称	产品	化学成分(质量分数)/%							水分/%	粒 度
		TFe	P	S	SiO_2	Al_2O_3	Cu	其他		
力拓公司 (Rio Tinto)	块矿	64/62	0.06	0.05	5.0	2.0	0.05	0.15	3	最大粒度+31.5mm -6.3mm 最大 10.5%
	粉矿	64/61	0.07	0.05	7.0	2.5	0.05	0.15	6	-6.3mm 占 100% -0.15mm 最大 28%

公司名称	产品	化学成分（质量分数）/%							水分/%	粒　度
		TFe	P	S	SiO$_2$	Al$_2$O$_3$	Cu	其他		
必和必拓公司 （BHP Billiton）	块矿	64/62	0.06	0.04	5.0	2.0	0.03	0.15	3	最大粒度+31.5mm −6.3mm 最大 13%
	粉矿	60/59	0.07	0.06	7.0	3.0	0.04	0.15	6	−6.3mm 占 100%， −0.15mm 最大 28%
罗布河公司 （Robe River）	粉矿	56.5	0.05	0.05	6.0	3.0	—	0.28 TiO$_2$	8	+9.5mm 最大 5% −0.15mm 最大 12%
扬迪铁矿 （YANDI BHP B）	粉矿	58/57	0.05	0.05	5.5	1.5	—	0.15	11 烧损	+9.5mm 最大 5% −0.15mm 最大 15%

表 1-7　巴西铁矿产品保证值

公司名称	产品	化学成分（质量分数）/%						水分/%	粒　度
		TFe	S	P	SiO$_2$	Al$_2$O$_3$	其他		
淡水河谷 南部系统	New Tubarao 块矿	66/64	0.03	0.08	—	5.0	0.15	6	最大粒度+75mm −12.5mm 最大 45%
	烧结粉矿	66.5/ 65	0.03	0.035	3.8	0.8	0.15	6	+10mm 最大 3% −6.3mm 最大 13%
淡水河谷 北部系统	块矿	66.5	0.02	0.065	1.0	1.5	0.15	5 （结晶水最 大 1.7）	+31.5mm 最大 5% −6.35mm 最大 14%
	粉矿	65	0.02	0.065	1.7	1.7	0.15	9 （结晶水最 大 2.2）	+6.3mm 最大 90% −0.15mm 最大 20%

表 1-8　南非锡兴铁矿产品保证值　　　　　　　　　　　　（%）

产品	化学成分（质量分数）/%					水分/%	粒　　度
	TFe	S	P	Al$_2$O$_3$	SiO$_2$		
块矿	66	0.025	0.048	1.5	3.7	2	+25mm 最大 1%，−8mm 最大 10%
粉矿	65	0.55	0.065	2.0	4.2	3.5	+5mm 最大 5%，−0.212mm 最大 18%

表 1-9　印度铁矿产品保证值　　　　　　　　　　　　（%）

公司名称	产品	化学成分（质量分数）/%								水分/%	粒　度
		TFe	S	P	Al$_2$O$_3$	SiO$_2$	TiO$_2$	Cu	其他		
Baliadila	块矿	66/63	0.05	0.1	10	10	—	0.05	0.15	7	−10mm 最大 20% +150mm 最大 2.5%
	粉矿	65	0.55	0.065	2	4.2	—	—	—	3.5	+10mm 最大 5% −0.15mm 最大 40%
Kudremukh	精矿	67	0.04	0.025	0.5	3.5	0.15	—	0.2	8.5	−0.15mm 最大 95%
Chowgule	粉矿	56.5	0.05	0.05	6.0	3.0	0.30	0.05	0.15	10	−0.15mm 最大 30% 最大粒度+10mm

公司名称	产品	化学成分（质量分数)/%								水分/%	粒　度
		TFe	S	P	Al_2O_3	SiO_2	TiO_2	Cu	其他		
SESA GOA	粉矿	62/63	0.06	0.07~0.08	2.2	4.0	0.25	0.01	0.15	10	−10mm 占 100%
	块矿	63/58	0.05	0.07	2.2~3.5	2.2~3.5	0.25	0.01	0.15	—	10~40mm 最大 75% −6.3mm 最大 20%

1.7　世界铁矿石国际贸易

2011 年世界铁矿石总产量约为 18 亿吨，其中我国国际贸易量约为 11 亿吨，占世界铁矿石总产量的 61%。在主要铁矿石出口国家中，澳大利亚位居第一位，铁矿石出口量为 4.38 亿吨，占世界铁矿石出口总量 40%左右；巴西位居第二位，铁矿石出口量为 3.31 亿吨，占世界铁矿石出口总量 30%左右；其次是印度，铁矿石出口量为 8100 万吨，占世界铁矿石出口总量的 7.4%。

我国是世界上铁矿石进口最多的国家，2011 年铁矿石进口量为 6.86 亿吨，占世界铁矿石总进口量的 60.2%；第二大铁矿石进口国是日本，2011 年铁矿石进口量为 1.29 亿吨，占世界铁矿石总进口量的 11.3%；第三是韩国，2011 年铁矿石进口量为 6490 万吨，占世界铁矿石总进口量的 5.7%；德国居第四位，2011 年铁矿石进口量为 4060 万吨，占世界铁矿石总进口量的 3.6%。

1.8　我国进口铁矿石的现状

我国进口铁矿石的现状为：

（1）历年进口矿量统计，如图 1-1 所示。由图 1-1 可见近几年我国铁矿石进口量增加很快。

（2）进口国别。我国铁矿石进口主要国家按数量排序依次为澳大利亚、巴西、印度、南非等国。以 2011 年为例，我国铁矿石进口主要来自澳大利亚、巴西、印度、南非，进口量分别为 29668.2 万吨、14273.5 万吨、7305.6 万吨和 3615 万吨，合计占总进口量的 80%，如图 1-2 所示。

我国铁矿石进口来源趋向多元化，但目前依赖澳大利亚、巴西、印度三国的主要格局仍然没有实质性改变。由于印度国内需求增长及铁矿石出口关税的增加，对我国铁矿石出口量大幅下降，从 2010 年的 9658.5 万吨下降到 2011 年的 7305.6 万吨，下降了 24.4%，占我国总进口量的比重也从 2010 年的 16%下降到了 11%，今后随着印度钢铁产量的增长，我国从印度进口铁矿也许还会进一步下降。

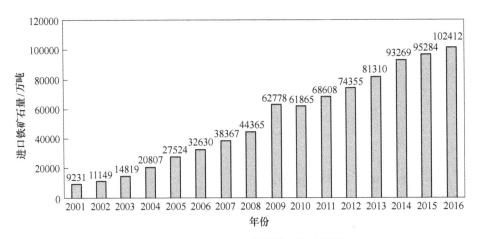

图 1-1　2001~2016 年我国进口铁矿石量

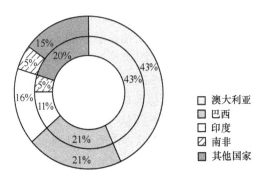

图 1-2　我国主要铁矿石进口来源国占比图

（外环：2011 年，内环：2010 年）

（3）进口矿数量地区分布。按地区划分的进口矿统计见表 1-10。

表 1-10　2011 年各地区进口矿量统计

地　区	华北	东北	华东	中南	西南	西北	合计
进口量/万吨	21776.9	4625.8	31902.5	7622.3	1638.8	1042.1	68608.5
占比/%	31.7	6.7	46.5	11.1	2.4	1.5	100.0

1.9　铁矿石价格变化趋势

近年来，随着铁矿石需求的旺盛增长，铁矿石国际贸易价格不断上扬。1990~2002 年期间，我国进口的铁矿石量低于 1 亿吨，到岸价格在 25 美元/吨左右上下波动；而在 2002 年之后，我国进口铁矿石量直线上升，2011 年达到了历史新高

6.86 亿吨，年平均到岸价格也达到了最高的 163.8 美元/吨。铁矿石进口量和进口价格较 2002 年之前呈现历史性大幅上涨，而且 2003~2011 年我国铁矿石进口由于价格上涨多支出约 3000 亿美元。2011 年，我国进口铁矿石的国家和地区、数量及到岸价见表 1-11。2001~2016 年我国铁矿石进口数量，增幅、价格和依存度变化态势见表 1-12。

表 1-11　2011 年我国进口铁矿石的国家和地区、数量及到岸价

进口国和地区	进口量/万吨	平均每吨到岸价/美元	占总量的百分比/%
澳大利亚	29668.2	167.42	43.24
巴　西	14273.5	180.21	20.80
印　度	7305.58	132.79	10.65
南　非	3615	177.17	5.27
伊　朗	1663.36	142.95	2.424
俄罗斯	1561.2	177.28	2.275
加拿大	1208.3	201.09	1.76
印度尼西亚	1187.36	90.51	1.73
秘　鲁	966.6	151.72	1.40
乌克兰	1251.1	184.8	1.82
蒙　古	549.7	100.6	0.80
全国进口量	68608.48	163.837	100

表 1-12　2001~2016 年我国铁矿石进口数量、增幅、价格和依存度变化态势表

年　份	2001	2002	2003	2004	2005	2006	2007	2008
数量/万吨	9231	11149	14819	20807	27524	32630	38367	44365
增幅/%	31.9	20.8	32.9	40.4	32.3	18.6	17.6	15.6
每吨价格/美元	27.11	24.84	32.79	61.09	66.78	64.12	88.28	130.90
依存度/%	36.8	40.5	43.0	48.1	49.6	49.0	49.8	55.7
年　份	2009	2010	2011	2012	2013	2014	2015	2016
数量/万吨	62778	61865	68608	74355	81310	93269	95284	102412
增幅/%	41.5	-1.5	10.9	8.4	9.35	14.7	2.2	7.48
每吨价格/美元	79.87	128.89	163.84	128.58	129.03	100.42	59.63	70.0
依存度/%	69.3	62.7	64.1	66.95	66.75	78.3	82.50	86.8

注：外贸依存度是指一定时期内一个国家或地区对外贸易总额占该国国内生产总值的比重，它是衡量一国贸易开放程度的一个基本指标，也是反映一国与国际市场联系程度的标尺。

由表 1-12 可见，自 2014 年后，铁矿石的价格由于国外铁矿石产能过剩，价格陡然下降，2015 年已经下降到 59.63 美元/吨，2016 年又上涨到 70 美元/吨。

1.10　我国进口铁矿石存在的问题

我国进口铁矿石存在的问题有：

(1) 没有统一完整的战略规划，缺乏统一领导。各企业"走出去"买矿、开矿都是独立对外，各行其是，互不联合，甚至内斗，秩序混乱，造成严重损失。

一年进口铁矿石 6.86 亿吨，花费外汇 1124 亿美元，矿价上涨每年多花 300 亿美元，对国家来说本是一件大事，但由于缺少集中统一领导，进而造成了外矿价格的一路上扬。我国钢铁工业协会、五矿商会都管，一家偏重管钢铁企业，一家偏重管铁矿石贸易商，实际上也是都管不起来。过去钢协、五矿商会和金属导报合作，一年召开一次国际铁矿石会议，后来分开了，五矿商会和金属导报联合一年召开一次国际铁矿石会议；钢协只好自己单独一年召开一次国际铁矿石会议。两个国际会议内容相同，议题一致。

进口矿缺少统一指挥，行动自然分散。以澳洲尤里岗地区为例，中钢集团与澳中西部公司合作开发 Weld Range 铁矿，鞍钢与金达必公司合作开发卡拉拉铁矿，重钢与吉普山合作开发吉普山铁矿。在同一地区，中钢、鞍钢、重钢三家互不协商，都单独对外，三个矿在同一地区，外部铁路和港口是共用的，但没有统一规划，当然更没有统一行动，结果铁路和港口项目都让日本企业拿走了，我国开矿，日本掌握铁路、港口经营权，进而导致我国进口铁矿石受他方制约的不利局面。

(2) 权益进口矿比例小，现货贸易比重大。权益进口矿比例小，现货贸易比重大，给印度以及其他供应商有可乘之机，造成混乱。2011 年我国进口矿铁矿石 6.86 亿吨，属于权益进口矿额度只有 6000 万吨，不到总进口量的 10%。而日本权益进口矿占总进口量 70%。

前几年现货贸易矿价高，长期合同矿价低，三大公司也陆续采用印度方式，对我国以现货抛售铁矿。由 2010 年起，年度定价机制改为季度定价，如今走向指数定价，很大原因就是我国现货贸易市场引起的。

(3) 国货国运额度小。2011 年我国进口矿 6.86 亿吨，占世界海运贸易量近 60%~70%，但大部分都委托外国海洋运输公司运矿，中远公司等我国海洋公司承运额估计也就 10%。如今按指数定价，都是按到岸价结算，矿石海运费也都让供应商拿走了。

1.11　我国铁矿资源特点

我国铁矿资源的特点是储量大、品位低、贫矿多、选矿难。按铁矿资源储量，我国居世界第四位，属资源大国。但矿石含铁品位平均只有33%，贫矿石占全部矿石储量98.8%，富矿只有9.27亿吨，占1.2%。国土资源部公布，2010年全国查明铁矿石资源量为726.99亿吨，基础储量504.67亿吨，储量222.32亿吨，其中铁金属量79亿吨，2010年我国各省（市、区）铁矿资源储量见表1-13。

表1-13　2010年我国铁矿资源储量　　　　　　　　　（亿吨）

省（市、区）	矿区数	铁金属量	储　量	基础储量	资源量
全　国	3846	79.00	222.32	504.67	726.99
北　京	46	0.85	0.89	9.00	9.89
天　津	1	—	—	0.01	0.01
河　北	262	10.57	37.49	50.12	87.61
山　西	133	—	12.13	21.4	33.53
内蒙古	401	0.15	12.12	24.93	37.05
辽　宁	332	28.04	75.46	107.84	183.3
吉　林	155	1.33	2.31	3.78	6.09
黑龙江	57	0.19	0.42	3.31	3.73
上　海	1	—	—	0.09	0.09
江　苏	30	0.18	1.72	3.04	4.76
浙　江	23	0.02	0.16	0.19	0.35
安　徽	271	0.95	8.19	39.72	47.91
福　建	134	2.37	3.54	2.68	6.22
江　西	107	1.14	1.91	5.86	7.77
山　东	261	6.39	10.31	36.94	47.25
河　南	168	0.69	1.65	14.7	16.35
湖　北	196	0.74	3.73	26.26	29.99
湖　南	124	0.73	1.63	9.67	11.3
广　东	104	0.4	1.59	5.51	7.1
广　西	102	0.01	1.1	3.16	4.26
海　南	7	0.57	1.04	2.84	3.88
重　庆	37	0.01	0.01	2.75	2.76
四　川	184	13.23	28.73	68.11	96.84
贵　州	183	0.36	0.51	7.57	8.08
云　南	121	2.24	3.82	33.5	37.32
西　藏	18	—	0.27	1.91	2.18
陕　西	52	2.83	4.04	3.52	7.56
甘　肃	92	3.03	3.91	4.75	8.66
青　海	41	0.03	0.07	3.47	3.54
宁　夏	11	—	—	0.03	0.03
新　疆	192	1.95	3.57	8.01	11.58

1.12　我国铁矿资源分布

我国铁矿资源分布特点是广而又相对集中。全国除香港、澳门等个别地区外，绝大部分省（市、自治区）都或多或少地拥有铁矿储量，但又相对集中于河北、四川和辽宁。

我国铁矿资源辽宁省占 25.2%，四川省占 13.32%，河北省占 12.05%，安徽省占 6.59%，山东省占 6.5%，云南省占 5.13%，内蒙古占 5.1%，7 省合计资源储量 537.28 亿吨，占全国 73.9%。全国有 7 个储量在 10 亿吨以上的大矿区：鞍本矿区、冀东矿区、攀西矿区、五台-岚县矿区、白云鄂博矿区、宁芜矿区和霍邱矿区。1949 年以来，依靠这些矿区为原料基地，我国建设了鞍钢、本钢、首钢、唐钢、攀钢、太钢、包钢、马钢和梅山等一批大型钢铁联合企业。此外，相对比较集中的地区还有云南的安宁-晋宁地区、河北的邯郸和邢台地区、河南的舞阳地区、山东的济南-淄博-莱芜地区、湖北的大冶地区、甘肃的酒泉地区、新疆东疆地区和海南的石碌地区等。

已利用矿区的查明资源储量为：全国已开发利用的铁矿区 1306 处，查明资源储量 281.09 亿吨，主要分布在辽宁、河北、四川、安徽、云南、甘肃等省区。

可规划利用矿区的查明资源储量为：全国可规划利用的铁矿区 822 处，查明资源储量 188.97 亿吨，主要分布在河北、辽宁、内蒙古、山东、山西、安徽、河南。

暂难利用的查明资源储量为：暂难利用的铁矿区 962 处，查明资源储量 143.29 亿吨。

1.13　我国铁矿床类型

世界已有的铁矿类型，我国都已发现。2006 年统计，磁铁矿占 50.8%；钒钛磁铁矿占 17.3%；红矿（赤铁矿、褐铁矿、菱铁矿、镜铁矿）占 29.7%；其他类型占 2.2%。

（1）受热变质沉积型铁矿床。主要分布在鞍山-本溪地区、冀东地区、晋北地区。查明资源储量占全国 55.2%。

（2）岩浆型铁矿床。通常称为钒钛磁铁矿床，主要分布在四川攀枝花地区和河北承德地区。查明资源储量占全国 15.3%。

（3）接触交代-热液型铁矿床。主要分布在河北邢台地区、湖北大冶、山东莱芜地区等。查明资源储量占全国 13.4%。

（4）火山岩型铁矿床。以南京梅山、安徽马鞍山、姑山、云南大红山为代表。查明资源储量占全国 3.9%。

（5）沉积型铁矿床。主要分布在河北宣化和湖南湘西地区。查明资源储量占全国 9.3%。

（6）风化淋滤型铁矿床。主要分布在广东、广西、福建、贵州、江西等地。查明资源储量占全国 1.1%。

（7）其他类型铁矿床。海南石碌铁矿，内蒙古白云鄂博铁矿，查明资源储量占全国 1.8%。

1.14　我国铁矿石产量

我国铁矿业发展始于新中国成立，惊人的发展又始于 1978 年改革开放。1949 年，我国铁矿原矿产量仅为 59 万吨；1969 年为 4333 万吨；1978 年突破 1 亿吨，达到 11779 万吨；1992 年突破 2 亿吨，达到 20976 万吨；2004 年突破 3 亿吨，达到 33546 万吨；2007 年达到 70700 万吨；2008 年原矿产量达到 82401 万吨；2009 年原矿产量为 88127 万吨；2010 年突破 10 亿吨，达到 107155 万吨；2011 年突破 13 亿吨，达到 132694 万吨。2010 年和 2011 年铁矿石产量见表 1-14。

表 1-14　2010~2011 年我国铁矿石（原矿）产量统计　　　（万吨）

省市区	2010 年	2011 年	省市区	2010 年	2011 年
合　计	107155.5	132694.2	河　南	1269.2	1337.1
北　京	2041.8	2001.6	湖　北	1528.2	1790.8
河　北	44618.8	59470.9	湖　南	451.4	445.5
山　西	5506.7	7161.4	广　东	1726.2	2052
内蒙古	8205.7	9735.7	广　西	262.2	350
辽　宁	14653.0	15393	海　南	489.6	579.5
吉　林	1161.7	1666.3	重　庆	47.5	1.6
黑龙江	227.1	226.9	四　川	9972.7	13509.8
江　苏	339.7	233.1	贵　州	75.8	68
浙　江	142.3	142.6	云　南	1901.8	2201.5
安　徽	3236.9	3760.1	陕　西	372.9	999.3
福　建	2327.3	2664.3	甘　肃	991.6	963.7
江　西	953.2	1108.6	青　海	166.3	105.5
山　东	2218.1	1926.2	新　疆	2245.8	2732.1

参考文献

［1］焦玉书. 世界铁矿资源开发实践［M］. 北京：冶金工业出版社，2013.

［2］李创新. 我国钢铁转型升级之路［M］. 北京：冶金工业出版社，2015.

［3］叶卉，张忠义，应海松，等. 铁矿石资源战略研究［M］. 北京：冶金工业出版社，2009.

［4］邢立亭，徐征和，王青. 矿产资源开发利用与规划［M］. 北京：冶金工业出版社，2014.

［5］王筱留. 钢铁冶金学［M］. 3 版. 北京：冶金工业出版社，2014.

［6］许满兴. 2015 年我国铁矿石进口市场态势与分析［C］. 低成本、低燃料比炼铁新技术文集，2016.

2 高炉炼铁精料要求及冶金性能检验

【本章提要】

本章主要讲述高炉炼铁对原料、燃料的要求，系统地介绍了烧结矿、球团矿的各种冶金性能，铁矿粉基础特性概念及对高炉的影响和检验方法。

2.1 炼铁精料要求

2.1.1 炼铁精料概念

《钢铁产业发展政策》规定："企业应积极采用精料入炉、富氧喷吹、大型高炉"先进工艺技术和装备。

国内外炼铁工作者均公认，高炉炼铁是以精料为基础。精料技术对高炉生产指标的影响率在 70%，工长操作水平的影响占 10%，企业现代化管理水平占 10%，设备作业水平占 5%，外界因素（动力、供应、上下工序等）占 5%。在高冶炼强度、高喷煤比条件下，焦炭质量变化对高炉指标的影响率在 35% 左右。

炼铁精料技术的内容有："高、熟、稳、均、小、净、少、好"八个方面。

（1）高：入炉矿含铁品位高、原燃料转鼓指数高、烧结矿碱度高。入炉矿品位高是精料技术的核心，其作用：矿品位在 57% 条件下，品位升高 1%，焦比降低 1.0%~1.5%，产量增加 1.5%~2.0%，吨铁渣量减少 30kg，允许多喷煤粉 15kg；入炉铁品位在 52% 左右时，品位下降 1%，燃料比升高 2.0%~2.2%。说明用低品位矿炼铁，对高炉指标的副作用是比较大的。

烧结矿碱度高是指碱度在 1.9~2.23（倍），其转鼓强度高、还原性高、低温还原粉化率低。

（2）熟：指熟料（烧结和球团矿）比要高，一般不小于 85%。

（3）稳：入炉的原燃料质量和供应数量要稳定。要求炉料含铁品位波动不大于 ±0.5%，碱度波动不大于 ±0.08（倍），FeO 含量波动不大于 ±1.0%，合格率不小于 80%~98%。

（4）均：入炉的原燃料粒度要均匀。

（5）小：入炉的原燃料粒度要偏小。

（6）净：入炉的原燃料要干净，粒度小于 5mm 占总量比例的 5%以下，5～10mm 粒级占总量的 30%以下。

（7）少：入炉原燃料有害杂质要少。

（8）好：铁矿石的冶金性能要好：还原性高（不小于 70%）、软熔温度高（不低于 1200℃）、软熔温度区间要窄（100～150℃）、低温还原粉化率和膨胀率要低（一级≤15%，二级≤20%）。

鞍钢在《高炉炼铁工艺与计算》一书中简化为"高、稳、小、净"四字精料要求，详见表 2-1。

表 2-1　现代高炉精料的部分要求水平

指标	高			稳			小				净（<5mm）/%	
	渣量/kg·t^{-1}	熟料比/%	CaO/SiO$_2$	含铁量变化/%	SiO$_2$变化/%	碱度变化	天然矿/mm	球团矿/mm	烧结矿/mm	焦炭/mm	入炉矿石	入炉焦炭
宝钢	250	90	1.75	<0.2	—	<0.04	8～25	—	6～50	25～70	<5	—
日本	250～350	87.1	>1.5	<0.2	<0.3	<0.03	8～25	6～15	6～50	25～70	<5	<3.0
前苏联	250～400	100	>1.25	<0.2	<0.3	<0.03	—	6～15	10～30	25～70	<5	<2.5
德国	300～400	84.3	1.4～2.0			<0.03	8～25	—	6～50	25～70	<5	—
美国	—	92	—	—	—	—	—	6～15	6～38	—	—	—
法国	—	91.5					8～25	6～15	6～40		<7	

总结国内外在精料上所做内容是："高炉炼铁的渣量要小于 300kg/t；成分稳定、粒度均匀；冶金性能良好；炉料结构合理"四个方面。

2000 年炼铁工作会议和金属学会年会上，提出了对精料要求的参考指标，见表 2-2。

表 2-2　精料要求水平

精料种类	成分（质量分数）/%			CaO/SiO$_2$	波动/%		粒度组成/%			单球抗压强度/N
	TFe	SiO$_2$	FeO		TFe	CaO/SiO$_2$	>50mm	>10mm	>5mm	
烧结矿	>58.0	<5.0	6～8	>1.7	±0.3	±0.05	<10	<30	<5	—
球团矿	>64.5	<4.5	<1.0	—	±0.3	—	—	—	—	2000

2.1.2 铁烧结矿、球团矿标准

我国重新修订了黑色冶金行业标准《铁烧结矿》（YB/T 421—2005）和国家标准《高炉用酸性球团矿》（GB/T 27692—2011）见表 2-3~表 2-6。

表 2-3 优质铁烧结矿技术指标（YB/T 421—2005）　　　　（%）

项目名称	化学成分（质量分数）				物理性能			冶金性能	
	TFe	CaO/SiO$_2$	FeO	S	转鼓指数 (+6.3mm)	筛分指数 (−5mm)	抗磨指数 (−0.5mm)	低温还原粉化指数 (+3.15mm) RDI	还原度指数 (RI)
指标	≥57	≥1.70	≤9.0	≤0.03					
允许波动范围	±0.4	±0.05	±0.5	—	≥72	≤6	≤7	≥72	≥78

注：TFe 和 CaO/SiO$_2$ 的基数由企业自定。

表 2-4 普通铁烧结矿技术指标（YB/T 421—2005）　　　　（%）

项目名称		化学成分（质量分数）				物理性能			冶金性能	
		TFe	CaO/SiO$_2$	FeO	S	转鼓指数 (+6.3mm)	筛分指数 (−5mm)	抗磨指数 (−0.5mm)	低温还原粉化指数 (+3.15mm) RDI	还原度指数 RI
碱度	品级	允许波动		不大于						
1.5~2.5	一级	±0.5	±0.08	11	0.06	≥68	≤7	≤7	≥72	≥78
	二级	±1.0	±0.12	12	0.08	≥65	≤9	≤8	≥70	≥75
1.0~1.5	一级	±0.5	±0.05	12	0.04	≥64	≤9	≤8	≥74	≥74
	二级	±1.0	±0.10	13	0.06	≥61	≤11	≤9	≥72	≥72

注：TFe 和 CaO/SiO$_2$ 的基数由企业自定。

表 2-5 铁球团矿化学成分、冶金性能技术指标（GB/T 27692—2011）　（%）

项目名称	品级	化学成分（质量分数）				冶金性能		
		TFe	SiO$_2$	S	P	还原膨胀指数 (RSI)	还原度指数 (RI)	低温还原粉化指数 ($RDI_{+3.15}$)
指标	一级	≥65.00	≤3.50	≤0.02	≤0.03	≤15.0	≥75.0	≥75.0
	二级	≥62.00	≤5.50	≤0.06	≤0.06	≤20.0	≥70.0	≥70.0
	三级	≥60.00	≤7.00	≤0.10	≤0.10	≤22.0	≥65.0	≥65.0

注：需方如对其他化学成分有特殊要求，可与供方商定。

表 2-6　铁球团矿物理特性技术指标（GB/T 27692—2011）　　　　（%）

项目名称	品级	物理特性			粒级	
		单球抗压强度/N	转鼓强度（+6.3mm）	抗磨指数（-0.5mm）	8~16mm	-5mm
指标	一级	≥2500	≥92.0	≤5.0	≥95.0	≤3.0
	二级	≥2300	≥90.0	≤6.0	≥90.0	≤4.0
	三级	≥2000	≥86.0	≤8.0	≥85.0	≤5.0

2.1.3　《高炉炼铁工程设计规范》要求

《高炉炼铁工程设计规范》（GB 50427—2015）要求入炉原料应以烧结矿和球团矿为主，并采用高碱度烧结矿搭配酸性球团矿（自熔性球团矿）或部分块矿的炉料结构。目前一些企业达不到《规范》要求，严重影响了高炉正常生产。表 2-7~表 2-14 是新修订的《高炉炼铁工程设计规范》对入炉原料的质量要求。

表 2-7　入炉原料含铁品位及熟料率

炉容级别/m³	1000	2000	3000	4000	5000
平均含铁/%	≥56	≥57	≥58	≥58	≥58
熟料率/%	≥85	≥85	≥85	≥85	≥85

注：平均含铁的要求不包括特殊矿。

表 2-8　烧结矿质量

炉容级别/m³	1000	2000	3000	4000	5000
铁分波动/%	≤±0.5	≤±0.5	≤±0.5	≤±0.5	≤±0.5
碱度（CaO/SiO₂）	1.8~2.25	1.8~2.25	1.8~2.25	1.8~2.25	1.8~2.25
碱度波动	≤±0.08	≤±0.08	≤±0.08	≤±0.08	≤±0.08
铁分和碱度波动达标率/%	≥80	≥85	≥90	≥95	≥98
含 FeO/%	≤9.0	≤8.8	≤8.5	≤8.0	≤8.0
FeO 波动/%	≤±1.0	≤±1.0	≤±1.0	≤±1.0	≤±1.0
转鼓指数（+6.3mm）/%	≥71	≥74	≥77	≥78	≥78
还原度/%	≥70	≥72	≥73	≥75	≥75

表 2-9　球团矿质量

炉容级别/m³	1000	2000	3000	4000	5000
含铁量/%	≥63	≥63	≥64	≥64	≥64
铁分波动/%	≤±0.5	≤±0.5	≤±0.5	≤±0.5	≤±0.5
转鼓指数（+6.3mm）/%	≥86	≥89	≥92	≥92	≥92

续表 2-9

炉容级别/m³	1000	2000	3000	4000	5000
耐磨指数（-0.5mm）/%	≤5	≤5	≤4	≤4	≤4
单球常温耐压强度/N	≥2000	≥2000	≥2200	≥2300	≥2500
低温还原粉化率（+3.15mm）/%	≥65	≥65	≥65	≥65	≥65
膨胀率/%	≤15	≤15	≤15	≤15	≤15
还原度/%	≥70	≥72	≥73	≥75	≥75

注：1. 不包括特殊矿石；
   2. 球团矿碱度应根据高炉的炉料结构合理选择，并在设计文件中做明确的规定，为保证球团矿的理化性能，宜采用酸性球团矿与高碱度烧结矿搭配的炉料结构；
   3. 球团矿碱度宜避开 0.3~0.8 的区间。

表 2-10 入炉块矿质量

炉容级别/m³	1000	2000	3000	4000	5000
含铁量/%	≥62	≥62	≥63	≥63	≥63
铁分波动/%	≤±0.5	≤±0.5	≤±0.5	≤±0.5	≤±0.5
抗爆裂性能/%	—	—	≤1.0	≤1.0	≤1.0

表 2-11 原料粒度

烧 结 矿		球 团 矿		块 矿	
粒度范围/mm	5~50	粒度范围/mm	6~18	粒度范围/mm	5~30
>50	≤8%	9~18	≥85%	>30	≤10%
<5	≤5%	<6	≤5%	<5	≤5%

注：石灰石、白云石、萤石、锰矿、硅石的粒度应与块矿相同。

表 2-12 顶装焦炭质量

炉容级别/m³	1000	2000	3000	4000	5000
M40/%	≥78	≥82	≥84	≥85	≥86
M10/%	≤7.5	≤7.0	≤6.5	≤6.0	≤6.0
反应后强度 CSR/%	≥58	≥60	≥62	≥64	≥65
反应性指数 CRI/%	≤28	≤26	≤25	≤25	≤25
焦炭灰分/%	≤13	≤13	≤12.5	≤12	≤12
焦炭含硫/%	≤0.85	≤0.85	≤0.7	≤0.6	≤0.6
焦炭粒度范围/mm	75~25	75~25	75~25	75~25	75~30
粒度大于上限/%	≤10	≤10	≤10	≤10	≤10
粒度小于下限/%	≤8	≤8	≤8	≤8	≤8

注：捣固焦配煤种类差异较大，捣固焦密度差异也较大，热工制度不完善，生产出捣固焦的指标不能完全适应高炉生产的需求，故暂时未列入捣固焦的质量要求。

表 2-13　喷吹煤质量

炉容级别/m³	1000	2000	3000	4000	5000
灰分/%	≤12	≤11	≤10	≤9	≤9
含硫/%	≤0.7	≤0.7	≤0.7	≤0.6	≤0.6

表 2-14　入炉原料和燃料有害杂质量控制值　　　　（kg/t）

有害杂质	K_2O+Na_2O	Zn	Pb	As	S	Cl⁻
质量控制值	≤3.0	≤0.15	≤0.15	≤0.1	≤4.0	≤0.6

2.1.4　入炉有害杂质

矿石中含有硫、磷、铅、锌、砷、氟、氯、钾、钠、锡等有害杂质。冶炼优质生铁要求矿石中杂质含量越少越好，不但可减轻对焦炭、烧结矿和球团矿质量的影响，减少高炉熔剂用量和渣量，而且还可减轻炼钢铁水预处理工作量，并为冶炼纯净钢和洁净钢创造必要条件。

2.1.4.1　硫的危害及控制

A　硫的危害

硫（S）是对钢铁危害最大的元素，它使钢材具有热脆性。硫几乎不熔于固态铁，而是以 FeS 形态存在于晶粒接触面上，熔点低（1193℃），当钢被加热到 1150~1200℃时，被熔化，使钢材沿晶粒界面形成裂纹，即所谓的"热脆性"。

入炉料中硫含量增加将导致熔剂加入量增多，渣量增大，增加高炉热量消耗，焦比上升。高炉入炉硫负荷减少 0.1%，就可使高炉燃料比降低 3%~6%，生铁产量提高 2%。

B　硫的来源及控制

高炉内的硫来自矿石杂质和焦炭、煤粉中的硫化物，熔剂也带入少量的硫。在烧结过程中，可以除去以硫化物形式存在的硫达 90% 以上，可以除去以硫酸盐形式存在的硫达 70% 以上，所以应充分利用烧结除去矿石中的硫。一般来说，入炉硫量的 60%~80% 来自焦炭及煤粉。因此，对入炉焦炭和喷吹煤粉的全硫含量要严格控制。

一般天然块矿含硫 0.15%~0.3%。天然块矿石中含硫的界限量：一级矿石要求含硫不大于 0.06%，二级矿石要求含硫不大于 0.2%，三级矿石要求含硫不大于 0.3%。高炉炼铁配料计算中要求每吨生铁的原燃料总含硫量要控制在 4.0kg 以下，并希望在 3.0kg 以下。否则，要调高炉渣碱度，提高脱硫系数，以确保生铁含硫量合格。高炉入炉硫元素的控制标准见表 2-15。

表 2-15 高炉入炉硫的控制指标

吨铁入炉硫负荷/kg·t⁻¹	焦炭含硫量/%	煤粉含硫量/%	炉料含硫量/%
≤3.0	≤0.6	≤0.4	≤0.05

2.1.4.2 磷的危害及控制

磷（P）是钢材中的有害成分，它使钢材产生"冷脆性"。

由于烧结和高炉冶炼过程没有脱磷的功能，因此矿石中的磷会全部进入生铁中，这样就要求严格控制入炉料中的含磷量。

磷主要来源于烧结矿，而球团矿、块矿和熔剂中磷含量较少，而烧结矿是高炉的主要原料，因此对烧结矿中的磷含量要严格控制。高炉入炉含磷量的控制指标见表 2-16。

表 2-16 高炉入炉含磷量的控制指标

烧结矿的含磷量/%	炉料含磷量/%	入炉磷负荷/kg·t⁻¹
<0.07	<0.06	<1.0

2.1.4.3 铅的危害及控制

铅以 PbS、$PbSO_4$ 的形式存在于炉料中，铅在炼铁过程中很容易还原。铅密度大（$11.34g/cm^3$），熔点低（327℃），沸点高（1540℃），不溶于铁水。在炼铁过程中，铅易沉积于炉底，渗入砖缝中，对高炉炉底有破坏作用，所以用含 Pb 高的矿石炼铁，在高炉底部要设置专门的排铅口，出铁时要降低铁口高度或提高铁口角度。Pb 在高温区能气化，进入煤气中上升到低温区时又被氧化为 PbO，可再随炉料下降形成循环积累。铅主要由块矿带入炉内，天然块矿的含 Pb 量应小于 0.1%。

2.1.4.4 碱金属的危害及其控制

A 碱金属在高炉内的危害

我国许多高炉都存在碱金属危害问题，其中酒钢、新疆八钢、昆钢、包钢、宣钢等高炉，由于矿石、焦炭等炉料碱金属含量偏高，或入炉碱负荷长期超标，受其影响比其他高炉更严重。

从含铁炉料和燃料中带入高炉的 K、Na 等碱金属，在高炉上部存在碱金属碳酸盐的循环积累，在高炉中下部存在碱金属硅铝酸盐或硅酸盐的循环和积累。严重时会造成高炉中上部炉墙结瘤，引起下料不畅、气流分布和炉况失常。碱金属使球团矿产生异常膨胀，还原强度显著下降，还原粉化加剧。碱金属能提高烧结矿的还原度，但使烧结矿的还原粉化率大幅度上升，并降低软熔温度，加宽软熔区间。碱金属在高炉不同部位炉衬内滞留、渗透，会引起硅铝质耐火材料异常膨胀；造成风口上翘、中套变形；会引起耐材剥落、侵蚀，造成炉体耐材损坏，炉底上涨甚至炉缸烧穿等事故。碱金属中 K 元素的循环积累及其危害性比 Na 元素更大。

B　碱金属的来源及控制

为保证高炉的正常冶炼并获得良好的技术指标，有效的办法是控制入炉料中碱金属的含量和增加碱金属的排除量。

碱金属由原燃料带入，生产中对焦炭和煤粉灰分成分中的钾、钠含量要检验分析并进行控制。焦炭灰分成分中 K_2O 和 Na_2O 的总含量一般应小于 1.3%。无烟煤灰分中的碱金属含量比烟煤高，高炉使用混合煤喷吹可以控制燃料中带入的碱金属含量，喷吹煤中碱金属含量应控制在 1.5% 以下。

新疆八钢、酒钢等矿石碱金属含量较高，其煤和焦炭中碱金属含量也比中部、东部地区高得多。八钢烧结矿中 K_2O 含量约 0.066%~0.13%，Na_2O 含量约 0.06%~0.21%。高炉入炉 K_2O+Na_2O 总负荷中，矿石带入约占 70%~75%。由于碱金属，尤其是 K_2O 对矿石、焦炭的破坏作用以及对高炉生产设备的危害，需要对矿石、煤炭进行脱碱、脱灰处理，高炉日常生产中要通过配矿、配煤减少碱金属入炉。要对原燃料碱金属含量、高炉入炉碱负荷以及碱金属在高炉系统中的收支平衡进行定期检测分析，把握其变化。碱负荷长期偏高的高炉要定期进行炉渣排碱。

我国普通高炉铁矿石碱金属（K_2O+Na_2O）入炉量限制为不高于 0.25%。吨铁的碱负荷不高于 3kg/t。大型高炉碱金属的控制指标见表 2-17。

表 2-17　大型高炉碱金属的控制指标

焦炭灰分中 K_2O+Na_2O 的含量/%	≤1.2
喷吹煤灰分中 K_2O+Na_2O 的含量/%	≤1.3
入炉原燃料带入的碱金属量/$kg \cdot t^{-1}$	≤2.2（其中 K_2O 负荷<1.0）

2.1.4.5　锌的危害及其控制

A　锌在高炉中的循环和危害

锌是与含铁原料共存的元素，常以铁酸盐 $ZnO \cdot Fe_2O_3$、硅酸盐 $2ZnO \cdot SiO_2$ 及闪锌矿 ZnS 的形式存在。高炉冶炼时，其硫化物先转化为复杂的氧化物，然后再在高于 1000℃ 的高温区被 CO 还原为气态锌。锌蒸气在炉内氧化—还原循环。ZnO 颗粒沉积在高炉炉墙上，可与炉衬和炉料反应，形成低熔点化合物而在炉身下部甚至中上部形成炉瘤。当锌的富集严重时，炉墙严重结厚，炉内煤气通道变小，炉料下降不畅，高炉难以接受风量，崩、滑料频繁，对高炉顺行和生产技术指标带来很大影响。有时甚至在上升管中结瘤，阻塞煤气通道，对高炉长寿也有严重的危害。

B 锌的主要来源及控制

高炉生产中，锌的循环除高炉内部的小循环外，还存在于烧结—高炉生产环节间的大循环系统。一般锌从高炉排出后大部分进入高炉污泥中或干法除尘的布袋灰中，当高炉的锌负荷很高时，除尘器灰中也含有大量的锌。如果锌含量高的高炉尘泥或除尘器灰配入烧结矿中再进入高炉利用，高炉内就会形成锌的循环富集。应研究高炉的循环与危害，以及烧结—高炉生产中锌的外部循环。

烧结配入高炉高锌尘泥和转炉、电炉尘泥，是造成高炉锌富集和危害生产的根源所在，必须打破烧结—高炉间的锌循环链，从源头上切断锌的来源。对于高炉煤气净化灰泥和转炉灰泥、电炉尘泥，必须经脱锌处理后才能回配烧结使用。尽可能少加或不加高锌尘泥到烧结矿中。许多高炉实绩证明，为回收尘泥而牺牲高炉生产顺行的做法是得不偿失的。

在天然矿、球团矿和焦炭、煤粉（锌含量约 0.03%~0.05%）中，也含有微量的锌，但对高炉不具有威胁性。

为控制锌的入炉量，应对烧结矿和高炉瓦斯泥成分进行日常检测，并加强使用管理。高炉生产中通过配料计算，对入炉锌负荷加以监控。高炉锌负荷的控制标准见表2-18。

表 2-18 高炉锌负荷的控制标准

烧结矿中的锌含量/%	入炉锌负荷/kg·t⁻¹	炉料含锌量/%
<0.01	<0.15	<0.008

2.1.4.6 其他有害元素

A 砷（As）

在铁矿石中常以硫化合物即毒砂（FeAsS）等形态存在，它能降低钢的力学性能和焊接性能。烧结过程只能去除小部分，它在高炉还原后溶于铁中。入炉原料允许含量 As≤0.07%。

B 铜（Cu）

在铁矿中主要以黄铜矿（FeCuS）等形态存在。烧结过程中不能除去铜，高炉冶炼过程中铜全部还原到生铁中。钢中含少量的铜可以改善钢的抗腐蚀性能，但含量超过 0.3% 时，会降低其焊接性能，并产生"热脆"现象。入炉原料允许含量 Cu≤0.2%。

C 氟（F）

氟是高炉炼铁的有害元素，当矿石中含氟较高时，会使炉料粉化，并降低其软熔温度、降低矿、焦熔融物的熔点，使高炉很容易结瘤。含氟炉渣熔化温度比普通炉渣低 100~200℃。含氟的高炉渣属于易熔易凝的"短渣"，流动性很强，对硅铝质耐火材料有强烈的侵蚀作用。通常以萤石作为洗炉熔剂。使用含氟矿时，风口和渣口易破损。矿石中含氟低于 1% 时，对高炉冶炼无影响；当含氟在 4%～5% 时，应提高炉渣碱度，以控制炉渣的流动性。普通矿含氟量一般为 0.05%。

D 氯（Cl）

氯也是对高炉生产和耐材有害的元素；对干式煤气净化余压发电装置和伸缩波纹管有极强的腐蚀。燃烧含氯的煤气，其燃烧产物中会生成剧毒物质二噁英。

氯主要来源于矿石和烧结矿。氯元素易造成高炉炉墙结瘤，耐材破损。

焦炭在高炉内吸附氯化物后反应性增强，热强度下降。

进入煤气中的氯以 Cl^- 形式腐蚀煤气管道，造成煤气泄漏，近几年来采用干法除尘的许多高炉都出现碳钢管道快速腐蚀和不锈钢波纹管腐蚀的问题。

国内铁矿石含氯很少。进口铁矿石含氯高或用海水选矿带入 NH_4Cl 等物质，应控制进口矿石中氯的含量。一些工厂还喷洒 $CaCl$ 降低烧结矿的 RDI，或向喷吹煤粉中添加含氯助燃剂，也是高炉氯的来源之一，应严格禁止。日本、宝钢等已停止向烧结矿喷洒 $CaCl_2$，经验证明，高炉透气性也没有明显下降。

E 钛（Ti）

铁矿石中的钛是以 TiO_2、TiO_3、TiO 等形式存在。钛是难还原元素，其氧化物进入炉渣，通过渣焦界面反应和铁水中［C］的直接还原分离出［Ti］，铁水中的［Ti］还能与［C］、［N］结合生成 TiC 和 TiN 或 Ti（CN）。TiC 和 TiN 熔点极高，分别为 3150℃ 和 2950℃，以固体颗粒形态存在于渣中，使炉渣黏度急剧增大，造成高炉冶炼困难。普通矿烧结配加钛矿粉的量超过一定标准时，会严重降低烧结矿的还原性和强度。由于高炉铁水中的 TiC 和 TiN 颗粒易沉积在炉缸、炉底的砖缝和内衬表面，对炉缸和炉底内衬有保护作用，钛矿常作为普通矿冶炼的高炉护炉料。

钛（Ti）对于炼铁来说既是有害元素，又是有益元素。钛能改善钢的耐磨性及耐蚀性，含钛高的矿应作为宝贵的 Ti 资源。但 TiO_2 能使炉渣性质变坏，在冶炼时 90% 进入炉渣；含量不超过 1% 时，对炉渣及冶炼过程影响不大，超过 4%～5% 时，使炉渣性质变坏，易结炉瘤。冶炼普通生铁时，入炉铁矿石含 TiO_2 应小于 1.5%，高炉采取钛渣护炉时可以适当提高 TiO_2 含量。冶炼特种钢时可根据当地资源进行确定，如攀西式钒钛磁铁矿中含 TiO_2 约在 13%。

入炉铁矿石中有害杂质的含量要求见表 2-19。

表 2-19 入炉铁矿石中有害杂质的含量要求

元　素	S	P	Pb	K_2O+Na_2O	Zn	Cu
含量/%	≤0.3	≤0.07	≤0.1	≤0.25	≤0.1	≤0.2

元 素	Cr	Sn	As	Ti，TiO_2	F	Cl
含量/%	≤0.25	≤0.08	≤0.07	≤1.5	≤0.05	≤0.001

注：表 2-19 是指入炉原料中的块矿在 15%以下时可供参考。作者认为以控制原燃料带入高炉的有害元素总量（入炉负荷）为宜。

2.1.5 有益元素

有些与 Fe 伴生的元素可被还原并进入生铁，能改善钢铁材料的性能，这些有益元素有 Cr、Ni、V 及 Nb 等。还有的矿石中伴生元素有极高的单独分离提取价值，如 Ti 及稀土元素等。某些情况下，这些元素的品位已达到可单独分离利用的程度，虽然其绝对含量相对于 Fe 仍是少量的，但其价值已远超过铁矿石本身，则这类矿石应作为宝贵的综合利用资源。

例如，矿石中的有益元素含量达到一定数值时，如 Mn≥5%，Cr≥0.06%，Ni≥0.20%，Co≥0.03%，V≥0.1%，Mo≥0.3%，Cu≥0.3%，则称为复合矿石，经济价值很大，应考虑综合利用。

其中钛能改善钢的耐磨性和耐蚀性，但使炉渣性质变坏，冶炼时有 90%进入炉渣，含量不超过 1%时，对炉渣及冶炼过程影响不大；超过 4%~5%时，使炉渣性质变坏，易结炉瘤。

2.1.6 高炉炼铁生产对原料质量的要求

2.1.6.1 烧结球团对铁矿粉的质量要求

铁矿粉分为烧结粉和球团精粉两类，对两类的质量要求列于表 2-20 和表 2-21。

表 2-20 对烧结矿粉和球团精粉化学成分的要求 （%）

种 类	TFe	SiO_2	Al_2O_3	S	P	K_2O+ Na_2O	Cl	TiO_2	Pb	Zn	Cu	As
烧结矿粉	≥62.0	≤5.0	≤2.0	≤0.3	≤0.05	≤0.2	≤0.001	≤0.25	≤0.1	≤0.1	≤0.2	≤0.07
球团精粉	≥66.0	≤3.5	≤1.5	≤0.3	≤0.05	≤0.2	≤0.001	≤0.25	≤0.1	≤0.1	≤0.2	≤0.07

表 2-21 对烧结矿粉和球团精粉物理性能的要求 （%）

种 类	>6.3mm	-1mm	-0.075mm （-200 目）	比表面积 /$cm^2 \cdot g^{-1}$	H_2O	LOI
烧结矿粉	<8.0	<22.0	—	—	≤6.0	≤6.0
球团精粉	—	—	≥80.0	≥1300	≤8.0	≤1.5

2.1.6.2　烧结生产对熔剂的质量要求

烧结熔剂有石灰石、生石灰、消石灰、白云石（或白云石化石灰石）、轻烧白云石、蛇纹石、菱镁石等，我国各种熔剂入厂条件见表2-22。

表 2-22　我国各种熔剂入厂条件

名　称	化学成分/%	粒度/mm	水分/%	备　注
石灰石	CaO≥52，SiO₂≤3，MgO≤3	0~80，0~40	<3.0	—
白云石	MgO≥19，SiO₂≤4	0~80，0~40	<4.0	—
生石灰	CaO≥85，MgO≤5，SiO₂≤3.5 P≤0.05，S≤0.15	≤4	—	生烧率+过烧率≤12% 活性度①≥210mL
消石灰	CaO>60，SiO₂<3	0~3	<15	—
蛇纹石	CaO+MgO>35	0~40	<5	一般用于低硅精粉烧结
轻烧白云石	CaO≥52，MgO≥32，SiO₂≤3.5	0~3	—	—

① 指在（40±1）℃水中，50g 生石灰 10min 内消耗浓度 4mol/L 盐酸的量。

2.1.6.3　烧结生产对固体燃料的质量要求

烧结生产用固体燃料主要有碎焦、无烟煤等，详见表2-23。

表 2-23　我国部分烧结生产固体燃料入厂条件

名　称	序号	固定碳/%	挥发分/%	硫/%	灰分/%	水分/%	粒度/mm
无烟煤	1	C≥75	≤10	≤0.50	≤15	<6	0~13
	2	C≥75	≤10	≤0.50	≤13	≤10	≤25 为≥95%
焦粉	1	C≥80	≤2.5	≤0.60	≤14	≤15	0~25
	2	C≥80	—	≤0.80	≤14（波动+4）	≤18	<3 为≥80%

2.1.6.4　铁矿球团生产对膨润土的质量要求

铁矿球团生产配加黏结剂的目的是为了改善原料的造球性能，提高生球强度，改善爆裂温度。膨润土是一种普遍使用的黏结剂，并以"钠基"为好，"钙基"需经改性后使用。

膨润土对造球过程和生球质量影响较大的主要物理化学指标是：蒙脱石含量、2h 的吸水率、胶质价、膨胀容和粒度（见表2-24），但其性能的高低仍需通过造球试验证实。膨润土虽对造球质量起到了必不可少的作用，但由于其主要成分是酸性脉石，同时降低了成品球团矿的铁品位，要尽量少配。国外球团厂其配加量仅为 0.5%~0.7%，但目前国产膨润土与优质的美国怀俄明膨润土和印度膨润土等相比，其性能有较大差距，因而一般配加在 2.5% 以上，有的甚至达到 4.0% 以上，以此来弥补铁矿粉比表面积的不足和膨润土性能的低下，这不是一种好办法。在当前立足于国产的前提下，应采用钠化改性、提高改性效果和配加少量高效有机黏结剂的办法来减少膨润土的配加量。目前已有一些球团工厂的配加量下降到1%左右。

表 2-24 铁矿球团生产对膨润土的质量要求

项目	蒙脱石含量	胶质价	膨胀容	细　度	吸水率	水　分
指标	≥80%	100%	>30mL/g	−0.045mm>93%	500%~600%	<12%

注: 经典型矿样试验后, 生球强度达到5次/(个·0.5m) 以上。

2.1.6.5 高炉炼铁对块矿的质量要求

对直接用于高炉冶炼块矿质量要求: 包括化学成分、物理性能和冶金性能三个方面, 分为三级列于表 2-25 和表 2-26。

表 2-25 高炉炼铁对块矿质量的要求　　　　　　（%）

等级	化学成分（质量分数）								物理性能		
	TFe	SiO_2	Al_2O_3	S	P	K_2O+Na_2O	Cl	TiO_2	$TI_{+6.3}$	$DI_{-3.15}$	H_2O
一级	≥65.0	≤3.0	≤1.0	≤0.05	≤0.06	≤0.02	≤0.001	≤0.25	≥85.0	≤5.0	≤6.0
二级	≥63.0	≤4.0	≤1.6	≤0.10	≤0.12	≤0.10	≤0.002	≤0.50	≥80.0	≤7.5	≤7.5
三级	≥62.0	≤5.0	≤2.0	≤0.20	≤0.20	≤0.30	≤0.003	≤0.80	≥75.0	≤10	≤10

表 2-26 高炉炼铁对块矿冶金性能的要求

名　称	$RI/\%$	$RDI_{+3.15}/\%$	$T_{BS}/℃$	$T_{BE}/℃$	$\Delta T_B/℃$
块　矿	≥70.0	≥85.0	≥900	≤1200	≤300

2.1.6.6 高炉炼铁对烧结矿的质量要求

烧结矿是我国高炉炼铁的主要原料（占炉料结构的 75% 左右），其质量很大程度上影响着高炉的指标，因此高炉炼铁应十分重视烧结矿的质量，配料时希望烧结生产过程中不加 MgO（可提高烧结质量，降低渣量，降低燃料比。希望炉渣中 Al_2O_3 含量在 13%~15% 时，控制 MgO/Al_2O_3 比值在 0.4 左右，渣二元碱度为 1.20 倍为宜），必要时可加在球团中，或直接加到高炉中。对烧结矿的质量要求列于表 2-27 和表 2-28。

表 2-27 高炉炼铁对烧结矿的质量要求（质量分数）　　　（%）

级别	TFe	FeO	SiO_2	Al_2O_3	MgO	R_2	S	P	TiO_2	K_2O+Na_2O
优质	≥58.0	≤8.0	≤5.0	≤1.8	≤1.8	≥1.9	≤0.03	≤0.05	≤0.25	≤0.02
普通	≥55.0	≤10	≤6.0	≤2.0	≤2.0	≥1.8	≤0.06	≤0.07	≤0.40	≤0.10

表 2-28　　高炉炼铁对烧结矿物理、冶金性能要求　　　　　　（％）

级别	转鼓指数	筛分指数	抗磨指数	还原度指数	低温还原粉化指数
优质	≥73	≤5.0	≤6.0	≥82	≥75
普通	≥70	≤8.0	≤8.0	≥78	≥70

烧结矿喷洒 $CaCl_2$ 后，炉料中的 K、Na 能将 $CaCl_2$ 中的 Ca 置换出来，生成 KCl 和 NaCl，在高炉内循环富集，破坏焦炭和炉料的质量。因此，建议烧结和焦炭不要再喷 $CaCl_2$，已有替代品。

2.1.6.7　高炉炼铁对球团矿的质量要求

球团矿也是高炉炼铁的一种主要原料，其优势在于高品位、低 SiO_2 和高 MgO，它是高炉炼铁的优质原料，对球团矿的质量要求列于表 2-29 和表 2-30。

表 2-29　　高炉炼铁对球团矿的质量要求　　　　　　（％）

级别	TFe	FeO	SiO_2	MgO	S	TiO_2	K_2O+Na_2O
酸性	≥66.0	≤2.0	≤4.0	—	≤0.03	≤0.25	≤0.2
碱性	≥64.0	≤1.0	≤3.5	≥2.0	≤0.05	≤0.25	≤0.2

表 2-30　　高炉炼铁对球团矿物理、冶金性能要求　　　　　　（％）

级别	单球抗压强度/N	转鼓指数（$TI_{+6.3}$）	筛分指数	抗磨指数	9~15mm	还原度指数 RI	还原膨胀指数 RSI
优质	≥2500	≥90	≤5.0	≤5.0	90	≥65	≤15
普通	≥2200	≥88	≤6.0	≤6.0	85	≥75	≤20

值得注意的是我们希望球团还原度要高，对自产球团矿的企业，可以降低一些转鼓指数；还原度提高 1%，高炉燃料比可降 4~5kg/t。球团矿的碱度应避开 0.3~0.8 倍的区间，这区间碱度的球团矿质量是最不好的。

优化炼铁炉料结构的方向是，努力提高球团矿配比，会有好的经济和社会效益，同时大大减轻烧结烟气治理的代价。提倡高炉全使用球团生产，要研究、储备自熔性球团生产技术。

2.1.6.8　对含钛物料的使用和质量要求

高炉炉缸护炉用含钛物料主要有攀枝花和承德钒钛磁铁矿。它们很少配加在烧结料中或通过风口喷吹使用，一般从高炉炉料中直接入炉。由于炉缸护炉主要是利用钛矿物料中的 TiO_2 成分，要求钛矿 TiO_2 含量高，硫、磷有害元素和 Al_2O_3 等成分低。同时与普通烧结矿、球团块矿一样，钛矿也要有一定的还原性、高温冶金性能和强度、粒度。与钛块矿相比，钒钛球团矿品位高、还原性好、低温还原粉化指数低、软熔性能好、抗压强度高、粒度均匀。因此高炉使用钛矿球团可减小对透气性、顺行的不利影响，减少吨铁消耗，降低渣量，减少焦比、燃料比的增加量，并减轻造渣和炉前作业的困难。

钛精矿粉冷固结球团，虽然 TiO_2 品位高，但强度差，槽下粉率高，还原性差，高炉使用的负面作用大。钒钛高炉渣 TiO_2 含量高达 16% ~ 24%，但渣中 Al_2O_3、SiO_2、S 等成分含量也比钛球高得多，使用钛渣护炉对高炉正常冶炼和顺行都有不利影响。因此，不宜用钛精矿粉压球和钛渣。

为使高炉能够维持正常生产，达到护炉的作用，铁中 [Ti] 含量要达到 0.08% ~ 0.15%。通常控制入炉 TiO_2 的负荷在 8kg/t 左右（渣中 TiO_2 含量小于 1.5%），最高不宜超过 14kg/t，否则炉况和炉前作业有困难。钒钛球团矿及钒钛块矿的冶金性能及化学成分见表 2-31。

表 2-31　钒钛球团矿及钒钛块矿的冶金性能及化学成分

矿　名	还原度 $RI/\%$	低温还原粉化指数 $RDI_{+3.15}/\%$	软化开始温度/℃	软化终了温度/℃	滴落温度/℃	化学成分（质量分数）/%			
						TFe	TiO_2	P	S
钒钛球团矿	67.18	72.55	1091	1217	1380	48.38	17.14	0.016	0.008
钒钛块矿	59.09	80.50	1054	1220	1394	36~42	10~11	—	—

根据高炉使用实践，钒钛球团矿的质量应符合表 2-32 的要求。

表 2-32　钒钛球团矿的质量标准

项目	化学成分（质量分数）/%					冶金性能		单球抗压强度/kN	粒度/mm
	TiO_2	TFe+TiO_2	Al_2O_3	S	P	$RI/\%$	$RDI_{+3.15}/\%$		
标准	≥15	≥65	<2	<0.02	<0.02	>65	>70	2500	8~13

2.2　铁矿石冶金性能及检验方法

2.2.1　铁烧结矿的物理、化学性能

2.2.1.1　常规化学成分

常规化学成分包括：TFe、FeO、SiO_2、CaO、MgO、Al_2O_3、S、P 等。通常用化学分析法进行分析，但由于该法速度慢，误差大，于 20 世纪 80 年代起，鞍钢、宝钢等企业采用国外进口的 X 射线荧光分析仪分析，除 FeO 与 LOI（即烧损，lost of ignition，也有用 Ig，商务报价一般用 LOI 表示）外，其余成分皆可在 5min 之内得出准确结果。烧结矿成分分析的误差管理值见表 2-33。

表 2-33　烧结矿成分分析的误差管理值

项　目	化学成分（质量分数）/%						CaO/SiO₂
	TFe	CaO	SiO₂	MgO	Al₂O₃	S	
范　围	>50	10~30	<15	≤5	≤5	≤0.05	1.2~2.0
化学法	±0.5	±0.5	±0.35	±0.30	±0.25	±0.006	—
荧光法	±0.15	±0.04	±0.16	±0.05	±0.16	±0.002	±0.01

除常规化学成分外，一些企业根据特殊冶炼要求，还化验其他元素。攀钢、包钢、酒钢等企业使用特殊矿冶炼，需要分析 TiO_2、V_2O_5、F、BaO 等成分。有些矿石根据需要应分析 Mn、Cu、Ni、Cr、Co、Sb、Bi、Sn、Mo 等成分。对于新使用的原料必须进行有害元素的分析，以便在配矿、造块、高炉冶炼、炼钢等各工艺环节采取相应措施。这些项目包括 Pb、As、Zn、K_2O、Na_2O 等。微量元素的分析一般采用色谱分析法。常用化学元素名称见表 2-34。

表 2-34　常用化学元素名称

名　称	氢	硼	碳	氮	氧	氟	钠	镁	铝	硅	磷
符　号	H	B	C	N	O	F	Na	Mg	Al	Si	P
名　称	硫	氯	钾	钙	钛	钒	铬	锰	铁	钴	镍
符　号	S	Cl	K	Ca	Ti	V	Cr	Mn	Fe	Co	Ni
名　称	铜	锌	砷	钼	银	锡	钡	钨	金	铅	铋
符　号	Cu	Zn	As	Mo	Ag	Sn	Ba	W	Au	Pb	Bi

2.2.1.2　转鼓指数（TI）和耐磨指数（AI）

烧结矿的强度指标执行国际标准 ISO3271：2007 和国家标准 GB/T 24531—2009。

试验样在转鼓机中以 25r/min 的速度转动 200 转。旋转后的试验样用 6.30mm 和 0.5mm 方孔试验筛进行筛分。转鼓指数用+6.30mm 的质量分数表示，耐磨指数用-0.5mm 的质量分数表示。

A　转鼓机

转鼓机（见图 2-1）内径为 1000mm，内宽 500mm，钢板厚度大于 5mm，如果任何部位的厚度已磨损至 3mm，应更换新的鼓体。鼓内有两个对称的提升板用 50mm×50mm×5mm，长 500mm 的等边角钢焊在转鼓内侧，其中一个焊在卸料口盖板内侧，另一个焊在其对面的转鼓内侧，二者成 180°角配置，角钢的长度方向与转鼓轴平行。角钢如磨损至 47mm 时，应予以更换。

卸料口盖板内侧应与转鼓内侧组成一个完整的平滑的表面。盖板应有良好的密封，以避免试样损失。

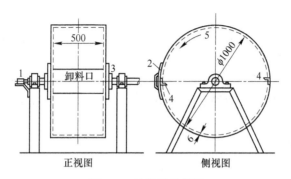

图 2-1 转鼓机示意图

1—转数计数器；2—装料门；3—短轴（不穿过鼓腔）；

4—两个提料板（50mm×50mm×5mm）；5—旋转方向；6—鼓壁（5mm）

转鼓轴不通过转鼓内部，应用法兰盘连接，焊在鼓体两侧，以保证转鼓两内侧面光滑平整。

电动机功率不小于 1.5kW，以保证转速均匀为（25±1）r/min，并且在电动机停转后，转鼓必须在一圈内能停止，转鼓应配备计数器和自动控制装置。

B 取样

在一般情况下至少要得到 60kg 以上的试样。通过了 40mm 的筛孔，而被停留在 10mm 筛上。烧结矿和块矿的粒度范围为 10~40mm。符合粒度要求的干基试样 60kg。

经喷水的烧结矿或露天存放过的烧结矿应在（105±5）℃烘干后才能进行转鼓检验。热烧结矿取样后应在颚式破碎机进行一次破碎，破碎机出口宽 50mm，破碎后的分级和试样配制同冷烧结矿。

所有试样在采集后，4h 内必须进行转鼓试验，否则应重新取样。

C 试验样的制备

对于烧结矿和块矿，试样通过 25mm、16mm 和 10mm 的筛子，将试样分成 −40~+25mm、−25~+16mm、−16~+10mm 的 3 堆，根据三级粒度所占的比例取其相应质量组成（15±0.15）kg 的试验样，至少 4 份。

筛分参照 GB 10322.7—2004 的测定方法。如果使用手工筛，主要参数规定如下：水平往复，往复约 20 次/min，约 1.5min，然后用筛分终点判断。当筛下物在 1min 内不超过试样质量的 0.1% 时，即为筛分终点。

D 转鼓试验

随机抽取试验样一份记录质量（m_0）放入转鼓机中，紧扣装料口的门，以（25±1）r/min 旋转速度旋转 200 转，转鼓停止转动后，在密封状态下静置 2min，让粉尘沉淀下来，打开盖板。

E　筛分

从转鼓中小心取出所有试样，倒入 6.30mm 和 0.5mm 组成的筛面上，按照 GB 10322.7—2004 的测定方法。记录 6.30mm（m_1）和 0.5mm（m_2）每段筛上物的质量精确到 1g。筛分过程中试样损失量应被计算到 -0.5mm 的质量中。

试验样的初始质量与出鼓后各粒级质量的总和之差不得超过 1%。如果超出则该次试验无效。

F　检验结果计算

转鼓指数

$$TI = \frac{m_1}{m_0} \times 100\%$$

耐磨指数

$$AI = \frac{m_0 - (m_1 + m_2)}{m_0} \times 100\%$$

式中　m_0——入鼓试样质量，kg。

　　　　m_1——转鼓后 +6.3mm 试样质量，kg。

　　　　m_2——转鼓后 0.5~6.3mm 试样质量，kg。

每一次计算结果保留一位小数。

2.2.1.3　落下强度试验（F）

落下强度也是检验烧结矿抗压、耐磨、抗摔或耐冲击能力的一种方法，即产品耐转运的能力，测定方法是取粒度 10~40mm 的成品烧结矿（20±0.2）kg，放入上下移动的铁箱内，然后提升到 2m 高度，打开料箱底门，使烧结矿落到大于 20mm 厚钢板上，再将烧结矿全部收集起来，重复 4 次试验，最后筛出大于 10mm 粒度部分的质量百分数当作烧结矿落下强度指数，用 F 表示，一般要求大于 80%。

日本工业标准（JISM）中有落下强度的检验标准，用 +10mm 烧结矿于 2m 高落下 4 次，用粒度为 +10mm 的部分的百分数表示。1998 年千叶等企业仍采取落下强度，并对烧结矿的转鼓指数和落下指数进行测定比较，平均落下指数为 88.9%，转鼓指数为 70.2%。我国从 1953 年开始，采取前苏联的鲁滨转鼓检验。

2.2.1.4　筛分指数（C）和粒度组成

筛分指数是表示转运和贮存过程中烧结矿粉碎程度的指标。此测定是把出厂和入炉前的烧结矿进行筛分，取样时注意代表性。

筛分设备：用 40mm、25mm、10mm、5mm 方孔筛，筛子的长、宽、高要一致（800mm×500mm×100mm）。

取样量为 100kg。

筛分方法：将 100kg 试样分五次筛完，每次 20kg，筛子按孔径由大到小依次使用，往复摇动 10 次，利用每粒级质量算出每次筛分平均粒度组成，五次筛分的平均值即为烧结矿粒度组成。

筛分指数表示方法：筛下 0~5mm 粒级的质量与原试样质量的百分比即为筛分指数（C），越小越好。

我国要求烧结矿筛分指数 $C \leqslant 6.0\%$，球团矿 $C \leqslant 5.0\%$。

目前我国对高炉炉料的粒度组成检测尚未标准化，推荐采用方孔筛为：5mm、6.3mm、10mm、16mm、25mm、40mm 六个级别，使用摇动筛分级，粒度组成按各粒级的出量用质量分数（%）表示。

北京科技大学冯根生推荐烧结矿粒级：5mm 以下小于 3%~5%；5~10mm 小于 30%；10~25mm 占 50%~60%；40mm 以上小于 8%。

2.2.2 铁烧结矿的矿物组成

烧结矿是高炉炼铁的主要原料，优质的烧结矿不但可以使高炉生产稳定顺行，而且可以增加产量，提高经济效益。因此，合理的矿物组成和显微结构是生产高质量烧结矿的关键。

烧结矿生产过程是一个复杂的过程，从原料准备开始，经过配料→混合制粒→布料→点火烧结→破碎→筛分→冷却→成品。在这个过程中将矿石含 Ca、Mg、Al、Si、Fe 等矿物掺在一起；再加水、加炭，炭要燃烧传热，Fe_3O_4 要氧化放热，涉及热力学；Ca、Mg、Al、Si、Fe 要进行物质交换，产生物化反应；新生矿物要结晶，两大液相要生成，矿物要相互黏结，牵涉到一系列的固结形态和机理；水要蒸发，形成各种通道，关系到孔隙的大小；冷却时各种矿物要先后结晶，关系到成品的矿物组成。

烧结矿是由多种矿物组成的复合体。不同的原料，不同的配矿方案，烧结矿的矿物组成不一样。烧结矿种类有：高碱度烧结矿、自熔性烧结矿、低碱度烧结矿、高硅烧结矿、中硅烧结矿、低硅烧结矿、小球烧结矿等。我国目前大多数厂家都是生产高碱度烧结矿，强度高，还原性好，与酸性球团矿搭配，是优化的炉料结构。烧结矿显微结构中除了矿物之外还有一些孔洞、裂纹等有形现象。烧结矿一般矿物组成为：铁酸钙、钙铁橄榄石、铁酸镁、硅酸钙、三氧化二铁、四氧化三铁、玻璃质等。常见的烧结矿都离不开有 Ca、Mg，Al、Si、Fe 的物化反应，了解了这五种元素在烧结过程中的行为，就可能预知成品中有哪些矿物形成。

Ca、Mg、Al、Si、Fe 在烧结过程中主要物化反应介绍如下：

（1）与 Ca 反应生成矿物主要有铁酸钙系列、硅酸钙系列、橄榄石系列、辉石系列、长石系列、氟化钙、钙钛矿、枪晶石及游离 CaO。

（2）与 Mg 反应生成矿物主要有铁酸镁、钙镁橄榄石、镁铁橄榄石等。

（3）与 Al 反应生成矿物主要有四维铁酸钙、铝黄长石、铝酸钙及游离

Al_2O_3。

（4）与 Si 反应形成的矿物主要有硅酸钙系列、橄榄石系列、长石系列、辉石系列及游离 SiO_2。

（5）含铁矿物一般有三氧化二铁、四氧化三铁、亚铁、金属铁、铁酸钙系列、橄榄石系列等。

根据物质不灭理论，原料中成分复杂，烧结矿成品中产生的矿物就会越多。只有部分硫会挥发，其他矿物不会无缘无故消失，也不会无缘无故产生。例如，原料中有含氟矿物，成品中就会有氟化钙、枪晶石等矿物形成。钒钛磁铁矿烧结，成品中必然会有钛铁矿、钛磁铁矿等一系列矿物形成。所以，烧结矿的矿物组成与原料成分有密切的关系。

2.2.2.1　铁烧结矿主要矿物组成的特性

烧结矿在常规条件下的主要矿物组成有：铁酸钙（$CaO \cdot Fe_2O_3$）、赤铁矿（Fe_2O_3）、磁铁矿（Fe_3O_4）、浮氏体（Fe_xO）、铁橄榄石（$2FeO \cdot SiO_2$）、钙铁橄榄石（$CaO \cdot FeO \cdot SiO_2$）、正硅酸钙（$2CaO \cdot SiO_2$）、玻璃相（$SiO_2$）等，它们的主要特性如下：

（1）磁铁矿（Fe_3O_4）。熔点 1597℃。这是一般酸性和自熔性烧结矿的主要矿物，即使高碱度烧结矿，Fe_3O_4 也占一定的比例，这是由于烧结过程一般属于弱还原气氛决定的。含 Fe_3O_4 高的烧结矿一般还原性稍差，强度较好。

（2）赤铁矿（Fe_2O_3）。熔点为 1565℃。在酸性和自熔性烧结矿中含量较低，一般仅为 1%~3%，在高碱度烧结矿中一般可达 3%~10%，超高碱度烧结矿含 Fe_2O_3 更高一些。含 Fe_2O_3 高的烧结矿强度高、还原性好。

（3）浮氏体（Fe_xO）。熔点 1371~1423℃。在酸性烧结矿中，FeO 的含量达到 20%以上；自熔性烧结矿的 FeO 含量一般在 15%~18%；高碱度烧结矿的 FeO 含量，随碱度升高而下降。烧结矿一般随 FeO 含量的升高，强度升高，还原性明显下降。低温烧结法的 FeO 含量与强度和还原性无直接关系。

（4）铁酸钙（$CaO \cdot Fe_2O_3$）。熔点 1216℃。自熔性烧结矿中含量很低，高碱度烧结矿，特别是低碳厚料层烧结矿中含 $CaO \cdot Fe_2O_3$ 较高，这种矿物强度高，还原性好，它是高碱度烧结矿的主要黏结相，呈针状复合状存在的 $CaO \cdot Fe_2O_3$ 性能尤其良好。碱度超过 2.3 的烧结矿往往出现铁酸二钙 $2CaO \cdot Fe_2O_3$，这种矿物的强度和还原性都会明显下降。

（5）铁橄榄石（$2FeO \cdot SiO_2$）。熔点 1177℃。这是酸性烧结矿和自熔性烧结的主要黏结相。含量多数在 20%以上，在高碱度烧结矿中含量甚少。其特点是还原性差，$FeO \cdot SiO_2$（硅酸铁）的熔点为 1205℃。

（6）钙铁橄榄石（$CaO \cdot FeO \cdot SiO_2$）。熔点 1208℃。它在自熔性烧结矿中易于形成，而高碱度烧结矿不少见，其特征同样是还原性差。

（7）正硅酸钙（$2CaO \cdot SiO_2$）。熔点 2130℃。它是低碱度烧结矿中常见的一种矿物，特别是高硅自熔性烧结矿中含量较高，它是属于多晶形矿物，在冷却过程中由于晶格转变，体积变化，是高硅型烧结矿自然风化的主要原因，这种矿物强度也较差。$CaO \cdot SiO_2$ 的熔点为 1544℃，$3CaO \cdot SiO_2$ 的熔点为 2070℃。

（8）玻璃相（SiO_2）。其为烧结矿的低强度物相，也是 Al_2O_3、TiO_2 等元素在玻璃相中析出，造成烧结矿低温还原粉化的一大原因。

2.2.2.2 影响烧结矿矿物组成的因素

影响烧结矿矿物组成的因素有内因和外因。当矿物的内外因素发生变化时矿物组成及含量就会发生变化。

（1）原料化学成分的影响。当碱度发生变化时，在高温下 Ca 与 Fe 化合，就会产生量变和质变，新生的铁酸钙系列矿物就会有多少之分。同样，铁品位高低决定了氧化铁多少。铁品位越高，氧化铁就越多，而 Fe_3O_4 越多则 FeO 含量越高，橄榄石形成就可能相对增加。同理可以举一反三。

（2）烧结气氛的影响。不同的烧结气氛形成不同的矿物，还原气氛下 Fe_3O_4 再结晶多，铁酸钙难以形成；弱还原气氛或氧化性气氛下 Fe_2O_3 便多，铁酸钙容易形成。

（3）烧结温度的影响。低温下物化反应缓慢，低熔点化合物结晶形成，高熔点矿物不能形成。高温时（1250～1300℃），物化反应激烈，矿物发生量变和质变。低温下没有形成的矿物，在高温下可能很好地形成。FeO 随着温度的提高也会逐渐增加。

（4）冷却速度的影响。矿物是在冷却过程中结晶，冷却快慢决定了矿物结晶的好坏和多少。当冷却速度太快时，矿物来不及结晶，玻璃质将会大量形成。

2.2.3 铁烧结矿微观结构

我国是一个钢铁大国，连续 10 年钢铁产量居世界首位。高炉炼铁的主要原料是烧结矿和球团矿，其中烧结矿占炼铁炉料的 70%～80%，球团矿占 20%～30%。因此，烧结矿的质量直接影响高炉冶炼指标。生产优质的烧结矿，微观结构分析是保障。在解析烧结矿过程中，获得了内部结构"三要素"，为鉴定烧结矿质量奠定了基础。

2.2.3.1 要素一：矿物的本质力

烧结矿是由多种矿物组成的，每一种矿物都具有承受一定压力的本能，这种本能称为矿物的本质力。烧结矿微观结构中矿物的本质力大小是衡量质量的重要因素，取每一种单矿物试验样位于压力机下，进行抗压直到压碎，就可以分别得到矿物单位面积所受的压力（见表 2-35）。

表 2-35 烧结矿中矿物的本质力

矿物名称	化学分子式	抗压强度/N·mm⁻²	还原率/%
赤铁矿	Fe_2O_3	260.70	49.40
磁铁矿	Fe_3O_4	360.90	26.70
铁酸一钙	$CaO \cdot Fe_2O_3$	370.11	49.20
铁酸二钙	$2CaO \cdot Fe_2O_3$	140.20	25.20
铁橄榄石	$2FeO \cdot SiO_2$	265.80	1.32
钙铁橄榄石 $(CaO)_x \cdot (FeO)_{2-x} \cdot SiO_2$	$x = 0$	200.11	2.10
	$x = 0.25$	260.50	2.50
	$x = 0.50$	560.60	2.70
	$x = 1.12$	230.30	6.60
	$x = 1.10$（玻璃质）	40.60	3.10
	$x = 1.50$	100.20	4.20
硅酸一钙	$CaO \cdot SiO_2$	20.31	—
硅酸二钙	$2CaO \cdot SiO_2$	30.25	—
镁黄长石	$2CaO \cdot MgO \cdot 2SiO_2$	234.50	—

从表 2-35 中可以看出，铁酸一钙本质力最高（见图 2-2、图 2-3）。图中的铁酸钙结构很致密，是本质力高的主要原因。本质力由高到低依次排列是铁酸一钙、磁铁矿、赤铁矿、铁酸二钙、低钙的钙铁橄榄石。这些矿物抗压强度高，还原性能好，是烧结矿中的主要矿物成分。在显微结构中，这些矿物越多，微观结构强度就越大，质量就越好。尤其是铁酸钙系列矿物越多越好。铁橄榄石虽具有较好的抗压强度，但还原性太差，不是理想矿物。玻璃质、硅酸一钙、硅酸二钙强度较差，不利于形成高强度的烧结矿。一般情况下，比较致密的矿物，本质力

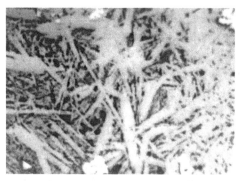

图 2-2 本质力高的条状铁酸钙
（反光 200×）

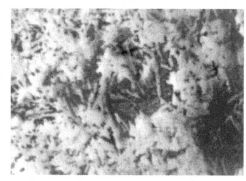

图 2-3 本质力高的熔蚀状铁酸钙
（反光 200×）

就大；而硬度小、比较松散的矿物本质力就小。由本质力大的优质矿物组成的烧结矿，其显微结构强度一定高。决定这些矿物形成的影响因素很多，最主要的有原料化学成分、添加物、燃料用量、烧结温度、烧结和冷却速度等。改变这些因素就能改变矿物的形成。制备烧结矿也是同样道理，由本质力小的矿物组成的烧结，强度一定小，反之亦然。优质的烧结矿必须是由本质力大的矿物所组成。

2.2.3.2 要素二：矿物的黏结力

烧结矿必须靠液相将矿物很好地黏结在一起，耐磨强度才会高，矿物像一盘散沙是不行的。

在烧结矿中，液相一般分为两大类型，一类为铁酸盐的液相，另一类为硅酸盐的液相。在高碱度烧结矿中，通常是以铁酸盐液相为主要黏结相。因为有大量的 CaO 促使铁酸钙形成，这种液相黏结力大，流动性好，常与其他矿物紧密黏结在一起，有时与 Fe_3O_4 形成熔蚀结构，这是一种很好的黏结形式，具有较大的黏结力（见图 2-4）。液相量与烧结矿强度和质量成正比，即只要提高铁酸钙的含量，烧结矿的强度和质量就可以提高。在低碱度烧结矿中，由于 CaO 少，铁酸钙难以形成，一般是以硅酸盐液相作为主要黏结相，因为大量的 SiO_2 与铁矿物反应形成橄榄石和硅酸钙之类的矿物。这些硅酸盐液相常嵌布在铁矿物的间隙中，将铁矿物黏结成一体（见图 2-5），有利于烧结矿微观结构强度的提高。硅酸盐矿物存在的另一种形式是形成独立相，呈单独晶粒，没有与其他矿物黏结，如钙铁橄榄石，常呈块粒状。这种情况，矿物只具备本身的机械强度，黏结作用微小。液相与其他矿物黏结优良时，烧结矿微观结构往往都很紧密、坚实，单独颗粒少，微细粉末少，反之亦然。可以设想，一个少液相或者液相没生成的烧结矿，只能是像一盘散沙，强度极差。硅酸盐液相与铁酸盐液相相比，铁酸盐液相优胜于硅酸盐液相。这主要是因为，一方面铁酸盐液相的黏结力远远大于硅酸盐液相；另一方面硅酸盐矿物中的铁橄榄石等矿物难还原，不利于高炉冶炼。

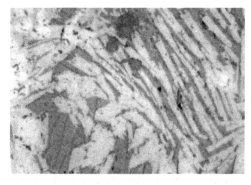

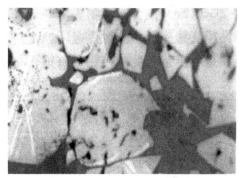

图 2-4　铁酸盐液相（白色条状）与硅酸盐
　　　液相紧密胶结（反光 200×）

图 2-5　钙铁橄榄石与磁
　　　铁矿胶结（反光 200×）

由此可见，优质烧结矿必须具有优质的液相黏结，微观结构力强度会高。要改善烧结矿质量，就必须设法提高微观结构中矿物的黏结力，这是十分重要的因素。

2.2.3.3　要素三：矿物的破坏力

在烧结矿微观结构中可以见到有些矿物结晶对烧结矿质量有利，有些矿物结晶对烧结矿质量有害，使烧结矿低温还原粉化、自然膨胀粉化等冶金性能变差。

骸晶状 Fe_2O_3 结晶是一种破坏性的矿物。其结晶形状大多呈鱼脊状和散骨状（见图 2-6），这种矿物在低温还原时产生严重粉化，导致高炉冶炼中产生悬料崩料现象，影响高炉正常操作。形成骸晶矿物的原因与原料性质有关，也与液相太黏、流动性差、冷却速度过快有密切的关系。同时，试验研究表明：骸晶 Fe_2O_3 形成与碱度高低、燃料用量有密切的关系，碱度升高，骸晶 Fe_2O_3 下降，燃料加大，骸晶 Fe_2O_3 上升，详情见表 2-36。这种矿物越多，破坏性越大，烧结矿质量越差。

图 2-6　骸晶鱼脊状 Fe_2O_3（白色）（反光 200×）

表 2-36　骸晶 Fe_2O_3 形成与燃料用量、碱度大小的关系

编　号	CaO/SiO_2	燃料/%	骸晶 Fe_2O_3/%	低温粉化率（-0.5mm）/%
1	1.8	5.5	3.2	8.1
2	1.6	5.5	5.3	10.1
3	1.4	6.1	5.8	11.4
4	1.2	6.1	6.4	12.6
5	1.1	6.5	11.5	25.3
6	1.1	6.5	13.2	28.1

游离的 CaO 也是一种破坏性很大的矿物。为了促使液相很好地形成，在烧结矿原料中往往添加石灰石、白云石等熔剂。当这些熔剂粒度过粗，超过 3mm 时，CaO 来不及完全反应，残存在烧结矿中。在空气中受潮后，CaO 矿物会迅速膨胀，使烧结矿不攻自破，自动粉化。残存的 CaO 越多，烧结矿粉化越严重，有的粉化高达 20%～30%。尤其是高碱度烧结，CaO 多，要特别注意。

硅酸钙相变的破坏力不可低估，硅酸钙矿物形成后，由 α-2CaO·SiO_2 转变

成 β-2CaO·SiO₂ 时，体积膨胀 10%~12%，造成烧结矿严重粉化。高炉冶炼时，硅酸钙相变膨胀，一方面影响高炉焦炭负荷；另一方面影响高炉炉料的透气性，恶化高炉。此类矿物还有铁橄榄石、玻璃质等，都不利于高炉冶炼。

矿物中的大孔薄壁结构、各种裂纹都是一些有形的破坏行为，严重损害烧结矿强度，破坏烧结矿质量，图 2-7 中黑色裂纹将整块烧结矿分割成若干小块，会导致转运中增加粉尘。

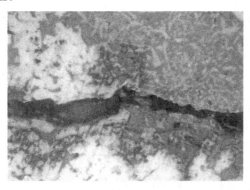

图 2-7　贯穿性裂纹（黑色条状）（反光 200×）

综上所述，矿物的本质力、黏结力、破坏力是烧结矿微观结构中的三要素。矿物的本质力是基础，黏结力是纽带，破坏力是烧结矿质量蛀虫。制备优质的烧结矿必须基础坚实，纽带牢靠，尽量避免和减少蛀虫的侵蚀。

2.2.4　铁烧结矿的冶金性能

烧结矿的冶金性能包括 900℃ 还原性（RI），500℃ 低温还原粉化性能（RDI），荷重还原软化性能（T_{BS}、T_{BE}、ΔT_B）和熔融滴落性能（T_s、T_d、ΔT、Δp_{max}、S 值），其中还原性是基本性能，还原粉化性能和荷重软化性能同属还原强度，是起保证作用的。熔滴性能是关系到料柱透气性和软熔带在高炉内的位置高低和区间大小的，它是冶金性能的关键性能。

2.2.4.1　还原性能（900℃ RI）

还原性：指用还原气体从铁矿石中排除与铁相结合的氧的难易程度的一种量度。

还原度：以三价铁状态为基准（即假定铁矿石中的铁全部以 Fe_2O_3 形式存在，并把这些 Fe_2O_3 中的氧算作 100%），还原一定时间后所达到的脱氧的程度，以质量分数表示。

还原度指数 RI：以三价铁状态为基准，还原 3h 后所达到的还原度，以质量分数表示。

还原速率：以 1min 为时间单位，以三价铁状态为基准，铁矿石在还原过程中单位时间内还原度的变化值，以质量分数每分钟表示。

还原速率指数 RVI：以三价铁状态为基准，用 O/Fe 为 0.9 时的还原速率，以质量分数每分钟表示。

我国以 3h 的还原度指数 RI 作为考核用指标，还原速率指数 RVI 作为参考指标。测定标准为《铁矿石还原性的测定方法》（GB/T 13241—1991）。

A　还原度的计算

用式（2-1）计算时间 t 后的还原度 R_t（计算 RI 时，t 为 3h）。以三价铁状态为基准，用质量分数表示。

$$R_t = \left(\frac{0.111w_1}{0.430w_2} + \frac{m_1 - m_t}{m_0 \times 0.43w_2} \times 100 \right) \times 100\% \tag{2-1}$$

式中　m_0——试样质量，g；

　　　m_1——还原开始前试样质量，g；

　　　m_t——还原 t min 后试样质量，g；

　　　w_1——试验前试样中 FeO 的质量分数，%；

　　　w_2——试验前试样中全铁的质量分数，%；

　0.111——FeO 氧化成 Fe_2O_3 时必须的相应氧量的换算系数；

　0.430——TFe 全部氧化成 Fe_2O_3 时需氧量的换算系数。

B　还原速率指数的计算

从还原曲线读出还原达到 30% 和 60% 时相对应的还原时间（min）。

还原速率指数（RVI）用 O/Fe = 0.9（相当于还原度为 40%）时的还原速率表示，单位为%/min，计算公式为：

$$RVI = \frac{dR_t}{dt} = \frac{33.6}{t_{60} - t_{30}} \tag{2-2}$$

式中　t_{60}——还原度达到 60% 时所需时间，min；

　　　t_{30}——还原度达到 30% 时所需时间，min；

　33.6——常数。

C　基本原理

将一定粒度范围（10~12.5mm，500kg）的试样置于固定床中，用还原气体（CO 30%，N_2 70%），在 900℃ 的温度下进行等温还原。还原 3h 后，试验结束。在切断还原气体后，将还原管连同试样提出炉外进行冷却或用惰性气体冷却。铁矿石 900℃ 还原性检测装置如图 2-8 所示。

入炉矿石的还原性好，就表明通过间接还原途径从矿石氧化铁中夺取的氧量容易，而且数量多，这样使高炉煤气的利用率提高，燃料比降低。

影响铁矿石还原性的因素主要是矿物组成和气孔结构。

从矿物的特性来说 Fe_2O_3 易还原，而 Fe_3O_4 难还原，$2FeO \cdot SiO_2$ 就更难还原，

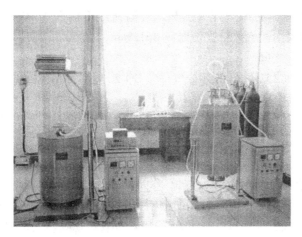

图 2-8　铁矿石 900℃ 还原性检测装置

所以天然矿中褐铁矿还原性最好，其次是赤铁矿，而磁铁矿就难还原。就人造富矿来说球团矿是 Fe_2O_3，而且微气孔度比烧结矿高得多，还原性好，高碱度烧结矿中的铁酸钙还原性好，酸性烧结矿和自熔性烧结矿中的铁橄榄石和钙铁橄榄石还原性就差。FeO 属于难还原的矿物，烧结矿中 FeO 高，还原性就差，因此人们常将烧结矿中 FeO 含量与烧结矿的还原性联系在一起。大多数企业都用控制 FeO 含量及其波动范围来满足高炉炼铁的要求，我国主要企业生产的高碱度烧结矿，FeO 的含量一般在 6%~9% 之间，其波动范围在 ±(1%~1.5%)。例如武钢二烧的烧结矿 FeO 含量 8.8%，还原度 74.38%，鞍钢新烧 FeO 含量 8.6%，还原度 75.5%。

2.2.4.2　低温还原粉化性能（500 ℃ *RDI*）

低温还原粉化性能指高炉含铁原料（如烧结矿、块矿、球团矿）在高炉上部较低温度下被煤气还原时，主要由于赤铁矿向磁铁矿转变，体积膨胀，产生应力，从而导致粉化的程度。

低温还原粉化率是烧结矿重要的冶金性能指标之一，意大利冶金公司试验表明含铁炉料的 *RDI* 每增加 5%，产量降低 1.5%。日本各烧结厂以及我国的宝钢等均与常规化学成分一样按批检验。

低温还原粉化率的测定分动态法和静态法两种。我国宝钢引进日本钢铁厂低温粉化方法及德国钢铁厂的方法均为静态法。

A　静态法测定法（GB 13242—1991）

a　还原试验

把 10.0~12.5mm 的试样 500g±0.1g，放在还原管中铺平。封闭还原管的顶部，将惰性气体（N_2）通入还原管，标态流量为 5L/min，然后把还原管放入还原炉中。放入还原管时的炉内温度不得大于 200℃。

放入还原管后，还原炉开始加热，升温速度不得大于 10℃/min。当试样接近 500℃ 时，增大惰性气体标态流量到 15L/min，在 500℃ 恒温 30min，使温度恒定在（500±10）℃之间。

通入标态流量 15L/min 的还原气体（CO 20%、CO_2 20%、N_2 60%），代替惰性气体，连续还原 1h。

还原 1h 后，停止通还原气体，并向还原管中通入惰性气体，标态流量为 5L/min，然后将还原管提出炉外进行冷却，将试样冷却到 100℃ 以下。

b　转鼓试验

转鼓是一个内直径 130mm、内长 200mm 的钢质容器，器壁厚度不小于 5mm。鼓内壁有两块沿轴向对称配置的钢质提料板，其长 200mm、宽 20mm、厚 2mm。

从还原管中取出全部试样（m_{D0}），装入转鼓转 300 转（30r/min，转 10min）后取出，用 6.3mm×6.3mm、3.15mm×3.15mm、0.5mm×0.5mm 的方孔筛分级，分别计算各粒级出量。

c　试验结果

还原粉化指数（RDI）表示还原后的铁矿石通过转鼓试验后的粉化程度，分别用 $RDI_{+6.3}$、$RDI_{+3.15}$、$RDI_{-0.5}$ 表示。试验结果评定以 $RDI_{+3.15}$ 的结果为考核指标，$RDI_{+6.3}$、$RDI_{-0.5}$ 只作参考指标。

$$RDI_{+6.3} = \frac{m_{D1}}{m_{D0}} \times 100$$

$$RDI_{+3.15} = \frac{m_{D1} + m_{D2}}{m_{D0}} \times 100 \quad\quad (2\text{-}3)$$

$$RDI_{-0.5} = \frac{m_{D0} - (m_{D1} + m_{D2} + m_{D3})}{m_{D0}} \times 100$$

式中　m_{D0}——还原后转鼓前的试样质量，g；

　　　m_{D1}——转鼓后留在 6.3mm 筛上的试样质量，g；

　　　m_{D2}——转鼓后留在 3.15mm 筛上的试样质量，g；

　　　m_{D3}——转鼓后留在 0.5mm 筛上的试样质量，g。

B　动态法测定法（GB/T 24204—2009）

a　还原试验

把 10.0~12.5mm 的试样 500g±0.1g，放入还原反应管中。将还原反应管插入加热炉中，连接热电偶。使氮气通过还原反应管，流量 20L/min。开始加热，45min 内加热到 500℃，并且在接下来的 15min 内使温度稳定。

用 20L/min 的还原气体（CO 20%、CO_2 20%、N_2 60%），代替氮气，连续还原 1h。

当 1h 还原结束后时，停止旋转及还原气体流通。用 20L/min 的氮气代替还原气体，冷却至100℃以下。

b 筛分试验

从还原管中小心取出全部试样（m_0），用6.3mm、3.15mm、0.5mm筛子筛分，记录筛上个部分的质量，用m_1、m_2、m_3表示。

c 试验结果

以质量分数表示的低温还原粉化率（LTD），即$LTD_{+6.3}$、$LTD_{-3.15}$和$LTD_{-0.5}$表示。

$$LTD_{+6.3} = \frac{m_1}{m_0} \times 100$$

$$LTD_{-3.15} = \frac{m_0 - (m_1 + m_2)}{m_0} \times 100 \quad (2-4)$$

$$LTD_{-0.5} = \frac{m_0 - (m_1 + m_2 + m_3)}{m_0} \times 100$$

式中 m_0——还原后所有试样（包括从吸尘器中收集的灰尘）质量，g；

m_1——6.3mm 筛上的试样质量，g；

m_2——3.15mm 筛上的试样质量，g；

m_3——0.5mm 筛上的试样质量，g。

计算结果保留一位小数。

入炉料的低温还原粉化与生产烧结矿使用的矿粉种类有关，使用Fe_2O_3富矿粉生产出的烧结矿$RDI_{-3.15}$高（35%~40%），含TiO_2高的精矿粉生产的烧结矿$RDI_{-3.15}$更高（攀钢60%以上），而磁精矿粉生产的就低（一般不超过20%）。

国家标准规定$RDI_{+3.15} \geq 72\%$，也就是说$RDI_{-3.15} < 28\%$。

降低$RDI_{-3.15}$的措施是设法降低造成RDI升高的骸晶状菱形赤铁矿的数量，一般是适当提高 FeO 含量和添加卤化物（CaF_2，$CaCl_2$）等。

TiO_2和Al_2O_3对烧结矿RDI产生的影响最明显，经研究证明，TiO_2成数倍进入烧结矿的玻璃相，造成玻璃相在低温还原过程中碎裂，导致$RDI_{-3.15}$升高。提高碱度和 MgO 含量，能明显改善烧结矿的RDI指标。

【例2-1】 武钢二烧试验表明，当 FeO 含量控制在7.4%~7.8%时，$RDI_{-3.15}$高达39.9%~40.6%，当 FeO 含量提高到8.8%时，$RDI_{-3.15}$值降到29.5%。FeO的提高使还原性降低了3.58%。在烧结矿成品矿表面喷洒3%的$CaCl_2$溶液能降低$RDI_{-3.15}$，武钢和柳钢喷洒$CaCl_2$溶液的效果明显：武钢$RDI_{-3.15}$降低10.8%，使高炉产量提高4.2%~7.9%，焦比降低1.3~1.4kg/t；柳钢$RDI_{-3.15}$降低15%，高炉增产4.6%，焦比降低2.4%。

通过武钢、柳钢采用的技术手段，对烧结矿进行有效的处理，但存在一定问题，如提高烧结矿 FeO 含量，其副作用是还原性降低和熔滴性能变差；对烧结矿表面喷洒氯化物，其副作用是腐蚀高炉设备，堵塞管道，影响操作人员的身体健康。目前采用北京科技大学发明的一项新型国家发明专利产品——高效的 XAA 复合喷洒剂，取得了降低烧结矿低温粉化的效果。

【例 2-2】　福建三明钢铁公司使用国家发明专利产品 XAA 复合喷洒剂，效果非常显著，成本投入非常小，复合剂干基与烧结矿的比例为万分之五，实践操作时喷洒剂浓度为 8%，喷洒量吨烧结矿只有 0.46kg。

现以三明钢铁公司的 1280m³ 高炉为例，简单计算使用 XAA 复合喷洒剂后产生的显著经济效益：

（1）产量提高带来的效益：日产上升了 277.6t，按吨铁消耗（煤、水、电及人力及设备折旧）200 元，日生铁产量提高 277.6t，产生效益 277.6×200＝55520 元。

（2）降低焦比带来的效益：焦比下降了 9.9kg/t，1280m³ 高炉，日产生 3200t，吨铁降低焦比 9.9kg/t，则节省焦炭 3200×9.9÷1000＝31.68t。

吨焦炭市场价按 1500 元计算，则有效益 31.68×1500＝47520 元。

合计日效益：55520＋47520＝103040 元≈10.3 万元。

（3）使用喷洒剂投入成本：三明钢铁公司 1280m³ 高炉，日产生铁 3200t，高炉需要配用烧结矿量为 3200×1.2＝3840t，吨烧结矿喷洒 0.46kg，日需喷洒剂 3840×0.46＝1766.4kg≈1.8t，吨喷洒剂 3000 元，成本投入为 1.8×3000＝5400 元。

日合计净效益：103040－5400＝97640 元≈9.76 万元。

2.2.4.3　荷重还原软化性能（T_{BS}，T_{BE}，ΔT_B）

荷重软化性能是反映炉料加入高炉后，炉身下部和炉腰部位透气性的，这一部位悬料和炉腰结厚往往是由于炉料的荷重软化性能不良所造成的，故这一性能对高炉冶炼也显得比较重要。铁矿石荷重还原软化性能试验装置如图 2-9 所示。

图 2-9　铁矿石荷重还原软化性能试验装置

从高炉中部具有良好的透气性出发，炼铁工作者总希望炉料的荷重软化性能优良些，即希望开始软化温度高些，软化区间窄些。一般要求烧结矿的开始软化温度高于1100℃，软化区间低于150℃。

影响矿石软化性能的因素很多，主要是矿石的渣相数量及其熔点，矿石中FeO含量及与其形成的矿物的熔点。还原过程中产生的含Fe矿物及金属铁的熔点也对矿石的熔化和滴落有重大影响。渣相的熔点取决于它的组成，并能在较宽的范围内变化，显著影响渣相熔点的是碱度和MgO。

这一性能的测定方法国内外尚无统一的标准，国内很多企业采用北京科技大学许满兴设计的测定方法，见表2-42。

一般低碱度烧结矿和酸性球团、天然块矿的开始软化温度都比较低，软化区间均比较宽。几种低碱度烧结矿、酸性球团和块矿的软化性能列于表2-37。

表2-37　几种酸性炉料的软化性能　　　　　　　（℃）

序号	矿　种	T_{BS}	T_{BE}	ΔT_B
1	巴西球团矿	889	1196	307
2	印度球团矿	843	1176	333
3	秘鲁球团矿	875	1188	313
4	加拿大球团矿	948	1190	242
5	库块矿	825	1218	393
6	纽曼山块矿	829	1282	453
7	海南块矿	855	1166	311
8	酒钢烧结矿 $R=0.13$	1026	1183	157
9	石钢烧结矿 $R=0.40$	1010	1230	220

注：T_{BS}为开始软化温度，T_{BE}为软化终了温度，ΔT_B为软化区间。

2.2.4.4　熔融滴落性能（$\Delta T = T_d - T_s$，Δp_{max}，S值）

铁矿石的熔融滴落性能简称熔滴性能，它是反映铁矿石进入高炉后，在高炉下部熔滴带的性能状态，由于这一带的透气阻力占整个高炉阻力损失的60%以上，熔滴带的厚薄不仅影响高炉下部的透气性，它还直接影响炼铁脱硫和渗碳反应，从而影响高炉的产质量，因此它是铁矿石最重要的冶金性能。铁矿石熔滴性能试验装置如图2-10所示。

从提高高炉生产的技术经济指标角度要求矿石的软化温度稍高，软化到熔化的温度区间窄，软熔过程中气体通过时的阻力损失（Δp_{max}）小。因为这样可使高炉内软熔带的位置下移，软熔带变薄，块状带扩大，高炉料柱透气性改善，产量提高。

铁矿石熔滴性能的测定方法国内外尚无统一的标准，目前国内主要采用北京科技大学许满兴设定的试验方法（见表2-42）。

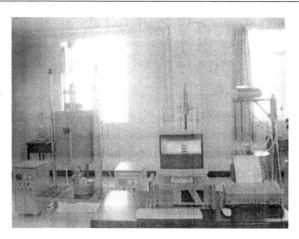

图 2-10　铁矿石熔滴性能试验装置

根据美国和日本的推荐，要求综合炉料的熔滴性能总特性 S 值 $\leqslant 40\text{kPa} \cdot \text{℃}$ 是适宜的。国内外几种烧结矿、球团矿、块矿的成分和熔滴性能列于表 2-38、表 2-39。

表 2-38　国内外几种铁矿石的化学成分

序号	矿　种	化学成分（质量分数）/%						CaO/SiO₂
		TFe	FeO	CaO	SiO₂	Al₂O₃	MgO	
1	宝钢烧结矿	57.83	6.91	9.21	5.85	1.57	1.53	1.57
2	邯钢烧结矿	53.50	7.91	11.40	7.08	1.53	3.90	1.61
3	水冶球烧矿	56.51	9.75	13.32	5.73	—	1.86	2.15
4	酒钢球烧矿	54.40	15.99	4.15	11.53	2.81	3.14	0.36
5	石钢烧结矿	59.26	14.42	4.23	7.05	1.89	3.70	0.60
6	攀钢烧结矿	46.63	9.83	8.86	5.80	4.79	3.91	1.53
7	萍钢烧结矿	42.31	9.20	16.85	10.96	—	4.26	1.54
8	萍钢球团矿	55.85	0.057	1.34	15.87	—	0.51	0.084
9	马西球团矿	66.21	0.63	0.08	3.02	0.12	0.97	0.03
10	沃库块矿	64.20	1.75	0.07	1.20	0.45	0.05	0.06

注：球烧矿，即指球团烧结矿。

表 2-39　国内外几种铁矿石的熔滴性能

序号	矿　种	CaO/SiO₂	T_s/℃	T_d/℃	ΔT/℃	Δp_{max}/kPa	S 值
1	宝钢烧结矿	1.57	1443	1465	22	2.25	38.80
2	邯钢烧结矿	1.61	1454	1477	23	5.10	105.94
3	水冶球烧矿	2.15	1345	1442	97	1.96	142.59

续表2-39

序号	矿　种	CaO/SiO$_2$	T_s/℃	T_d/℃	ΔT/℃	Δp_{max} /kPa	S 值
4	酒钢球烧矿	0.36	1299	1409	110	1.89	154.15
5	石钢烧结矿	0.60	1323	1423	100	1.35	86.24
6	攀钢烧结矿	1.53	1175	1470	295	7.55	2081
7	萍钢烧结矿	1.54	1330	1565	235	9.11	2141
8	萍钢球团矿	0.084	1194	1525	331	10.78	3568
9	马西球团矿	0.03	1350	1371	21	1.60	23.26
10	沃库块矿	0.06	1446	1450	4	2.25	7.06

注：T_s 为压差开始陡升时的温度（即开始熔融温度）；T_d 为开始滴落温度；ΔT 为熔滴温度区间；Δp_{max} 为最大压差值，单位 kPa；S 值为熔滴性能总特性值，$S = \int_{T_s}^{T_d} (\Delta p_m - \Delta p_s) \cdot \mathrm{d}T$，单位 kPa·℃。

由表2-38、表2-39可见，凡是烧结矿品位高，SiO$_2$ 和 FeO 含量低的，渣相黏度小的（Al$_2$O$_3$ 含量低），熔滴性能都是比较优良的（S 值≤40kPa·℃）。相反品位低的，SiO$_2$ 和 FeO 含量高的，渣相黏度大的（Al$_2$O$_3$ 和 TiO$_2$ 含量高的），熔滴性能都是比较差的（S 值>400kPa·℃，甚至更高），因此改善烧结矿的熔滴性能要采取提高品位、降低 SiO$_2$ 和 FeO 含量，控制 Al$_2$O$_3$、MgO 和 TiO$_2$ 的含量等措施。

表2-40、表2-41列出了北京科技大学对首钢、酒钢等厂烧结矿所作研究的结果。

表2-40　首钢烧结矿碱度与氧化镁含量对软熔性能的影响

CaO/SiO$_2$	MgO 含量/%	荷重软化性能			熔滴性能		
		T_{BS}/℃	T_{BE}/℃	ΔT_B/℃	T_s/℃	T_d/℃	ΔT/℃
1.34	1.40	1040	1215	175	1390	1465	69
1.68	2.02	1150	1360	210	1480	1495	15
2.00	2.74	1140	1400	260	1525	1575	50

表2-41　酒钢烧结矿碱度与氧化镁含量对软熔性能的影响

CaO/SiO$_2$	MgO 含量/%	荷重软化性能			熔滴性能		
		T_{BS}/℃	T_{BE}/℃	ΔT_B/℃	T_s/℃	T_d/℃	ΔT/℃
1.32	2.98	1155	1275	120	1240	1515	275
1.31	3.87	1175	1285	110	1200	1465	265
1.21	4.08	1185	1315	130	1300	1520	220
1.37	6.32	1190	1320	130	1330	1535	205

从表 2-40 和表 2-41 中的数据可以看出 MgO 含量的提高对球团矿和烧结矿的软熔性能都有提高，高炉使用软熔性能提高后的炉料，指标得到改善。

铁矿石荷重软化和熔滴性能检测方法工艺参数见表 2-42。

表 2-42　铁矿石荷重软化和熔滴性能检测方法工艺参数

检验方法及工艺参数	荷重还原软化性能	熔融滴落性能
反应管尺寸/mm×mm	$\phi 20 \times 70$　刚玉质	$\phi 48 \times 300$　石墨质
试样粒度/mm	预还原后破碎至 1~2	10~12.5
试样量	反应管内 20mm 高	200g，反应管内（65±5）mm
荷重/N·cm^{-2}	4.9	9.8
还原气体成分	中性纯 N_2 还原气体　30%CO、70%N_2	30%CO、70%N_2
还原气体流量/L·min^{-1}	1	12
升温制度	0~900℃ 过程 10℃/min >900℃ 过程 5℃/min	0~900℃ 过程 10℃/min 950℃ 恒温 60min >900℃ 过程 5℃/min
试验过程测定	开始软化温度 T_{BS} 软化终了温度 T_{BE}	试样收缩 10% 温度 $T_{10\%}$ 试样收缩 40% 温度 $T_{40\%}$ 压差开始陡升温度 T_s、ΔT 压差最大值 Δp_{max} 试验开始滴落温度 T_d
试验结果表示	T_{BS}：开始软化温度（℃） T_{BE}：软化终了温度（℃） $\Delta T_B = T_{BE} - T_{BS}$：软化区间（℃）	T_S：开始熔融温度（℃） T_d：开始滴落温度（℃） $\Delta T = T_d - T_S$：熔滴温度区间（℃） Δp_{max}：最大压差值（kPa） S 值：熔滴性能总特性值

2.2.4.5　球团矿的还原膨胀性能（RSI）

还原膨胀性能是球团矿的重要冶金性能，由于氧化球团的主要矿物组成为 Fe_2O_3，Fe_2O_3 还原为 Fe_3O_4 过程中有个晶格转变，即由六方晶体转变为立方晶体，晶格常数由 0.542nm 增至 0.838nm，会产生体积膨胀 20%~25%，Fe_3O_4 还原为 FeO 过程中，体积膨胀可为 4%~11%。表 2-43 列出了纯 Fe_2O_3 从 570℃ 开始随温度升高至 1000℃ 还原过程的膨胀特性。

表 2-43　纯 Fe_2O_3 从 570℃ 开始随温度升高到 1000℃ 还原过程的膨胀特性

分子式	Fe_2O_3	Fe_3O_4	FeO	Fe
含氧量/%	100	89	70	0
晶体形状	六方形	立方形	立方形	立方形
晶格常数/nm	0.542	0.838	0.43	0.286
膨胀率 RSI/%	0	20~25	4~11	不定

国际标准（ISO）规定：$RSI \leqslant 20\%$（不大于 15% 为一级品）。若大于 20% 高炉只能搭配使用，若大于 30% 称为灾难性膨胀，高炉不能用。因此，不管采用何种球团矿，必须对其还原膨胀率做测定，根据 RSI 选定搭配比例。

对于 $RSI > 30\%$ 的球团矿，必须采取措施加以改进，改进的方法首先要搞清引起还原膨胀的原因，然后对准原因采取相应的措施。

【例 2-3】　20 世纪 80 年代包头球团矿含 K、Na、F 比较高，还原膨胀率高达 48.9%，因此必须采取措施降低 F、K、Na 含量，后来配用河北精矿粉，得到缓解。

2.2.5　铁矿粉的烧结基础特性

众所周知，高炉炼铁对烧结矿性能的要求，除了化学成分、粒度组成、转鼓指数等常温性能外，还对其在炉内的高温性能（如低温还原粉化率、还原性、软熔性等）有明显的要求。但是，在铁矿石烧结方面，人们对烧结用铁矿石的特性的认识和研究，还只是停留在它的化学成分、粒度组成、制粒特性等常温性能方面，而对铁矿石在烧结过程中所表现的高温行为和作用却知之甚少。

由于缺乏对铁矿石自身特性的综合认识，特别是不清楚铁矿石在烧结过程中所反映出来的高温物理化学特性，故不能有目的地对各种铁矿石进行合理的选择和使用，从而无法实现真正意义上的"优化配矿"。不仅如此，在这种状况下，往往导致现有的烧结工艺只能通过操作制度（如配碳、机速、负压、料层高度等）的调整去迎合烧结原料。显然，这种生产方法是非常被动和落后的。因为，倘若所用铁矿石的液相生成能力过弱时，必然在烧结黏结相的数量方面造成"先天性缺陷"，而面对现有的烧结工艺对于各种铁矿石的烧结，通常只能是采取提高烧结温度的措施予以解决，这就使得先进的低温烧结工艺的实现受到严重制约。

上述问题深刻地表明，在关于铁矿石自身特性及其与烧结过程的内在联系等方面的研究工作还处于较低层次。针对这些现状，北京科技大学吴胜利教授根据冶金物理化学理论、传输理论以及烧结工艺原理，在剖析铁矿粉烧结成矿过程的基础上，于 2000 年依次提取和凝练出铁矿粉的同化性、液相流动性、黏结相自身强度、铁酸钙生成特性及连晶特性等五大高温特性以及互补配矿原理，并称之为铁矿粉的烧结基础特性。之后，又拓展出铁矿粉的熔融特性、吸液性等高温特性概念。另外，中南大学范晓慧教授于 2010 年提出了铁矿粉烧结成矿性能（固相反应性、液相生成特性及冷凝结晶特性）及其评价方法，东北大学沈峰满等人于 2007~2009 年间相继提出了烧结矿黏结相的润湿性、自身强度、熔化特性以及流动性等概念，其为铁矿粉相关高温特性的测定和评价提供重要参考。

所谓铁矿石的烧结基础特性，就是指铁矿石在烧结过程中呈现的高温物理化学性质，它反映了铁矿石的烧结行为和作用，也是评价铁矿石对烧结过程以及烧结矿质量所做贡献的基本指标。铁矿石的烧结基础特性主要包括：同化性、液相流动性、黏结相自身强度、铁酸钙生成特性、连晶特性、熔融特性和吸液性等高温特性。

这些重要的研究成果从理论上给出了烧结优化配矿技术的手段和方法，受到广大炼铁工作者的高度关注与认可，并得到了广泛的推广应用，为其中包括宝钢、鞍钢、首钢、武钢、太钢、包钢、马钢等国内诸多钢铁企业带来显著的经济效益。

2.2.5.1 同化性

关于铁矿粉同化性的研究，最早可以追溯到 20 世纪 80 年代，当时的日本出于资源战略考虑，率先研究了褐铁矿的烧结技术。日本新日铁公司研究者肥田行博等人，针对褐铁矿烧结易出现料层过熔的问题，进行了大量研究工作，进而提出了铁矿粉的同化性概念，并结合矿相研究方法以测定和评价铁矿粉的同化性。

进入 20 世纪 90 年代后，吴胜利教授所在研究团队改良了同化性的测试方法，提出以"最低同化温度""同化速率"等指标来定量评价铁矿粉的同化性，并诠释了铁矿粉同化性的内涵及其在烧结配矿中的应用。同化性是指铁矿粉在烧结矿过程中与 CaO 的反应能力，它表征的是铁矿粉在烧结过程中生成液相（黏结相）的难易程度。一般而言，高同化性的铁矿粉，在烧结过程中更容易生成液相。但是，基于对烧结原料的有效固结、烧结料层透气性以及烧结矿的质量等多方面考虑，并不希望作为核矿石的粗粒矿石过分熔化，故铁矿粉的同化性并非越高越好。因此，要求烧结混匀矿的综合同化性在适宜水平。表 2-44 为若干常用进口铁矿粉的化学成分，图 2-11 所示为若干常用进口铁矿粉最低同化温度的测定结果。由此可见，不同种类的铁矿粉，其同化性差异明显。需要指出的是巴西低 SiO_2、低 Al_2O_3 赤铁矿与澳大利亚高 SiO_2、高 Al_2O_3 褐铁矿相比，采用同一个碱度测定它们的同化性，由于配入的 CaO 量有较大的差别，所得出的结论是有差异的，应做调整。

表 2-44 铁矿粉的化学成分

名称	化学成分（质量分数）/%								LOI/%
	TFe	FeO	SiO$_2$	CaO	Al$_2$O$_3$	MgO	P$_2$O$_5$	S	
A	63.42	0.59	5.64	0.01	1.34	0.06	0.10	0.01	1.81
B	63.10	0.73	5.56	0.06	0.97	0.27	0.10	0.01	1.86
C	64.14	0.58	5.19	0.02	0.86	0.07	0.10	0.01	1.68
D	64.81	0.17	2.77	0.02	1.24	0.06	0.06	0.01	2.12
E	58.60	0.20	4.44	0.04	1.63	0.07	0.12	0.01	10.07
F	61.44	0.29	3.68	0.03	2.26	0.08	0.21	0.02	5.45
G	60.77	0.32	4.19	0.02	2.28	0.06	0.19	0.03	6.07
H	64.44	0.32	5.21	0.11	1.33	0.03	0.14	0.01	0.55

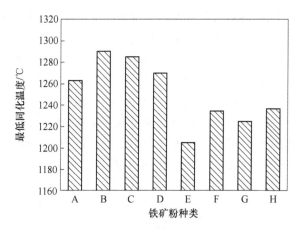

图 2-11 若干常用进口铁矿粉的最低同化温度

2.2.5.2 液相流动性

早在 1989 年，吴胜利教授即提出铁矿粉的高温液相流动性概念，并对铁矿粉液相流动性的测定、评价方法，以及该指标在烧结配矿中的应用等，进行了全面的研究。液相流动性是指在烧结过程中铁矿粉与 CaO 反应而生成液相的流动能力，它表征的是黏结相的"有效黏结范围"。一般而言，铁矿粉的液相流动性较高时，其黏结周围铁矿粉的范围也较大，从而提升烧结矿的固结强度。但是，铁矿粉的液相流动性也不宜过高，否则其黏结周围物料的黏结层厚度会变薄，易形成烧结体的薄壁大孔结构，而使烧结矿整体变脆，固结强度降低，也使烧结矿的还原性变差。由此可见，混匀矿适宜的液相流动性才是确保烧结矿有效固结的基础。图 2-12 给出了若干常用进口铁矿粉的液相流动性指数测定结果，从图 2-12 可以看出，不同铁矿粉的液相流动性存在明显差异。

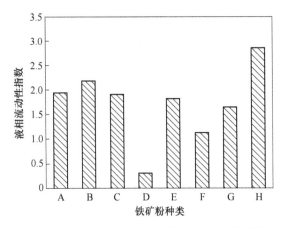

图 2-12　若干常用进口铁矿粉的液相流动性指数

2.2.5.3　黏结相强度特性

前述的铁矿粉同化性和液相流动性，很大程度上反映了铁矿粉在烧结过程中对黏结相数量的贡献程度。在保证黏结相数量的前提下，黏结相的质量就成了烧结矿固结优劣的主要影响因素。为此，又提取和凝练出铁矿粉黏结相强度的指标，并研究了这一指标的测定和评价方法以及其在烧结配矿中的应用等。黏结相强度表征铁矿粉在烧结过程中形成的液相对其周围的核矿石进行固结的能力。对烧结矿的固结强度而言，由于核矿石的自身强度及其与液相的结合强度均相对较高，故它们不会构成烧结矿固结强度的限制因素，而由铁矿粉的液相形成的黏结相自身的强度则是影响烧结矿固结强度的主要因素。因此，在烧结工艺参数和混匀矿同化性、液相流动性等一定的条件下，以尽可能提高混匀矿黏结相自身强度为目标的配矿，有助于提升烧结矿的固结强度。图 2-13 给出了若干常用进口铁矿粉的黏结相强度测定结果，由图可见，不同铁矿粉的黏结相自身强度明显不同。

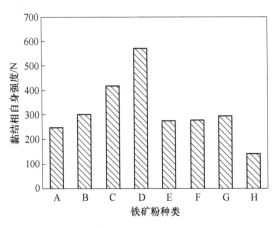

图 2-13　若干常用进口铁矿粉的黏结相强度特性

2.2.5.4 铁酸钙生成特性

根据铁矿粉烧结理论和实践可知，在烧结黏结相中，以复合铁酸钙（SFCA）矿物为主的黏结相性能最优。提升烧结矿中的复合铁酸钙含量，既有利于提高烧结矿固结强度，又有利于改善烧结矿的还原性。为此，提出了铁矿粉的铁酸钙生成特性概念及其测定方法，以更好地指导烧结配矿。铁矿粉的铁酸钙生成特性，表征的是其在烧结过程中生成复合铁酸钙的能力。在烧结工艺参数和混匀矿同化性、液相流动性、黏结相强度满足条件的情况下，选择铁酸钙生成特性优良的混匀矿，有助于改善烧结矿质量。

图 2-14 给出了若干常用进口铁矿粉的铁酸钙生成特性测定结果，由图可见，不同铁矿粉的铁酸钙生成能力存在显著差异。

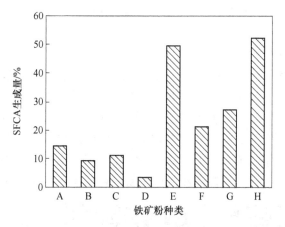

图 2-14 若干常用进口铁矿粉的铁酸钙生成特性

2.2.5.5 连晶特性

连晶特性指铁矿石在造块过程中靠铁矿物晶体再结晶长大而形成固相固结的能力，可以通过测定纯铁矿粉试样高温焙烧后的抗压强度予以评价。

在铁矿粉造块工艺中，烧结矿主要是"液相固结"，而球团矿则主要为"连晶固结"。然而，现代烧结生产中，随着铁矿粉品位的提升，以及低温、高氧位、高生石灰比例等烧结模式的实施，致使烧结料层中焦粉、熔剂的偏析程度加大，进而存在部分铁矿粉通过连晶方式而固结成矿的可能性。铁矿粉的连晶特性，表征的是其在烧结过程的高温状态下以连晶方式而固结成矿的能力，其指标是以烧结体连晶强度的形式表达。

图 2-15 给出了若干常用进口铁矿粉的连晶特性测定结果，由图可见，不同种类铁矿粉的连晶强度存在明显差异。

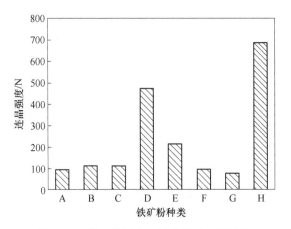

图 2-15　若干常用进口铁矿粉的连晶特性

2.2.5.6　熔融特性

为了明晰烧结液相自初始生成到液相完全流动之间的过程特征，以评价铁矿粉烧结液相的温控性和安全性，提出了铁矿粉的熔融特性概念，通过可视化高温试验装置观察各种铁矿粉的熔化流动过程，以此考察不同类型铁矿粉的烧结熔融特性，并以此指导烧结配矿。图 2-16 给出了某种褐铁矿粉从开始产生液相到液相完全流动的全过程特征。在以此为基础得到的铁矿粉烧结熔融曲线上，定义了 T_{30}、T_{55}、T_R、S_R 等 4 项指标以评价铁矿粉的烧结熔融特性，其中，收缩率达到

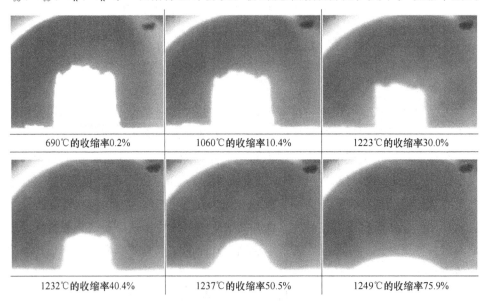

图 2-16　某种褐铁矿的烧结熔化过程形貌图

30%的温度（T_{30}）为有效液相的开始形成温度；收缩率达到55%的温度（T_{55}）为有效液相形成的终了温度；T_R 为生成有效液相的温度区间（$T_R = T_{55} - T_{30}$），它可体现烧结温度的可控程度，温度区间 T_R 大的铁矿粉，在烧结过程中有效液相的生成范围广，烧结温度的可控性强；S_R 为缓慢收缩段的试样收缩程度，反映铁矿粉在液相生成过程中的安全液相状态。

图 2-17 所示为四种典型铁矿粉的高度方向收缩率随温度变化曲线，从图中可以看出，各种铁矿粉烧结试样的熔化反应历程有明显差异，其中，A 矿最容易产生液相，但其液相形成过程中温度区间窄，故温控性差，安全性低；B 矿在低温烧结条件下有效液相量不足，而温控性则略好于 A 矿；C 矿的熔融特性较为适宜，在低温下较易生成液相，温控性和安全性也相对较好；D 矿在低温烧结下则很难生成液相。根据各种铁矿粉熔融特性的研究结果和互补配矿原理，可获得基于铁矿粉熔融特性的烧结配矿原则，进而为烧结优化配矿技术的实施提供又一重要判据。

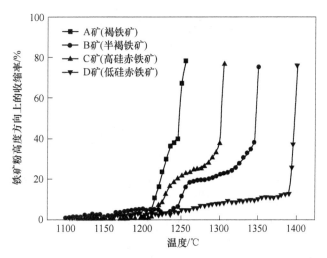

图 2-17 四种典型铁矿粉的高度方向收缩率随温度变化曲线

2.2.5.7 吸液性

关于铁矿粉的"高温吸液"问题，早在 20 世纪 90 年代初期，吴胜利教授在研究烧结过程中粗粒核矿石与黏附粉生成的初生液相之间反应特征时已发现（见图 2-18）。由图可见，相对于致密的赤铁矿颗粒基本不与初生液相反应，而疏松多孔的褐铁矿颗粒明显与初生液相发生了剧烈反应，在其中间地带形成了碱度低、黏度大的二次液相，减少了起黏结作用的有效液相，导致烧结体固结强度降低。

上述类似于"抢夺"黏结相的特征，称为铁矿粉的烧结吸液性。为了定量评价各种铁矿粉的高温吸液性强弱，借鉴了日本学者 Jun Okazaki 有关核矿石与初生液相共存时的"渗透深度"测试方法，如图 2-19 所示。

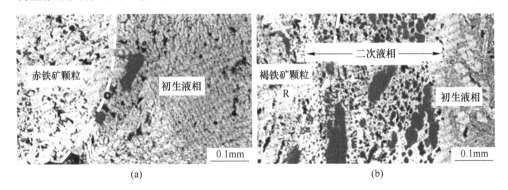

(a)　　　　　　　　　　　　　　　　(b)

图 2-18　赤铁矿和褐铁矿初生液相的反应特征对比

（a）赤铁矿颗粒初生液相；（b）褐铁矿颗粒初生液相

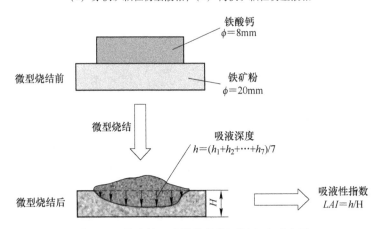

图 2-19　铁矿粉吸液性指数的测量方法示意图

针对三种典型铁矿粉的吸液性进行了测试，其结果如图 2-20 所示。大颗粒褐铁矿因其自身疏松多孔，同化性较强，其与初生液相很容易发生反应，吸液性指数为 0.371；半褐铁矿与初生液相的反应程度次之，吸液性指数为 0.165；而赤铁矿几乎不与初生液相发生反应，吸液性指数为 0.056。

研究结果表明，吸液性高的铁矿粉易形成低流动性的二次液相，使得有效液相减少，进而降低烧结体固结强度。图 2-21 所示为二次液相流动性对三种铁矿粉作为核颗粒时烧结体固结强度影响的示意图，由图可见，因核矿石吸液性的不同而导致二次液相性质的差异，进而显著影响烧结体的固结强度。

综上所述，不同种类铁矿石的各项烧结基础特性存在很大差异，表明它们在烧结过程中的高温行为和作用各不相同，这是过去依据化学成分、粒度组成、矿物特征等常温因素评价铁矿石的方法所无法获得的主要认识。烧结过程的各项技

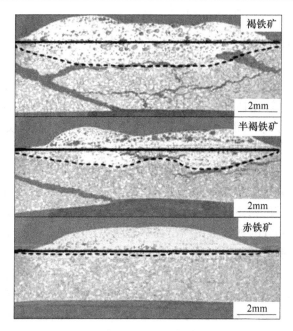

图 2-20 不同铁矿粉吸液性试验结果

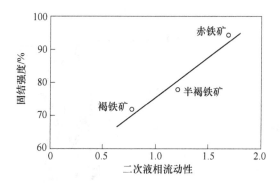

图 2-21 二次液相流动性对烧结体固结强度的影响

术经济指标不仅仅取决于铁矿石的常温性能，更大程度上依赖于高温状态下的铁矿石的烧结基础特性。

传统的烧结配矿方法，从本质上而言，属于试探性配矿。一方面，不了解铁矿石的烧结基础特性，故盲目性大，从而耗费的人力财力较多。另一方面，由于不清楚铁矿石的互补特性，很难实现真正意义上的优化配矿。铁矿石的烧结基础特性的概念，使真正意义烧结自主优化配矿成为可能。通过对铁矿石的烧结基础特性的把握，可建立同时满足烧结矿成本优化和烧结矿性能优化的新型配矿系统，它不仅能准确预测烧结矿质量，而且能根据对烧结矿质量的要求产生优化的烧结配矿方案。

2.3　铁烧结矿冶金性能对高炉冶炼的影响

烧结矿的冶金性能包括 900℃ 还原性（RI）、500℃ 低温还原粉化性能（RDI）、荷重还原软化性能（T_{BS}、T_{BE}、ΔT_B）和熔融滴落性能（T_s、T_d、ΔT、Δp_{max}、S 值）。这四项性能中 900℃ 还原性是基本性能，它不仅直接影响煤气利用率和燃料比，同时由于还原程度的不同，还影响其还原强度（RDI）和软熔性能。500℃ 低温还原性能是反映烧结矿在高炉上部还原强度的，它是高炉上部透气性的限制性环节。在高炉冶炼进程中，高炉上部的透气阻力损失约占总阻力损失的 15%。烧结矿的荷重还原软化性能是反映其在高炉炉身下部和炉腰部分软化带的透气性，这部分的透气阻力约占高炉总阻力损失的 25%，熔融滴落性能是烧结矿冶金性能最重要的部分，因为它约占高炉总阻力损失的 60%，是高炉下部透气性的限制性环节，要保持高炉长期顺行稳定，必须十分重视含铁原料在熔融带的透气阻力。烧结矿在高炉的块状带、软化带和熔融滴落带不同部位的性状和透气阻力的变化（见图 2-22）决定着高炉内不同部位顺行和稳定，因此研究和分析清楚冶金性能对烧结矿质量和高炉主要操作的影响是十分重要和必要的。

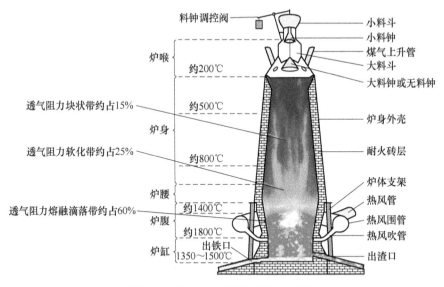

图 2-22　高炉内各带透气阻力示意图

2.3.1　还原性（900℃）对烧结矿质量和高炉主要操作指标的影响

还原性的优劣是烧结矿质量的一项基本指标，厚料层、高强度、高还原性、低碳、低 FeO 的三高两低原则始终是烧结生产追求的目标。对高碱度（1.9~2.3）烧结矿而言，常规要求 $RI>85\%$，高要求 RI 应大于 90%。铁矿石的还原性（包括烧结矿、球团矿）取决于其矿物组成和气孔结构，烧结矿不同矿物组成的还原性列于表 2-45。

表 2-45　烧结矿不同矿物组成的还原性

矿物组成	$2FeO \cdot SiO_2$	$CaO \cdot FeO \cdot SiO_2$	Fe_3O_4	$2CaO \cdot Fe_2O_3$	$CaO \cdot Fe_2O_3$	Fe_2O_3	$CaO \cdot 2Fe_2O_3$
$RI/\%$	5.0	12.8	25.5	25.5	49.2	49.4	58.4

高碱度烧结矿的 RI 值若低于 80%，证明烧结矿的质量出了问题，或者是配碳高了，FeO 高了，或是配矿的原因气孔结构出了问题，应提出改进的措施。还原性不良的烧结矿由于低熔点硅酸盐（$2FeO \cdot SiO_2$ 和 $CaO \cdot FeO \cdot SiO_2$）的存在，会造成烧结矿的软熔性能变差，从而影响高炉软熔带的透气性。还原性不良的烧结矿装入高炉后，会明显影响高炉上部煤气的利用率，使高炉内间接还原降低，直接还原（RD）比例升高，影响高炉的燃料比和产量。

据统计入炉矿的间接还原降低 10%，将影响高炉焦比和产量各 8%~9%，在目前我国高炉燃料比的水平条件下，高炉燃料比将会升高 40kg/t 以上，产量与高炉容积相关，但也是一个庞大的数字，因此，炼铁工作者应十分重视烧结矿的还原性指标。

2.3.2　低温还原粉化（RDI）对烧结矿质量和高炉主要操作指标的影响

已有的生产实践数据证明，烧结矿的 $RDI_{-3.15}$ 增加 10%，将影响高炉产量 3% 以上，燃料比上升 1.5%。在目前情况水平下，烧结矿入高炉后在低温条件下还原产生粉化的主要原因是烧结矿骸晶状赤铁矿（又称再生赤铁矿）在低温下还原发生晶格转变（$\alpha-Fe_2O_3$ 转变为 $\gamma-Fe_2O_3$ 过程中由六方晶格变为立方晶格）产生极大的内应力，导致烧结矿碎裂。

造成烧结产生低温还原粉化的原因是多方面的，有矿种、配碳、Al_2O_3 和 TiO_2 含量等因素。由高炉解剖和高炉上部取样实测分析可知，烧结矿的低温还原粉化是高炉上部透气性的限制性环节，而且证明烧结矿产生低温粉化的实际温度并不是 500℃ 左右，而是 700℃。我国《铁矿石　低温粉化试验　静态还原后使用冷转鼓的方法》（GB/T 13242—1991）规定：烧结矿低温还原粉化指数以 $RDI_{+3.15}$ 的百分数为主要指标，$RDI_{+6.3}$ 和 $RDI_{-0.5}$ 的百分数为参考指标，而美国和北美地区的标准规定，烧结矿的低温还原粉化以 $RDI_{+6.3}$ 和 $RDI_{-0.5}$ 的百分数为主要指标，$RDI_{+3.15}$ 百分数为参考指标。唐钢科技人员经与美国学者的分析和讨论认为，美国和北美地区的标准更科学合理，因为在高炉内小于 5mm 的粒度会明显影响高炉上部的透气性，故将 $RDI_{+3.15}$ 作为主要指标是欠合理的。

烧结矿的低温还原粉化是质量的一项重要内容，我国《铁烧结矿》（YB/T 421—2005）规定 $RDI_{+3.15} \geqslant 72\%$，低于标准超过 10% 的一般应喷洒处理，以往我国多数企业均采用德国学者科特曼提出的喷洒卤化物（$CaCl_2$）的方法，降低烧结矿 RDI 粉化。跨入 21 世纪后，越来越多的炼铁工作者在实际生产中发现并证实，烧结矿喷洒 $CaCl_2$ 有腐蚀煤气管道和阀门，侵蚀高炉内耐火材料和破坏焦炭的热强度等多方面的副作用，目前国内已开始采用北京科技大学发明的不含氯元素的 XAA 复合喷洒剂，改善烧结矿的 RDI 粉化效果显著，料比将上升 7.8kg/t 以上。

因此，当烧结矿 $RDI_{+3.15}$ 低于 62% 的应采取有效措施，改善烧结矿的低温还原强度，以保持高炉的上部顺行稳定。

2.3.3　荷重还原软化性能对烧结矿质量和高炉主要操作指标的影响

烧结矿的荷重还原软化性能是指其装入高炉后，随炉料下降，温度上升不断被还原，到达炉身下部和炉腰部位，烧结矿表现出体积开始收缩即开始软化（T_{BS}）和软化终了（T_{BE}）的特性，高碱度烧结矿的 T_{BS} 应不低于 1100℃，软化温度区间（$\Delta T_B = T_{BE} - T_{BS}$）应不高于 150℃。

烧结矿开始软化温度的高低取决于其矿物组成和气孔结构强度，开始软化温度的变化往往是气孔结构强度起主导作用的结果，这就是说，软化终了温度往往是矿物组成起主导作用。由高炉内各带透气阻力的示意图可知，软化带的阻力损失约占 25%，是反映炉料在炉身下部和炉腰部位顺行状况的，当烧结矿的开始软化温度低于 950℃，软化温度区间大于 300℃ 时，高炉必然会产生严重的悬料，因此为了保持高炉顺行稳定，烧结矿应具有良好的荷重还原软化性能。

关于荷重还原性能对高炉主要操作指标的影响，意大利的皮昂比诺（Piombimo）公司 4 号高炉曾于 1980 年做过统计，含铁原料的 T_{BS} 由 1285℃ 提高到 1335℃，高炉的透气性 Δp 由 5.2kPa 降低到 4.75kPa（下降 8.7%），产量提高 16%。日本神户公司的加古川厂和新日铁的广畑厂均通过改善酸性球团矿的软熔性能有效地改善了高炉指标。

2.3.4　熔滴性能对烧结矿质量及高炉主要操作指标的影响

熔滴性能是烧结矿冶金性能最重要的性能，因为熔滴带的煤气阻力损失约占高炉总阻力损失的 60%，它是高炉下部顺行的限制性环节，这也是高炉操作由过去长期以高炉上部操作为主改为以高炉下部操作为主，新的高炉操作理念的原因所在。

现代高炉炼铁要求烧结矿的开始熔滴温度要高（$T_s > 1400℃$），熔滴区间要窄（$\Delta T < 100℃$），熔滴过程的最大压差要低（$\Delta p_{max} < 1700Pa$）。日本新日铁公司曾推荐烧结矿的熔滴性能总特性值 $S \leqslant 98kPa \cdot ℃$；酸性球团矿的 S 值 $\leqslant 166.6kPa \cdot ℃$

是适宜的。

美国学者 L. A. Haas 等人提出，熔滴性能总特性 S 值，似乎是一个比软熔温度区间（$\Delta T = T_d - T_s$）更好的指标，因为它包括了温度区间（ΔT）和压降大小（$\Delta p = \Delta p_{max} - \Delta p_s$，$S = \int_{T_s}^{T_d}(\Delta p_m - \Delta p_s)\cdot dT$（单位为 kPa·℃）），并提出对高炉炉料来说，$S$ 值 ≤ 40kPa·℃ 是适宜的。

为了掌控和改善烧结矿的熔滴性能，炼铁工作者认识和理解 T_s（开始熔融温度，也即压差开始陡升温度、Δp_s 达到 500Pa 的温度值）和 T_d（开始滴落温度）的取决条件是十分重要和必要的。

在这方面，日本学者斧胜也做过深入的研究，提出含铁炉料下述论点：

（1）开始熔融温度（T_s）也即压差开始陡升温度，（Δp_s）取决于 FeO 低熔点渣的熔点。含 FeO 高的炉料，会较早地造成压差开始陡升。而渣相中的 FeO 取决于炉料被还原的程度。造成含 FeO 高和还原性差的炉料开始熔融温度低。

（2）开始滴落温度（T_d）取决于渣相熔点和金属渗碳反应。高碱度烧结矿由于含 FeO 低和还原性优良，它开始熔融温度就高，同时由于其渣相熔点高，滴落温度也高，但是 T_s 提高的幅度大于 T_d，所以熔滴区间窄（$\Delta T = T_d - T_s$），即熔滴带的厚度变薄，从而使得透气阻力损失（Δp_{max}）降低，有利于高炉下部的顺行和强化。

（3）烧结矿在高炉内熔融带最大压差值（ΔT）取决于渣相量和渣相黏度的大小。渣相量和渣相黏度越大，ΔT 越高。日本学者成田贵一的研究证明在炉料结构中最大压差值还与高碱度烧结矿与配入酸性球团矿的比例相关，当酸性球团矿配入比例达到 25% ~ 50% 时，ΔT 值处于最低值。高炉操作为了达到上、下部长期顺行稳定，作为一个炼铁工作者了解和熟悉烧结矿的冶金性能是极为重要和必要的。

2.3.5　我国几种烧结矿的冶金性能分析

2.3.5.1　我国几种烧结矿的主要化学成分和冶金性能

我国几种烧结矿的主要化学成分和冶金性能见表 2-46 和表 2-47。

表 2-46　我国几种烧结矿的化学成分

烧结矿		化学成分（质量分数）/%						CaO/SiO₂
		TFe	FeO	SiO₂	Al₂O₃	CaO	MgO	
石钢	1 号	59.30	10.40	4.52	1.53	5.02	1.89	1.11
	2 号	59.10	7.92	4.47	1.57	8.54	1.94	1.91
济钢	1 号	59.80	5.25	4.20	1.71	7.69	2.17	1.83
	2 号	59.50	11.80	4.10	1.56	8.12	2.13	1.93

续表 2-46

烧结矿		化学成分（质量分数）/%						CaO/SiO₂
		TFe	FeO	SiO₂	Al₂O₃	CaO	MgO	
八钢	1 号	58.78	11.64	4.64	—	8.00	3.76	1.72
	2 号	58.00	11.03	4.54	—	9.05	3.67	1.99
	3 号	57.40	10.54	4.64	—	10.28	3.82	2.02
酒钢	1 号	52.68	9.67	10.80	1.71	5.15	2.13	0.48
	2 号	51.75	7.24	7.52	1.49	13.87	1.89	1.84

表 2-47　我国几种烧结矿的冶金性能

烧结矿	900℃ RI/%	500℃还原粉化指数/%			软化性能			熔融滴落性能				
		$RDI_{+6.3}$	$RDI_{+3.15}$	$RDI_{-0.5}$	T_{10}/℃	T_{40}/℃	ΔT/℃	T_s/℃	T_d/℃	ΔT/℃	Δp_{max}/kPa	S 值/kPa·℃
石钢	73.1	16.3	49.2	13.5	1091	1134	43	1267	1333	66	1.0	33.63
	82.4	14.3	55.9	9.6	1092	1247	155	1435	1450	15	1.27	11.76
济钢	75.1	44.0	70.4	8.6	1085	1227	142	1448	1464	16	1.84	21.64
	74.6	42.3	68.2	8.2	1043	1226	183	1486	1519	33	2.41	63.39
八钢	—	—	—	—	1185	1347	162	1382	1488	106	2.86	251.39
	—	—	—	—	1215	1389	174	1435	1505	70	3.04	178.36
	—	—	—	—	1183	1347	164	1370	1518	148	3.31	417.72
酒钢	61.0	63.96	80.15	7.9	1085	1140	55	1180	1300	120	8.82	999.60
	85.9	39.5	73.13	7.4	1170	1280	110	1320	1520	200	11.56	2214.80

2.3.5.2　对我国几种烧结矿冶金性能的分析

由表 2-46、表 2-47 可见，我国几种烧结矿的品位高和 SiO₂ 含量低（酒钢例外），FeO 和八钢的 MgO 含量偏高，多数 MgO 和 Al₂O₃ 含量都不高，但近两年来由于铁矿资源的快速开发和降成本问题，不少企业烧结矿的成分和质量发生了一定变化。烧结矿的还原性与它们的碱度和 FeO 含量直接相关，石钢和酒钢两种低碱度烧结矿的还原度低，济钢两种高碱度烧结矿由于其含 FeO 高，影响了还原性。

几种烧结矿的 *RDI* 指数很低主要受矿种的影响，石钢和济钢烧结用矿 80% 以上是进口矿，酒钢烧结矿的 *RDI* 指数优良，主要由于酒钢矿含卤族元素钡（Ba）的缘故。

烧结矿的软化性能主要与其碱度，FeO、SiO₂ 含量和还原性相关，总的说这几种烧结矿的软化性能尚可，$T_{BS}>1040℃$，$\Delta T_B<185℃$。

这几种烧结矿的熔滴性能，酒钢的由于含铁品位低、SiO₂ 含量高、渣量大，

造成 S 值特别高，所以酒钢高炉要强化难度大，这就是说，要改善高炉操作指标离不开精料。八钢的第 3 组烧结矿由于碱度大于 2.0，渣相黏度大，透气阻力（ΔT）大，造成 S 值也较高。在正常情况下，高碱度烧结矿的熔滴性能总是优于低碱度烧结矿的，石钢的两种烧结矿对比就是很好的例子，这就是高炉炉料结构为什么始终要坚持高碱度烧结矿的道理所在。

参考文献

[1] 周传典. 高炉炼铁生产技术手册 [M]. 北京：冶金工业出版社，2012.

[2] 许满兴. 青钢生产烧结矿冶金性能评估报告 [R]. 北京科技大学实验报告，2002，4.

[3] 许满兴. 烧结矿的矿物组成对其质量的影响及分析 [C]. 低成本、低燃料比炼铁新技术文集，2016：100~106.

[4] 许满兴. 烧结矿生产的工艺与理论 [C]. 铁矿粉烧结工艺技术及改善质量的试验研究文集，2009：47~50.

[5] 许满兴. 烧结矿的冶金性能对高炉主要操作指标的影响 [C]. 炼铁交流，2014：3.

[6] 王维兴. 高炉炼铁对炉料的质量要求 [J/OL]. 钢铁技术网，2016.12.

[7] 项钟庸，王筱留，等. 高炉设计——炼铁工艺设计理论与实践 [M]. 2 版. 北京：冶金工业出版社，2014.

[8] 吴胜利，米坤，林鸿. 铁矿石的烧结基础特性的概念 [C]. 2000 年中国金属学会炼铁年会论文集，2000.

[9] 范晓慧，甘敏，袁礼顺，等. 烧结铁矿石成矿性能评价方法的研究 [C]. 2010 年度全国烧结球团技术交流年会论文集，2010.

[10] 吴胜利，刘宇，杜建新，等. 铁矿石的烧结基础特性之新概念 [J]. 北京科技大学学报，2002，24（3）.

[11] 吴胜利，苏博，宋天凯，等. 铁矿粉烧结优化配矿技术的研究进展 [C]. 第十届中国钢铁年会暨第六届宝钢学术年会论文集，2015.

[12] 吴胜利，苏博，等. 铁矿粉的高温特性及其在烧结配矿和工艺优化方面的应用 [C]. 2015 年第三届炼铁对标、节能降本及相关技术研讨会论文集，2015.

[13] 吴胜利，杜建新，马洪斌，等. 铁矿粉烧结液相流动特性 [J]. 北京科技大学学报，2005，27（3）：291.

[14] 吴胜利，杜建新，马洪斌，等. 铁矿粉烧结黏结相自身强度特性 [J]. 北京科技大学学报，2005，27（2）：169.

[15] 陈耀铭，陈锐. 烧结球团矿微观结构 [M]. 长沙：中南大学出版社，2011.

[16] 长沙黑色冶金矿山设计研究院. 烧结设计手册 [M]. 北京：冶金工业出版社，2008.

[17] GB/T 24531—2009. 高炉和直接还原用铁矿石转鼓和耐磨指数的测定 [S]. 北京：中国标准出版社.

[18] GB/T 10322.7—2004. 铁矿石粒度分布的筛分测定 [S]. 北京：中国标准出版社.

［19］GB/T 13241—91. 铁矿石还原性的测定方法［S］. 北京：中国标准出版社.

［20］GB/T 24530—2009. 高炉用铁矿石荷重还原性的测定［S］. 北京：中国标准出版社.

［21］GB/T 24204—2009. 高炉炉料用铁矿石低温还原粉化率的测定动态试验法［S］. 北京：
中国标准出版社.

［22］GB/T 13242—91. 铁矿石低温粉化试验静态还原后使用冷转鼓的方法［S］. 北京：中国
标准出版社.

［23］GB/T 27692—2011. 高炉用酸性铁球团矿［S］. 北京：中国标准出版社.

［24］YB/T 421—2005. 铁烧结矿［S］. 北京：中国标准出版社.

［25］GB 50427—2015. 高炉炼铁工程设计规范［S］. 北京：中国标准出版社.

［26］GB 50408—2007. 烧结厂设计规范［S］. 北京：中国标准出版社.

［27］GB 50491—2009. 铁矿球团工程设计规范［S］. 北京：中国标准出版社.

3 铁矿石评价及采购原则

【本章提要】

本章主要讲述铁矿石的天然特征，铁矿石的价值评价方法，特别是对前苏联巴甫洛夫院士提出的铁矿石冶金价值的计算方法进行分析和延伸。创建新常态下的铁矿石价值的计算公式以及优化采购原则。

炼铁系统中原燃料及加工费用占钢铁制造总成本的80%左右，钢铁企业低成本高效益战略要求选择和采购性价比高的铁矿粉。但目前铁矿资源紧张，铁矿种类繁多，铁矿石质量更是参差不齐，且铁矿石评价指标众多，评价标准复杂。因此，选择和确定合理的铁矿石的评价指标，建立铁矿石综合技术经济评价体系，指导和管理烧结球团及炼铁生产工序中铁矿的采购、物流和储运，对于稳定冶炼生产、降低成本具有重要意义。

国内外对铁矿石进行经济技术评价的主要做法有：

（1）钢铁企业和铁矿石贸易商以铁矿石含铁品位等化学成分为评价依据。

（2）以铁矿石实际冶金价值和经济价值为评价依据。

从冶炼工艺及发展来讲，需要将铁矿石的化学成分、有害元素、矿物类型、高温特性、微观结构、冶金性能、经济价值等因素引入综合技术经济评价系统；同时，评价系统也需要综合考察采购、物流、储运、冶炼工序与消耗、产品要求与最终效益、钢铁企业的铁素物质流和碳素能量流、高效管理等，最终实现钢铁企业低成本、高效冶金。首钢曹妃甸、宝钢湛江项目和武钢防城港项目的近海工程建设，以便利的港口优势，体现出钢铁企业对于降低原料运输成本的重视，明确了以降低物流、储运成本为考虑因素的企业发展战略趋势。

当前，宝钢、首钢、武钢、鞍钢等十余家钢铁企业均已建立原料采购、技术评价、生产应用、财务核算相结合的铁矿石采购与使用评价体系或机构。科学地依据铁矿资源，系统评价和分析生产流程中的使用效果，有效地达到资源高效利用、降低采购和生产成本、节能降耗的目的。本章通过许满兴、王维兴等学者的学术论文，阐述铁矿石经济性评价的重要。

3.1　建立铁矿石质量价值评价体系

3.1.1　铁矿石种类和质量概念

3.1.1.1　天然铁矿石的种类和特征

A　矿石的概念

钢铁企业的产品离不开铁，铁是元素周期表上第 26 位元素，原子质量为 55.85，在大气压下于 1534℃ 熔化，2740℃ 气化。铁元素约占地壳总量的 4%，固态铁的密度是 7.87t/m³。

矿石是受地壳中天然的物理化学作用或生物作用而产生的以自然化合物为主的矿物，所谓铁矿石是指在现有的技术条件下，能从中提取铁金属的矿物。所谓岩石是指在现有的技术条件下，不能从中提取金属或有用的矿物。因此，矿石和岩石的概念是相对的。

B　矿石种类

一般铁矿石常见的铁矿物有：赤铁矿（Fe_2O_3）、磁铁矿（Fe_3O_4）、褐铁矿（$nFe_2O_3 \cdot mH_2O$，$n=1\sim3$，$m=1\sim4$）、菱铁矿（$FeCO_3$）等。

通常实际品位低于理论品位，其原因是矿石中含有相当数量的脉石矿物，这些脉石矿物主要是石英、各种硅酸盐和碳酸盐等矿物以及数量不等的 S、P 等杂质和 CO_2、结晶水等在高温下分解的物质。绝大多数矿石的脉石是酸性的。

（1）磁铁矿：含铁一般在 45%~70%，S、P 高，结构坚硬、致密、难还原。很少直接进行冶炼，大多进行选矿处理。颜色呈黑色，有磁性。

（2）赤铁矿：含铁一般在 55%~68%，S、P 少，易破碎，易还原。例如：巴西矿、澳矿、国内海南铁矿等，颜色呈红色或暗红色。

（3）褐铁矿：含铁一般在 37%~58%，颜色呈黄褐色，吸湿性强，烧失量高，孔隙率大，结构疏松、易还原。例如：扬迪粉、火箭粉、PB 粉、MAC 粉、国内黄梅铁矿等。

褐铁矿是统称，实际上它不是一个矿物种，而是针铁矿、纤铁矿、水针铁矿、水纤铁矿、泥质等含水氧化铁的混合物，化学成分变化大，含水量变化也大。

通常表达式褐铁矿是 $mFe_2O_3 \cdot nH_2O$，其中 nH_2O 就称做结晶水，n 数值变化大小说明结晶水含量的多少（褐铁矿的分子式有：$2Fe_2O_3 \cdot H_2O$，$Fe_2O_3 \cdot H_2O$，$3Fe_2O_3 \cdot 4H_2O$，$2Fe_2O_3 \cdot 3H_2O$，$Fe_2O_3 \cdot 2H_2O$，$Fe_2O_3 \cdot 3H_2O$）。在一般商务报价时，对矿石化学成分常表达有 LOI（烧损，lost of ignition）或 combined water（结晶水，也称结合水），基本上是同一概念。矿石中结晶水（在高于300℃温度

下开始分解）要加热到900℃时才分解结束，而一般表面附着水在105℃时即蒸发。只有褐铁矿有结晶水，磁铁矿、赤铁矿均不含结晶水，菱铁矿有烧损，但烧后损失的是CO_2，不是H_2O。

（4）菱铁矿：含铁一般在30%～40%，S、P少，易破碎，焙烧后易还原，朝鲜该矿种较多。颜色呈灰色，经焙烧后呈多孔状结构，不含结晶水，但此类矿石有烧损值，加热后CO_2分解。

常见并用于烧结、球团和高炉炼铁生产的天然铁矿石又主要分四种，它们的分类和特征见表3-1。

表3-1　天然铁矿石的种类及主要特征

铁矿石名称	化学分子式	理论含铁量/%	密度/t·m⁻³	颜色	实际含铁量/%	有害杂质	强度	还原性
磁铁矿	Fe_3O_4	72.4	5.2	黑色	45～70	S、P高	坚硬致密	难还原
赤铁矿	Fe_2O_3	70.0	4.9～5.3	红色	55～68	S、P低	软、易碎	易还原
褐铁矿	$mFe_2O_3·nH_2O$	55.2～66.1	2.5～5.0	黄褐色	37～58	S、P高低不等	疏松	易还原
菱铁矿	$FeCO_3$	48.2	3.8	灰色带黄褐色	30～40	S、P低	易碎	焙烧后易还原

3.1.1.2　人造富矿分类和特征

人造富矿主要是指烧结矿和球团矿。

（1）烧结矿：烧结矿按碱度（CaO/SiO_2）可分为四种，其主要特征见表3-2。

表3-2　烧结矿的种类及特征

名称	CaO/SiO_2	主要黏结相	主要冶金性能
酸性烧结矿	自然碱度约0.8	$FeO·SiO_2$	难还原，软熔温度低
自熔性烧结矿	1.0～1.5	$CaO·FeO·SiO_2$	还原性随碱度提高由难而易
高碱度烧结矿	1.8～2.5	$CaO·Fe_2O_3$	还原性好，软熔性能优良
超高碱度烧结矿	>2.50	$CaO·Fe_2O_3$ $2CaO·Fe_2O_3$	冶金性能会略有下降

（2）球团矿：球团矿有酸性球团矿（碱度由自然碱度到0.3）和熔剂性球团矿（碱度≥0.8），其矿物组成主要为Fe_2O_3和$CaO·Fe_2O_3$，冶金性能随碱度提高有所改善，酸性球团矿的冶金性能稍差。

3.1.1.3　铁矿石质量的概念

铁矿石的质量由化学成分、物理性能和冶金性能三个部分组成，三者之间的关系为：化学成分是基础、物理性能是保证、冶金性能是关键。

（1）铁矿石化学成分：铁矿石的化学成分由含铁元素、脉石和有害杂质三部分组成。

1）有价成分：Fe、Fe_3O_4、Fe_2O_3、FeO、$FeCO_3$、CaO、MgO、B_2O_3。

2）负价成分（酸性脉石）：SiO_2、Al_2O_3。

3）有害杂质：S、P、K_2O+Na_2O、Pb、Zn、Cu、As、Cl、TiO_2。

（2）高炉炼铁对铁矿石有害杂质的限量要求见表3-3。

表3-3　铁矿石有害杂质限量要求　　　　　　　　（%）

有害元素	S	P	K_2O+Na_2O	Pb	Zn	Cu	As	Cl	TiO_2
限量要求	≤0.3	≤0.07	≤0.25	≤0.10	≤0.10	≤0.20	≤0.07	≤0.001	≤1.5

3.1.1.4　铁矿石物理性能

铁矿石的物理性能包括粒度和粒度组成、强度和热爆裂指数，对铁矿块和球团矿的物理性能要求见表3-4。

表3-4　对高炉用矿块和球团矿的物理性能要求

矿　种	转鼓指数 （+6.3mm）/%	热爆裂指数 （-6.3mm）/%	粒度和粒度组成/%
矿　块	≥85.0	≤5.0	+30mm≤10.0，-6.3mm≤5.0
球团矿	≥90.0	—	+15mm≤5.0，-5.0mm≤5.0

对用于烧结生产的粉矿要求粒度：+8mm≤5%，+0.25~1.0mm 的准颗粒≤22.0%。

对用于球团矿生产的铁精粉要求粒度-0.074mm≥80%。

3.1.1.5　铁矿石的冶金性能

铁矿石的冶金性能包括 900℃的还原性（RI）、500℃低温还原粉化指数（$RDI_{+3.15}$）、荷重还原软化性能（T_{BS}、T_{BE}、ΔT_B）和熔滴性能（T_s、T_d、ΔT、Δp_{max}、S 值）。球团矿的还原膨胀指数（RSI），对矿块和球团矿的冶金性能要求见表3-5。

表3-5　对矿块和球团矿的冶金性能要求

矿　种	900℃还原性 （RI）/%	500℃低温还原粉化指数 （$RDI_{+3.15}$）/%	900℃还原膨胀指数 （RSI）/%
矿　块	≥65	≥75	—
球团矿	≥70	≥65	≤20

对粉矿虽然没有冶金性能的要求，买方可根据已掌握的各种铁矿粉的烧结基础特性（同化性、黏结相强度、液相流动性、生成铁酸钙能力和固相连晶能力）

或烧结反应性（利用系数和强度是反映烧结反应性的主要指标）去衡量其质量状况。

3.1.2 铁矿石价值评价方法

进入 21 世纪以来，由于中国钢铁工业的快速发展，造成铁矿石严重短缺，从而引起铁矿石市场发生很大变化，价格从 2001 年的每吨 27.11 美元涨到 2010 年的每吨 128.89 美元，上涨了 4.75 倍，进入 2011 年以来，价格又上涨到每吨 163.84 美元，比 2001 年上涨了 6.04 倍。2014 年开始下降，2015 年平均价格降低到 59.63 美元/吨，2016 年又上涨到 70 美元/吨以上。

价格虽然上涨了，质量反而降低了很多。2001 年前，铁矿石国际市场常见的十八种铁矿粉，质量差的是澳大利亚的罗泊河矿，品位在 58% 左右，扣去烧损实际品位能达到 63.7%，Al_2O_3 含量 2.8% 左右。目前铁矿石市场，有些铁矿石品位低于 50%，SiO_2 却高达 10% 以上，Al_2O_3 达 6% 以上，价格差别特别大。面对铁矿石市场质量和价位特别大的差别，如何评价铁矿石的价值，如何按质论价，过去仅按品位论价的方法已很不适用了。因此，确定科学合理的评价铁矿石价值的方法，已成为铁矿石贸易势在必行的大事。

下面将对几种铁矿石价值评价方法做具体介绍，并举实例计算和分析说明，以探索和寻求一个科学合理，简单实用的铁矿石价值评价法。

3.1.2.1 铁矿石品位法和扣 CaO、MgO 铁品位法

含铁量是铁矿石最重要的标志，应用吨矿价格与含铁量的比值（即吨度价），即用每 1% 铁品位的价格来比较矿石的贵贱，是目前采用的最主要方法。

A 铁矿石品位法

铁矿石品位法是将铁矿石品位直接视为铁矿石的含铁量，即 TFe。

【例 3-1】 某种矿石品位 62.3%，干基不含税到厂价为 588 元。则每个单品价（即吨度价）为 $P = 588 \div 62.3 = 9.438$ 元。

B 扣 CaO、MgO 铁品位法

扣 CaO、MgO 铁品位法是将扣除铁矿石中 CaO、MgO 后计算出的品位视为铁矿石的含铁量，即：

$$TFe_{扣} = TFe \div (100 - CaO - MgO) \times 100\% \qquad (3-1)$$

【例 3-2】 某种矿石品位 62.3%，CaO 为 0.86%，MgO 为 0.65%，干基不含税到厂价为 588 元。则扣除铁矿石中 CaO、MgO 后计算出的品位为：

$$TFe_{扣} = 62.3 \div (100 - 0.86 - 0.65) \times 100\% = 63.25\%$$

那么，每个单品价（即吨度价）为 $P = 588 \div 63.25 = 9.296$ 元。

以上两种方式是目前最常用的，但都存在一定的局限性，主要是没有考虑酸性脉石的影响，这样就难免失之片面，所以便出现了第三种方法，即铁矿品位综

合评价法。

3.1.2.2　铁矿石品位综合评价法

铁矿石的含铁品位是铁矿石质量的核心，但不是质量的全部，铁矿石的质量应由化学成分、物理性能和冶金性能三部分组成。

铁矿石的化学成分由有价元素（Fe 含量和碱性脉石 CaO 和 MgO）、负价元素（SiO_2 和 Al_2O_3）及有害元素（S、P、K、Na、Pb、Zn、Cu、As、Cl）三部分组成。

所谓铁矿石品位综合评价法是不仅考虑铁矿石的品位，同时兼顾铁矿石的有价成分和负价成分的影响，具体表达式依炉渣的二元碱度（R_2）列为：

$$TFe_综 = TFe \div [100 + 2R_2(SiO_2 + Al_2O_3) - 2(CaO + MgO)] \times 100\% \qquad (3-2)$$

式中，R_2 为二元炉渣碱度；SiO_2、Al_2O_3、CaO 和 MgO 为铁矿石的化学成分，%。

式（3-2）可说明铁矿石的实际品位，既考虑了碱性脉石（CaO+MgO）的作用，又扣除了酸性脉石（$SiO_2+Al_2O_3$）作为渣量的源头对品位造成的影响，这就是铁矿石的实际品位。这种综合评价法所不足的是尚没有考虑有害杂质对品位造成的影响。

下面以式（3-2）举两个实例，进行计算和分析说明。

【例 3-3】　宝钢进口巴西的高品位、低 SiO_2、低 Al_2O_3 矿的实际综合品位分析。进口铁矿粉和炉渣（宝钢 1 号高炉）的化学成分列于表 3-6。

表 3-6　进口铁矿粉和炉渣（宝钢 1 号高炉）的化学成分

项目	化学成分（质量分数）/%						CaO/SiO$_2$
	TFe	SiO_2	Al_2O_3	CaO	MgO	FeO	
巴西粉	67.5	0.70	0.74	0.01	0.02	—	0.14
1 号炉渣	—	33.96	14.25	41.64	7.83	0.17	1.226

将表 3-6 中数据代入式（3-2）得：

$$TFe_综 = 67.5 \div [100 + 2 \times 1.226 \times (0.7 + 0.74) - 2 \times (0.01 + 0.02)] \times 100\%$$
$$= 67.5 \div (100 + 3.531 - 0.06) \times 100\%$$
$$= 67.5 \div 103.471 \times 100\%$$
$$= 65.24\%$$

【例 3-4】　沿海某钢铁企业进口印度低品位、高 SiO_2、高 Al_2O_3 矿的实际综合品位分析。进口铁矿粉和炉渣的化学成分列于表 3-7。

表 3-7　进口铁矿粉和炉渣的化学成分

项目	化学成分（质量分数）/%						CaO/SiO$_2$
	TFe	SiO_2	Al_2O_3	CaO	MgO	FeO	
印矿粉	60.0	6.0	4.0	0.20	0.10	—	0.03
炉渣	—	32.23	18.98	35.05	10.38	—	1.087

将表 3-7 中数据代入式（3-2）得：

$$TFe_{综} = 60.0 \div [100 + 2 \times 1.087 \times (6.0 + 4.0) - 2 \times (0.2 + 0.1)] \times 100\%$$
$$= 60.0 \div (100 + 21.74 - 0.6) \times 100\%$$
$$= 60.0 \div 121.14 \times 100\%$$
$$= 49.53\%$$

例 3-3 与例 3-4 可以说明，铁矿石的脉石含量对其实际品位有直接影响。在宝钢条件下，进口铁矿石的综合品位仅比表观品位低 2.0% 左右（$\Delta TFe = 67.5\% - 65.24\% = 2.26\%$）。

而对沿海某企业的高 SiO_2、高 Al_2O_3 矿而言，情况就大不一样，进口铁矿石的综合品位就比表观品位低 10% 以上（$\Delta TFe = 60.0\% - 49.53\% = 10.47\%$）。

因此购买铁矿石必须考虑脉石的含量，特别要注意酸性脉石（$SiO_2 + Al_2O_3$）对综合品位的影响，达到合理的性价比。正因为矿石的 Al_2O_3 含量会影响炉渣 Al_2O_3 和 MgO 含量，因此计算铁矿石综合品位应考虑炉渣二元碱度。

3.1.2.3　铁矿石冶金价值评价法

铁矿石冶金价值评价法是前苏联科学院 M. A. 巴甫洛夫院士提出的铁矿石冶金价值的计算方法：

$$P_A = (F \div f) \times (P - C_1 \times P_1 - C_2 \times P_2 - g) \tag{3-3}$$

式中　P_A——铁矿石的冶金价值，元/吨；

　　　F——铁矿石的品位，%；

　　　f——生铁的含铁量，一般取 95%；

　　　P——生铁车间成本，元/吨；

　　　C_1——焦比，t/t；

　　　P_1——焦炭价格，元/吨；

　　　C_2——熔剂消耗，t/t；

　　　P_2——熔剂价格，元/吨；

　　　g——炼铁车间加工费，元/吨。

M. A. 巴甫洛夫院士提出的计算公式，是 20 世纪 40 年代的事，当时铁矿石的品种很单一，主要是天然块矿入炉，高炉炼铁没有喷煤，有害杂质对矿石冶炼价值的影响也不如当代认识的深刻，因此是一个很有水平的铁矿石价值计算公式。它既考虑了铁矿石的品位，同时也考虑了焦比和熔剂消耗的因素，直接计算出了铁矿石在某厂条件下的利用价值，计算的数据直接反映出所用铁矿石到厂的最高价。若购买的价格超过铁矿石的冶金价值（P_A），就意味着采用这种价格的铁矿石冶炼工厂就要亏本。

3.1.2.4　铁矿石极限价值和实用价值评价法

学者许满兴根据现代高炉炼铁喷煤和有害元素对矿石冶炼价值的影响，也参照了国内邯钢和华菱集团涟钢对 M. A. 巴甫洛夫院士计算公式的修正意见，提出一个简单易行的直接入炉铁矿石价值的评价方法。

铁矿石的剩余价值（P_A）为：

$$P_A = P_M - P_S \tag{3-4}$$

式中　　P_M——铁矿石用于冶炼的极限价值；

　　　　P_S——铁矿石的实用价值。

A　铁矿石的极限价值

$$P_M = (F \div f) \times (P - C_1 \times P_1 - C_2 \times P_2 - C_3 \times P_3 - C_4 \times P_4 - g) \tag{3-5}$$

式中　　F, f, P, g——与式（3-3）中相同；

　　　　C_1——焦比，t/t；

　　　　P_1——焦炭的价格，元/吨；

　　　　C_2——喷煤比，t/t；

　　　　P_2——煤粉的价格，元/吨；

　　　　C_3——熔剂消耗，t/t；

　　　　P_3——熔剂的价格，元/吨；

　　　　C_4——有害杂质总量，kg/t；

　　　　P_4——有害杂质当量价值，元/千克。

式（3-5）的含义是铁矿石的极限价值等于生铁成本减去焦炭、喷煤、熔剂、有害杂质的消耗，减车间加工费。

【例3-5】　设某厂买入的铁矿石品位（F）为62%，生铁的含铁量（f）为95%，生铁的成本价格（P）为2800元/吨；炼铁焦比（C_1）为0.38t/t，焦炭的价格（P_1）为2000元/吨；喷煤比（C_2）0.16t/t，煤粉的价格（P_2）为900元/吨；熔剂消耗（C_3）0.145t/t，熔剂价格（P_3）120元/吨；吨铁有害杂质（C_4）总量为3.5kg/吨，有害杂质的当量价值（P_4）为30元/千克。车间加工费用（g）为120元。

将以上数据代入式（3-5）得：

$P_M = (62 \div 95) \times (2800 - 0.38 \times 2000 - 0.16 \times 900 - 0.145 \times 120 - 3.5 \times 30 - 120)$

　　$= (62 \div 95) \times (2800 - 760 - 144 - 17.4 - 105 - 120)$

　　$= (62 \div 95) \times (2800 - 1146.4)$

　　$= 0.6526 \times 1653.6$

　　$= 1079.14$

通过例3-5计算的结果告诉我们，在已知的条件下，62%品位铁矿石的最高买价（P_M）为1079.14元/吨，若超过此值，炼铁会亏本。

B　铁矿石的实用价值

$$P_S = C_1 Fe + C_2(CaO + MgO) - C_3(SiO_2 + Al_2O_3) - C_4 \big[CaO + MgO + SiO_2 +$$

$$Al_2O_3 + 2(S + P) + 5(K_2O + Na_2O + PbO + ZnO + As_2O_3 + Cl)] \quad (3-6)$$

式中 C_1——铁矿石的平均成本，元；

C_2——矿石中碱性脉石（CaO+MgO）的价值；

C_3——矿石中酸性脉石（SiO_2+Al_2O_3）消耗熔剂的当量价值；

C_4——矿石中除 Fe 元素外其他元素消耗燃料的当量价值。

式（3-6）中其余符号均为铁矿石的化学成分。式（3-6）的直观性很强，即铁矿石的实用价值等于其有价元素价值之和与负价元素消耗之和的差值。

【例 3-6】   某厂购进铁矿石的化学成分列于表 3-8。

表 3-8   某厂购进铁矿石的化学成分   （%）

TFe	SiO_2	Al_2O_3	CaO	MgO	S	P	K_2O	Na_2O	PbO	ZnO	As_2O_3	Cl
63.5	4.5	1.9	0.20	0.10	0.05	0.07	0.20	0.18	0.10	0.10	0.008	0.01

假设 $C_1 = 1800$，$C_2 = 400$，$C_3 = 520$，$C_4 = 430$，将表 3-8 中数据代入式（3-6）中得：

$$P_S = 1800 \times 63.5\% + 400 \times (0.2 + 0.1)\% - 520 \times (4.5 + 1.9)\% - 430 \times$$
$$[0.2 + 0.1 + 4.5 + 1.9 + 2 \times (0.05 + 0.07) + 5 \times$$
$$(0.2 + 0.18 + 0.10 + 0.10 + 0.008 + 0.01)]\%$$
$$= 1143 + 1.2 - 33.28 - 430 \times 9.93\%$$
$$= 1143 + 1.2 - 33.28 - 42.7$$
$$= 1068.22 \text{ 元/吨}$$

若把例 3-5 和例 3-6 结合起来，则 $P_A = P_M - P_S = 1079.14 - 1068.22 = 10.92$ 元/吨。

说明在上述两种条件下，铁矿石有 10.92 元/吨的剩余价值。相当于采用此矿价冶炼 1t 生铁有 $10.92 \times 1.50 = 16.38$ 元的利润。

例 3-6 中 C_1 是根据平均矿价 1200 元/吨，品位 63.5% 冶炼 1t 生铁需用 1.5t 矿，得吨铁平均矿价 1800 元/吨。C_2、C_3、C_4 各企业可根据本企业的实际数据做修正。

以上铁矿石的极限价值和实用价值适用于直接入炉的块矿和球团矿，不适用于烧结生产和球团矿生产的粉矿和精粉。因为粉矿和精粉的实用价值还受其烧结特征和球团焙烧特性的影响。

3.1.2.5   烧结粉和球团精粉价值评价法

已有的文献资料，对烧结粉的价值评价倾向于用单烧值的烧结指标和冶金性能进行经济分析，再根据所用烧结矿的炼铁价值去推算铁矿粉的价值，而且以自熔性烧结矿为基础。这实际上是很难实现的，学者许满兴曾对十八种进口铁矿粉的单烧指标做过质量分析发现，进行单烧试验的料层厚度不同、碱度不同、配比和混合料水分不同，其反应结果也不同。且目前全国都生产高碱度烧结矿，难以做出统一的价值评价，在烧结生产中，各种矿的配比是根据合理的配矿来实现的。

因此，认为对烧结粉矿的价值评价最基本的还是铁矿粉的化学成分（包括有价成分、负价成分和有害元素）和物理特性（烧损、粒度和粒度组成），对目前已知各种矿粉的高温特性（同化性，液相流动性，黏结相强度，生成铁酸钙能力和固相连晶能力，也包括晶体颗粒大小，水化程度等）和已有的分类（A 类、B 类、C 类矿）要加以适当考虑（做修正系数，但这些常规还是通过合理配矿解决）。

至于用于球团生产的精粉也很复杂，同样是赤铁矿精粉，中国的、巴西的和印度的均有各自的不同特征。但对铁矿粉价值评价最基本的还是品位和化学成分、粒度和粒度组成，其中包括烧损（LOI）值。基于以上分析，认为对用于烧结和球团生产的粉矿和精矿粉，它们的价值主要还是应采用品位综合评价法加上有害元素影响、烧损和粒度组成的调整方法比较简易实用。

铁矿粉的价值评价法用 $TFe_{综粉}$ 表示：

$$TFe_{综粉} = TFe \div \left[100 + 2R_2(SiO_2 + Al_2O_3) - 2(CaO + MgO) + 2(S + P) + \right.$$
$$\left. 5(K_2O + Na_2O + PbO + ZnO + As_2O_3 + Cl) + C_1(LOI + C_2 Lm) \right] \times 100\% \quad (3-7)$$

式中　C_1——烧损（LOI）当量价值，根据经验，当 LOI<3% 时，C_1 取 "-0.6"。当 LOI = 3% ~ 6% 时 C_1 取 "0"；当 LOI>6% 时，C_1 取 "0.6"，C_1 所取舍尚可由企业做调整；

　　　　C_2——粒度当量价值，当粉矿的粒度+8mm 大于 5% 或 1.0 ~ 0.25mm 大于 22% 时应做修正，修正值 $C_2 Lm$ 可取绝对值超量的 0.2。

【例 3-7】　某矿粉粒度+8mm 为 11%，1.0 ~ 0.25mm 为 28% 时，求修正值。

$C_2 Lm$ 项的值为 $0.2 \times (11 - 5) + 0.2 \times (28 - 22) = 2.4$，$C_2 Lm$ 的数值企业也可根据生产数据做调整。

【例 3-8】　某钢铁企业购进的烧结粉，化学成分指标列于表 3-9（R_2 为 1.12）。

表 3-9　某钢铁企业烧结粉的化学成分及粒度　　　　　　　（%）

TFe	SiO$_2$	Al$_2$O$_3$	CaO	MgO	S	P	K$_2$O	Na$_2$O	PbO	ZnO	As$_2$O$_3$	CL	LOI
62.0	6.8	2.6	0.2	0.1	0.05	0.06	0.10	0.20	0.18	0.16	0.10	0.02	6.1

注：粒度+8mm 为 9%，1.0 ~ 0.25mm 为 24%。

根据粒度情况，$C_2 Lm$ 项的值为 $0.2 \times (9 - 5) + 0.2 \times (24 - 22) = 1.2$；LOI>6%，$C_1$ 取 0.6。

将表 3-9 中及计算数据代入式（3-7）中得：

$$TFe_{综粉} = 62.0 \div \left[100 + 2 \times 1.12 \times (6.8 + 2.6) - 2 \times (0.2 + 0.1) + 2 \times (0.05 + 0.06) + \right.$$
$$\left. 5 \times (0.1 + 0.2 + 0.18 + 0.16 + 0.1 + 0.02) + 0.6 \times (6.1 + 1.2) \right] \times 100\%$$

$$= 62.0 \div (100 + 21.056 - 0.6 + 0.22 + 5 \times 0.76 + 0.6 \times 7.3) \times 100\%$$

$$= 62.0 \div (100 + 21.056 - 0.6 + 0.22 + 3.8 + 4.38) \times 100\%$$

$$= 62.0 \div 128.856 \times 100\%$$

$$= 48.11\%$$

某钢铁公司购进品位62%的铁矿粉，其实际价值相当于48.11%直接入炉矿的品位价值。

3.1.3 小结

通过以上介绍、计算分析和讨论可以得出以下结论性意见：

（1）铁矿石的质量由化学成分、物理特性和冶金性能三个部分组成，化学成分是铁矿石质量的基础。

（2）铁矿石的价值由有价成分（品位和碱性脉石）、负价成分（酸性脉石）和有害杂质三部分组成。

（3）铁矿石价值的评价体系由铁矿石品位综合评价法、冶金价值评价法和经过加工的精矿粉价值评价法三大部分组成。

（4）铁矿石品位综合评价法是铁矿石的实际品位等于其标示品位加上碱性脉石的价值扣除酸性脉石对品位造成影响之和。炉渣的碱度选择二元碱度更合理，所不足的是尚未考虑有害元素对品位造成的影响。

（5）铁矿石冶金价值评价法是 M. A. 巴甫洛夫法则，它实际上是铁矿石用于高炉炼铁不亏本的极限价值，它等于生铁的车间成本扣去焦比和熔剂消耗的费用，加上生铁的车间加工费。现代炼铁需增加喷煤的消耗值。

（6）直接入炉的铁矿石的实用价值等于其极限价值与剩余价值之差（$P_S = P_M - P_A$）。铁矿石的极限价值（P_M）较 M. A. 巴甫洛夫增加了喷煤和有害杂质的消耗值。铁矿石的实用价值（P_S）等于有价元素价值之和与负价元素消耗之和的差值。

（7）用于烧结、球团的粉矿的价值评价，采用基于烧成自熔性烧结矿的调整方法难于实现，采用铁矿石品位综合评价法加上有害元素、烧损和粒度组成的调正方法简单易行。

3.2 创建铁矿粉综合品位性价比计算法

3.2.1 树立科学计算铁矿粉性价比的思路和理念

3.2.1.1 正确认识低价矿和经济炉料的历史作用

前几年，由于我国钢铁业快速发展，造成铁矿资源短缺，铁矿粉价格一路飙升，居高不下，使我国钢铁企业生产成本大幅上升，加上钢铁产能过剩，产品市场疲软，钢铁企业处于微利甚至亏本的"困境"时期。当时，高品质铁矿资源的价格超出了其实际价值，迫使一些企业不惜采购和配用低价矿、劣质矿，使用部分经济炉料降低生产成本。

一些企业的炼铁工作者认识到，入炉矿品位的提高带来炼铁成本的上升已大于优化高炉操作指标和燃料比下降所带来的成本降低；酸性脉石和有害元素超标的铁矿资源的搭配使用，对降低成本有一定的积极作用，把经济炉料作为"精料方针"的补充。很多企业紧紧抓住降低主料成本，不断对烧结和高炉配矿进行了结构优化。

3.2.1.2　铁矿资源在低价运营的新常态下降低高炉炼铁成本主要措施的优化转移

在 2014 年上半年以前，铁矿粉的价格高达 1000 元/吨以上，2015 年已降低到 400 元/吨左右，铁矿资源的低价运营已成为新常态，若钢铁企业仍然把采购低价料作为降低炼铁成本的主要措施，已经不适时宜了。经过国内外炼铁工作者半个多世纪来总结的"精料方针"，始终是高炉炼铁低成本高效益的指导思想和行动指南。在新常态下还需要配用低价格和劣质矿吗？配矿结构应做怎样的调整才能适应铁矿资源的新常态，许满兴教授认为，优化配矿结构降低炼铁成本，建立新的主矿体系和实行铁矿资源性价比的最优化是当前降成本最好办法。

面对我国钢铁企业布局的现实，沿海港口企业和内地企业在配矿结构和铁矿资源优化问题上，应有所区别，沿海港口企业基本零运费，内地企业要考虑运费对成本的影响，其与铁矿资源高价时代相比，运费占成本的比例大大升高了，内地企业更需要精料，不能把成本花费在负价值的酸性脉石和水分上。但不论港口企业还是内地企业都应该用铁矿资源冶金价值的性价比作为新常态下采购铁矿石的原则。配矿结构的优化应让位于性价比的优化，但不等于没有配矿结构优化的问题了，优化配矿仍然是降低炼铁成本的一项重要内容。

3.2.1.3　优化铁矿粉综合品位性价比和配矿结构的思路及理念

A　铁矿粉综合品位性价比的科学计算法

一些企业的采购和配矿部门直接采用进矿单价除以表观品位的计算法，如：购进铁矿粉的价格为干吨 480 元，表观品位为 62%，单位品位的性价比即为480÷62＝7.74 元，这样的计算方法与实际差别很大，它缺少了以下两大考虑：

（1）没有根据其脉石含量和有害元素评定和计算综合品位。

（2）没有依据表观品位价与综合品位价计算出综合品位性价比。

两者恰是优化铁矿粉性价比的新思路和新概念。

B　新常态下优化配矿结构的思路和新概念

新常态下与 2014 年上半年以前相比由于铁矿石价格的大幅下滑造成配矿结构状态的变化。

（1）内地企业运输费占矿价的比重大大增加了。

（2）低价矿等经济炉料在混合矿中的性价比大大降低了。

配矿结构的这种状态变化说明 SiO_2 和 Al_2O_3 等脉石含量和有害元素高的铁矿粉占烧结、炼铁成本的比例大大升高了，即矿价大幅下滑后配矿结构的思路和理念需要做调整，高品质矿的品位性价比已回落到相对合理的状态，低品质的性价比已超出高品位矿的性价比。如此，优化配矿结构就回落到高品位、低 SiO_2 和 Al_2O_3 的赤铁矿或磁铁矿与高、中水化程度的褐铁矿合理搭配上。

新常态的意思用最简单的语言来概括，就是要按照炼铁学的基本规律办事，不做违背规律增长的事。就高炉炼铁来说不符合当前发展规律的就是高速增长产能，片面追求高冶强，高利用系数，这种观念在一些人，特别是企业的领导身上强烈，在对标中为追求脸面，构成一个沉重的包袱。同时，在多种会议的一些论文中，甚至某些新建成或大修高炉的改造设计中，以尊重满足企业要求高产量为借口，也还惯性地保持这种观念，给炼铁生产带来弊端：资源过度消耗；产能严重过剩；能源利用低效率；生态遭到破坏；排放严重超标等。

适应新常态，就是要按高炉炼铁的客观规律组织生产（例如依与冶炼条件相适应的炉腹煤气量或炉腹煤气量指数控制冶强；实际与冶炼条件相适应的经济喷煤量，掌握好三次煤气合理分布，提高炉顶煤气利用率达 0.50 以上等）不再走过去的片面追求高能耗、高冶强、高利用系数的生产。如不将旧的传统理念抛弃，它将成为炼铁技术转型升级和创新的阻力。

3.2.2 铁矿粉综合品位的评价计算及其性价比的计算法

3.2.2.1 铁矿粉综合品位评价与计算

众所周知，铁矿粉的不同脉石含量和 S、P、K_2O、Zn 等有害元素对其造块和高炉冶炼都有不同程度的消耗和影响，所谓铁矿粉"综合品位"评价，即扣除不同脉石含量、烧损和有害元素后的实际品位，铁矿粉综合品位评价法是根据前苏联科学院院士 M. A. 巴甫洛夫提出的铁矿石冶金价值的计算方法经修正得出的用于粉矿的计算方法：

$$TFe_{粉综} = \left[TFe/(1-LOI) \right] \div \left[100 + 2R_2(SiO_2 + Al_2O_3)/(1-LOI) - 2(CaO+MgO)/ \right.$$
$$(1-LOI) + 2(S+P)/(1-LOI) + 5(K_2O+Na_2O+Pb+Zn+As+Cl)/$$
$$\left. (1-LOI) \right] \times 100\% \tag{3-8}$$

式中，R_2 为炉渣二元碱度，其余均为铁矿粉的化学成分，LOI 为烧损值。

【例 3-9】 马来西亚铁矿粉的化学成分及烧损值见表 3-10。

表 3-10 马来西亚铁矿粉的化学成分及烧损值 （%）

矿粉名称	化学成分（质量分数）									LOI
	TFe	SiO_2	Al_2O_3	CaO	MgO	K_2O	S	P	Zn	
马来西亚	55.7	13.0	1.57	1.69	0.18	0.62	0.03	0.6	0.001	1.01

如表 3-10 中数据有：

$TFe_{粉综} = [55.7/(1-1.01\%)] \div [100+2\times1.15(13.0+1.57)/(1-1.01\%) -$

$2(1.69+0.18)/(1-1.01\%)+2(0.03+0.6)/(1-1.01\%)+$

$5(0.62+0.001)/(1-1.01\%)]\times100\%$

$= 56.27 \div [100+33.85-3.78+1.27+3.14]\times100\%$

$= 56.27 \div 134.48\times100\%$

$= 41.84\%$

由例 3-9 计算结果可见，买进表观 55.7% 品位的马来西亚矿粉，由于其含酸性脉石和有害元素，经综合计算后的品位仅为 41.84%，品位 41.84% 的铁矿粉用于烧结和高炉炼铁，依据不同品位铁矿石冶金价值理论，不但没有效益，而且会造成负的经济损失，这就是铁矿粉综合品位评定的价值。

3.2.2.2　铁矿粉综合品位性价比的计算法

铁矿粉用于造块和高炉冶炼，由于品位高低不同和铁矿石的酸碱度不同，会造成高炉炼铁渣铁比、吨铁用矿量和燃料比不同，品位低的铁矿石用于高炉炼铁，不仅吨铁用矿量大，渣铁比大，造成高炉冶炼的效率低，产量低和燃料比高，因此，不同品位铁矿石的冶金价值是不一样的，不同含铁品位铁矿石的冶金价值列于表 3-11。

表 3-11　酸性铁矿石的冶金价值

含铁品位/%	吨铁用矿量/kg	渣铁比/kg·t^{-1}	燃料比/kg·t^{-1}	吨矿冶金价值/元	每1%品位冶金价值/元
40	2375	2688	1570	−208	−5.20
45	2111	2014	1290	−50	−1.11
50	1900	1470	1063	110	2.20
55	1727	1020	870	274	4.98
60	1580	644	717	436	7.27
65	1462	325	585	600	9.23

注：酸性矿常规下指 $CaO/SiO_2 < 0.3$ 的铁矿。

由表 3-11 可见，铁矿粉不同品位的价值是不一样的，65% 品位的铁矿粉单位品位的价值为 9.23 元，而 50% 品位的价值为 2.22 元，当品位低于 46% 后不仅没有价值而且成了负值。

【例 3-10】　当 60% 综合品位的矿价为 70 美元时，不同品位铁矿粉的冶金价值 1% 品位的具体计算结果列于表 3-12。

表 3-12 酸性铁矿粉的冶金价值计算表

酸性铁矿粉综合品位/%	按美元计每吨市场价（干基）/美元	单品冶金价值/美元	按人民币计每吨市场价（干基）/元	单品冶金价值/元
47	2.21	0.047	13.51	0.29
48	7.42	0.154	45.22	0.94
49	12.52	0.256	76.35	1.56
50	17.60	0.352	107.40	2.15
51	22.90	0.449	139.66	2.74
52	28.18	0.542	171.84	3.30
53	33.45	0.631	204.03	3.85
54	38.73	0.717	236.21	4.37
55	44.0	0.800	268.40	4.88
56	49.21	0.879	300.11	5.36
57	54.41	0.955	331.82	5.82
58	59.61	1.028	363.54	6.27
59	64.81	1.098	395.25	6.70
60	70.0	1.167	427.00	7.12
61	75.27	1.234	459.03	7.53
62	80.53	1.299	491.10	7.92
63	85.78	1.362	523.17	8.30
64	91.04	1.423	555.23	8.68
65	96.30	1.482	587.30	9.04

3.2.2.3 十五种铁矿粉冶金价值和综合品位性价比的分析

由以上计算结果可见，不同铁矿粉的1%的品位和性价比有不同程度的差别，1%品位价格低不等于综合品位性价比高，企业采购铁矿粉应选择综合品位性价比高的采购。同时还应遵循不同品位的冶金价值和配矿结构的合理性，由于综合品位不高于45%的冶金价值为负值，企业采购品位低于45%的铁矿粉不会给企业带来降低成本的效果，反而由于高炉指标的恶化和燃料比的升高，会提高生产成本。表3-13和表3-14分别列出了十五种铁矿粉的化学成分和到厂价格以及综合品价、实际价格及性价比。十五种铁矿粉综合品位性价比（到厂价与实际价之比）列于表3-15。

表 3-13　十五种铁矿粉的化学成分和到厂价格

| 矿粉名称 | 化学成分（质量分数）/% | | | | | | | | | LOI /% | 每吨到厂 干基价/元 |
	TFe	SiO₂	Al₂O₃	CaO	MgO	K₂O	S	P	Zn		
巴西粗粉（高）	64.17	3.36	1.51	0.04	0.07	0.016	0.02	0.038	0.004	2.09	710.00
巴西粗粉（低）	59.23	10.59	1.15	0.09	0.22	0.031	0.017	0.05	0.001	2.23	542.05
麦克粉	62.66	3.40	2.26	0.01	0.038	0.014	0.028	0.064	—	4.31	612.00
西安吉拉斯粉	61.72	3.20	1.36	0.01	0.05	—	0.014	0.067		6.32	656.00
Pb 粉	61.30	3.51	2.49	0.08	0.11	0.008	0.025	0.106	0.001	5.80	657.00
扬迪粉	58.33	4.92	1.15	0.11	0.15	0.003	0.01	0.036		9.50	580.00
塞拉利昂粉	57.00	3.04	6.30	0.05	0.06	0.011	0.06	0.082	0.026	8.80	571.00
马来西亚	55.70	13.00	1.57	1.69	0.18	0.62	0.03	0.60	0.001	1.01	435.00
外蒙粗粉	58.60	2.72	0.48	4.92	2.29	0.159	3.00	0.008	0.005	0.283	564.18
外蒙精粉	65.47	3.02	1.23	0.50	2.62	0.057	0.107	0.007	0.065	1.7	804.62
乌克兰精粉	64.80	8.50	—	0.20	0.30	—	0.03	0.01	—		725.16
硫酸渣粉	57.20	7.10	1.40	1.60	0.79	0.32	1.60	0.02	0.37	3.09	395.00
水洗粉	49.00	10.40	7.16	0.75	0.30	0.883	0.16	0.083	0.15	7.58	418.00
当地精粉（李）	64.36	3.25	1.19	0.45	1.18	0.316	1.52	0.013	0.012	1.06	648.00
代县精粉（兴）	64.22	8.06	0.58	0.56	0.36		1.42	0.026	0.002	1.69	648.00

表 3-14　十五种铁矿粉的综合品位、实际价格及性价比计算表

铁矿粉名称	表观品位 /%	综合品位 /%	表观与综合 品位差/%	到厂价 /元·干吨⁻¹	表观单品位 价/元	综合单品位 价/元	综合品位 性价比
巴西粗（高）	64.17	58.94	5.23	710.00	11.06	12.05	0.918
巴西粗（低）	59.23	47.59	11.64	542.05	9.15	11.39	0.803
麦克粉	62.66	57.57	5.09	612.00	9.77	10.63	0.919
西安吉拉斯粉	61.72	59.05	2.67	556.00	9.01	9.42	0.956
Pb 粉	61.30	56.79	4.51	657.00	10.72	11.57	0.926
扬迪粉	58.33	56.05	2.28	580.00	9.94	10.35	0.961
塞拉利昂粉	57.00	50.47	6.53	571.00	10.02	11.31	0.886
马来西亚粉	55.70	41.84	13.86	435.00	7.81	10.40	0.751
外蒙粗粉	58.66	58.87	-0.27	564.18	9.62	9.58	1.004
外蒙精粉	65.47	61.66	3.81	804.62	12.29	13.04	0.942
乌克兰精粉	64.80	54.62	10.18	725.16	11.19	13.28	0.843
硫酸渣粉	57.20	48.32	9.08	395.00	6.91	8.17	0.846
水洗粉	49.00	35.92	13.08	418.00	8.53	11.64	0.733
当地精粉（李）	64.36	58.12	6.24	648.00	10.07	11.15	0.903
代县精粉（兴）	64.22	52.33	11.89	648.00	10.09	12.38	0.815

表 3-15 十五种铁矿粉综合品位性价比由高到低的排序

排序	1	2	3	4	5	6	7	8	9	10	11	12	13	14	15
铁矿粉名称	外蒙粗粉	扬迪粉	西安吉拉斯	外蒙精粉	Pb粉	麦克粉	巴西粗粉（高）	当地精粉（李）	塞拉利昂粉	硫酸渣粉	乌克兰精粉	代县精粉（兴）	巴西粗粉（低）	马来西亚粉	水洗粉
综合品位性价比	1.00	0.961	0.96	0.94	0.93	0.92	0.918	0.903	0.886	0.846	0.843	0.82	0.80	0.75	0.73

由表 3-14 和表 3-15 各项计算结果可见：

（1）企业采购铁矿粉决定成本的依据不是到厂价和 1% 品位的价格最低，即最便宜。硫酸渣的到厂价最低，但由于硫酸渣的综合品位仅有 48.12%，在十五种铁矿粉中性价比排名第 10 位，即综合品位性价比是很低的，不值得采购。以此类推，水洗粉、马来西亚粉和巴西粗粉（低）也是由于它们的综合品位性价比低，企业采购这些矿粉，经济效益会很低，甚至会是负效益，特别是水洗粉和马来西亚粉，它们扣去了酸性脉石和有害元素的影响，综合品位均低于 45%，不会给企业创造效益。

（2）决定铁矿粉综合品位的因素主要是其酸性脉石（称负价元素）、碱性脉石（称有价元素）和有害元素（也是负价元素）的含量。如外蒙粗粉本身品位并不高（58%），但其酸性脉石（$SiO_2+Al_2O_3$）低，两项之和仅为 3.2%，而其有价元素含量高（$CaO+MgO$），两项之和为 7.2%，形成实际品位高于表观品位，其性价比达到大于 1.00 的程度，其性价比排序为第 1 位，如果其硫含量不是 3%，而是小于 0.3%，其性价比就更高了。而同样为外蒙矿的外蒙精粉，表观品位很高（65.47%）到厂价也很高（804.62 元/干吨），但由于其有价元素相对低（3.12%），其性价比就排到了第 4 位，扬迪粉表观品位价不低，其排序为第 8，但由于负价元素含量的优势，综合品位性价比跃居到第二位。

（3）同样两种巴西粗粉，由于它们的酸性脉石含量差别大，SiO_2 含量品位高的为 3.36%，品位低的为 10.59%，形成其性价比的排序高品位的为第六位，低品位的排到了第十三位，大大降低了其采购价值。

分析可见，综合品位性价比不仅反映了表观的品位和到厂价，同时还包含了其综合品位及其价格，它是评价铁矿粉性价比的一种科学计算法。

3.2.3 优化配矿结构的两大战略举措和三项实施方案

在采购低矿价的新常态下，烧结、高炉炼铁再吃低价矿和经济炉料，应通过采用科学的计算方法，计算其综合品位和性价比去采购。但也不能采用单一的铁矿粉生产，烧结需要建立主矿体系和配矿结构。企业建立主矿体系和配矿结构应有合理的战略举措和实施方案。

3.2.3.1　优化配矿结构的两大战略举措

在使用低矿价的新常态下，高炉炼铁由于钢材市场的约束，仍然需要降低成本，而烧结是高炉的主料，故降低成本首先抓降低铁料采购和烧结的成本。降低铁料的采购成本，其战略举措：一是要降低采购成本，但不降低入炉料的质量。建立长期稳定的主矿体系，确保烧结生产的产质量稳定；二是要坚持低燃料比的战略举措。因为虽然铁矿石的价格大幅度回落了，但燃料的价格变化不大，焦炭的价格还在 1100 元/吨徘徊，燃料比占炼铁的成本已由以往的 30%上升到目前的40%，同时高燃料比不符合节能减排的大方针，燃料比高了，废气排放量大，烧结烟气净化的负担也会加重，也不符合低成本和改善环境的国策。

3.2.3.2　优化配矿结构的三项实施方案

执行降低采购成本，不降低入炉料的质量的战略举措，依据新日铁的经验，建立企业长期稳定的主矿体系，可采用以下三个实施方案：

（1）以高水化程度褐铁矿（扬迪矿和罗布河矿）作为原料（其用量为40%~70%），其余部分配入高品位、低 SiO_2、低 Al_2O_3 的赤铁矿（巴西矿或南非矿）或相应的国产磁铁矿粉相配合，所得到的烧结矿与采用全优质赤铁矿粉具有同样优良的成品率和性能。

（2）以中等水化程度的马拉曼巴褐铁矿粉（西安吉拉斯粉、麦克粉、何普当斯粉）作为主要原料时，由于其粒度细，料层透气性差，可以采用比生石灰更优的黏结剂强化制粒，改善料层透气性和提高成品矿强度。

（3）以高水化程度的褐铁矿和马拉曼巴矿为主要原料的烧结技术，以粗粒作为制粒的核心，以几种微粒作为包裹料强化制粒，改善烧结料层的透气性，确保生产率不下降。

实施以上三个方案，提高褐铁矿的使用比例，以达到降低采购成本，不降低入炉料的质量。

需要说明的是，铁矿粉的水化程度即结晶水含量的高低，铁矿粉的烧损（LOI）值越大，即水化程度高，称为高水化程度的褐铁矿。

3.2.3.3　坚持低燃料比的基本国策

烧结和高炉炼铁的低燃料比战略，既是低成本战略，也是节能减排、保护环境的战略，是我国发展钢铁工业的一项基本国策。依据国外和我国宝钢的经验，要千方百计降低高炉炼铁的渣铁比，主要通过优化高炉炉料结构和改善烧结矿质量两个方面实施方案。当前优化高炉炉料结构应适当提高烧结矿碱度，增加高品位球团矿和块矿的入炉比例，而不是降低烧结矿碱度，增加烧结矿的比例；改善烧结矿的质量首先应掌控烧结矿 1.9~2.3 的最佳碱度范围和提高烧结矿的含铁品位，将影响烧结矿的主要化学成分掌控在合理的范围内，如 SiO_2 控制在4.8%~5.3%，MgO 在 1.0%~1.5%，Al_2O_3 在 1.2%~1.8%，FeO 在 7%~9%的水平，合理的炉料结构和高（高品位、高碱度和高强度）而稳定的烧结矿质量是高炉炼铁低燃料比的重要基础。

3.2.4 小结

由以上讨论和计算分析可得出如下结论：

（1）铁矿粉的综合品位是扣除其酸性脉石及有害元素影响，加上碱性脉石作用具有冶金价值的品位。

（2）铁矿粉的综合品位性价比是表观品位价与综合品位价之比，其结果与表观品位与综合品位的差值是相一致的。

（3）到厂的表观品位价不能作为铁矿粉采购核算成本的依据，铁矿粉综合品位及其性价比才能作为铁矿粉采购核算成本的依据。

（4）建立合理的配矿结构和稳定的主矿体系，是烧结炼铁低成本、低燃料比的重要基础。

附：港口企业十四种铁矿粉的化学成分、到厂价以及综合品位、性价比（到厂价只代表统计时的价格）见表 3-16、表 3-17。

表 3-16 港口企业十四种铁矿粉的化学成分、到厂价

矿 名	化学成分（质量分数）/%										LOI /%	干基到厂价 /元·吨$^{-1}$
	TFe	SiO_2	Al_2O_3	CaO	MgO	S	P	K_2O	Pb	Zn		
巴西粗粉	62.52	6.61	1.19	0.05	0.05	0.03	0.067	0.004	—	0.003	2.64	491
巴卡粉	64.17	3.36	1.51	0.04	0.07	0.02	0.04	0.016	0.007	0.004	2.09	595
南非粉	64.11	5.45	1.23	0.04	0.01	0.006	—	0.19		—	1.28	581
Pb 粉	61.72	3.53	1.93	0.12	0.08	0.018	0.088	0.01	0.001	0.001	5.57	506
FMG 粉	58.09	4.96	2.07	0.057	0.073	0.027	0.064	0.047	0.005	0.001	7.70	446.7
纽曼粉	62.64	4.74	2.25	0.06	0.13	0.017	0.070	0.008	0.003	0.002	3.13	518.7
扬迪粉	58.33	4.92	1.15	0.11	0	0.01	0.036	0.003		—	9.50	480
罗布河粉	57.38	5.60	2.65	0.24	0.24	0.012	0.045	0.014		—	9.26	475
西安吉拉斯	61.72	3.20	1.36	0.01	0.05	0.014	0.067	—		—	6.32	506
麦克粉	62.66	3.40	2.26	0.038	0.028	0.064	0.014			—	4.31	462
塞拉利昂粉	57.00	3.04	6.30	0.05	0.06	0.06	0.082	0.011	0.026		8.80	420
津巴布韦粉	61.38	4.81	2.38	0.20	0.30	0.02	0.06	0.12	0.03		4.50	498.7
乌克兰粉	64.80	8.50	—	0.20	0.30	0.03	0.01	—		—		575
马来西亚粉	55.70	13.0	1.57	1.69	0.18	0.03	0.60	0.62	0.001	—	1.01	285

表 3-17　港口企业十四种铁矿粉的综合品位、表观品位价、综合品位价及综合性价比

矿　名	TFe 含量 /%	综合品位 /%	表观品位 价格/元	表观品位 价格排序	综合品位 价/元	综合品位 价排序	综合品位 性价比	综合品位 性价排序
巴西粗粉	62.52	54.21	7.85	5	9.09	9	0.864	12
巴卡粉	64.17	58.79	9.27	14	10.12	12	0.916	7
南非粉	64.11	55.77	9.06	13	10.42	13	0.869	10
Pb 粉	61.72	57.76	8.20	8	8.76	7	0.936	3
FMG 粉	58.09	53.22	7.69	4	8.39	4	0.917	6
纽曼粉	62.64	55.35	8.28	10	9.37	11	0.884	9
扬迪粉	58.33	56.05	8.20	9	8.56	5	0.958	1
罗布河粉	57.38	52.67	8.28	11	9.02	8	0.918	4
西安吉拉斯	61.72	59.05	8.20	7	8.57	6	0.957	2
麦克粉	62.66	57.57	7.37	3	8.03	2	0.918	5
塞拉利昂粉	57.00	50.47	7.37	2	8.32	3	0.886	11
津巴布韦粉	61.38	54.71	8.12	6	9.12	10	0.890	8
乌克兰粉	64.80	54.62	8.87	12	10.53	14	0.842	13
马来西亚粉	55.70	41.84	5.12	1	6.81	1	0.752	14

3.3　科学评价低品位铁矿石

近年来，中国钢铁工业处于高速发展阶段，进口铁矿石逐年递增、价格上涨，但质量在不断劣化，对中国钢铁工业产生了较大的负面影响。

为降低生产成本，一些钢铁企业采购劣质矿石，以降低企业生产成本。个别钢铁企业甚至购买含铁品位低于 52% 的铁矿石，给中国钢铁工业的发展，带来了较大的不利影响。对此，我们要用科学发展观来进行分析，用冶金学基本原理和高炉生产实践来验证我们购买铁矿石的科学合理思路。这里存在技术性和经济性两个方面的问题，同时也有环境保护方面的问题。

3.3.1　炼铁学的基本原理

国内外炼铁界均公认，高炉炼铁是以精料为基础。炼铁精料技术的内容包括："高、熟、稳、均、小、净、少、好"等八个方面。高是指高炉入炉矿含铁品位要高，炉料转鼓强度要高，要使用高碱度烧结矿（碱度在 1.9 倍~2.3 倍）。精料技术的核心是要提高炼铁入炉矿含铁品位。

入炉矿品位高是精料技术的核心，其作用：矿品位在 57% 条件下，品位升高 1%，焦比降低 1.0%~1.5%，产量增加 1.5%~2.0%，吨铁渣量减少 30kg，允许

多喷煤粉 15kg；入炉铁品位在 52%左右时，品位下降 1%，燃料比升高 2.0%~2.2%。说明用低品位矿炼铁，对高炉指标的副作用是比较大的。

近年来，国内外铁矿石含铁品位均呈下降的趋势。主要是供需矛盾突出，矿石价格不断攀升的结果。一些国外铁矿石供应商也不再提供高品位铁矿，实行混合矿石销售。甚至出现把过去剥岩的低品位铁矿卖给中国的现象，这些属于垃圾矿。北京科技大学孔令坛教授曾说过："低于 50%品位的铁矿石无冶炼价值，白给也不能要。因为高炉是炼铁，不是炼渣。"

3.3.2 铁矿石品位下降对高炉冶炼的影响

表 3-18 是以入炉矿含铁品位在 58%为基准，通过计算得出因品位下降造成燃料比、焦比、煤比的变化量。

表 3-18 入炉矿品位下降对高炉的影响

铁品位 /%	燃料比增加 /kg·t^{-1}	焦比增加 /kg·t^{-1}	煤比增加 /kg·t^{-1}	铁矿石消耗量 /kg·t^{-1}	铁矿石消耗增加量/kg·t^{-1}
58（基准）	550（基准）	410（基准）	140（基准）	1637.9（基准）	0（基准）
57	8.25	6.15	2.10	1666.7	28.8
56	16.50	12.30	3.20	1696.4	58.5
55	24.75	18.45	6.30	1727.3	89.4
54	33.00	24.60	8.40	1759.3	121.4
53	41.25	30.75	10.50	1792.4	154.5
52	49.50	36.90	12.60	1826.9	189.0
51	57.75	43.05	14.20	1862.7	224.8
50	60.00	49.20	16.80	1900.0	262.1

冶炼 1t 铁，如果使用含铁品位在 50%的炉料（因精矿粉在造块过程中会使品位下降约 5%，实际使用的精矿粉含铁品位在 55%左右），会使燃料比升高 60kg/t，其中焦比升高 49.20kg/t，煤比升高 16.80kg/t，多消耗铁矿石 262.1kg/t。

3.3.3 铁矿石品位下降对高炉生产成本的影响

【例 3-11】 国内焦炭价格约 1800 元/吨，煤粉约 1600 元/吨，河北迁安地区 66%品位的铁矿价格在 1300 元/吨，印度 63.5%品位铁矿石价格 945 元/吨。

表 3-19 为铁矿石品位波动对燃料费用的影响（以 58%品位铁矿石为基准）。

表 3-19　铁矿品位波动对燃料费用的影响

矿品位下降/%	吨铁多耗焦炭量/kg	吨铁焦炭成本增加/元	吨铁多耗煤粉/kg	吨铁煤成本增加/元	吨铁燃料费用增加/元
1	6.15	11.07	2.10	2.10	13.17
2	13.22	22.14	3.20	3.20	25.34
3	18.45	33.21	6.30	6.30	39.51
4	24.60	48.28	8.40	8.40	56.68
5	30.75	55.35	10.50	10.50	65.85
6	36.90	66.42	12.60	12.60	79.02
7	43.05	77.49	14.20	14.20	91.69
8	49.20	88.56	16.80	16.80	105.36

从表 3-19 可看出,如果高炉入炉矿品位从 58% 降到 50%,就会使炼铁燃料比升高 49.20kg/t,相应吨铁燃料的费用也要升高 105.36 元,污染物排放会增加 10% 左右。使用低品位矿后,高炉冶炼 1t 生铁要多消耗铁矿石,多使用石灰石,增加渣量,进而增加运输费用等。

入炉矿品位下降 8%,会使高炉产量下降 20%,给钢铁企业生产经营带来较大的负面影响,影响企业的整体经济利益。

3.3.4　铁品位下降对环境保护的负面影响

从表 3-18、表 3-19 可以看出,高炉入炉矿含铁品位的下降,会使炼铁燃料比升高,导致燃料费用的增加。

钢铁企业长流程生产每吨钢要排放 2.0t CO_2,其中高炉炼铁排放的 CO_2 要占总量的 73.60%。在钢铁工业中,高炉是排放 CO_2 的大户。

钢铁企业生产过程污染物排放主要是因燃煤所引起的。大气中 CO_2、SO_2、NO_x 等污染物质的产生量,约有 80% 左右是因燃煤引起的。所以说,要消减污染物的产生,主要是要消减燃煤量。

高炉炼铁使用低品位铁矿石,肯定是要增加燃料消耗,也会增加生产过程的污染物排放。这与国家提出的节能减排方针相违背。

钢铁企业为降低生产成本,使用低品位铁矿石要有个度。不能一味强调企业降低成本,实际上在一个范围内,对企业是不会起到降低生产成本的作用,反而会增加污染物排放。

3.3.5　小结

(1) 使用低品位铁矿石炼铁要有个度,要用技术经济、系统工程的方法进行科学分析。

（2）不鼓励企业采购低于60%品位的铁矿石。一方面要认真贯彻国家节能减排的基本国策，另一方面要努力减少我国进口铁矿石的总量，以抑制矿价的不断攀升。

（3）要坚持高炉炼铁是以精料为基础的基本原理，要认真贯彻精料方针。当前，我国高炉生产的主要矛盾是炉料成分的不稳定和燃料比偏高。

3.4　优化原料采购的低成本原则

低成本、低燃料比是当前高炉炼铁最重要、最迫切要解决的核心问题。低成本要解决钢铁企业在"困境"时期的生存和发展问题；低燃料比要解决降低 CO_2 排放，关系到改善人类生存环境、钢铁企业能否生存的大问题。从中国钢铁工业协会对标挖潜办公室两次公布的2012年1~9月和2012年1~11月炼铁原燃料采购成本对标挖潜的数字看，全国59家参加采购成本对标挖潜的企业，采购成本高的5家企业和采购成本低的5家企业国产铁精粉平均相差450元/吨以上；进口粉矿也平均相差440元/吨以上。因此，极有必要对铁矿石的采购问题进行专项讨论。

3.4.1　低成本炼铁采购铁矿石的原则

钢铁企业高炉炼铁采购的铁矿石，不是所有含铁原料都可以作为采购目标。已有的经验和教训告诉我们，它必须遵循科学的原则、周密的思考及合理的安排。其所遵循的科学原则主要有以下8条：

（1）铁矿石采购必须满足高品位、低 SiO_2 的原则。因为铁矿石1%的品位，要影响高炉焦比（燃料比）1.5%，影响高炉产量2.0%~2.5%。入炉料增加1%的 SiO_2，吨铁高炉渣量会增加35kg，100kg渣量要影响焦比3.0%~3.5%，影响喷煤比30kg/t。不同铁矿石的冶金价值列于表3-20，不同 SiO_2 含量铁矿石对高炉冶炼指标的影响列于表3-21。

表 3-20　不同品位铁矿石的价值（酸性）

铁矿石品位/%	综合燃料比 /kg·t^{-1}	渣铁比 /kg·t^{-1}	铁矿石冶金价值 /元·吨$^{-1}$	1%铁分价值/元
40	1570	2688	-364	-9.10
45	1290	2014	-87.5	-1.96
50	1063	1470	192.5	3.85
55	870	1020	479.5	8.72
60	717	644	763.0	12.71
65	585	325	1050	16.17

表 3-21　铁矿石 SiO_2 含量对高炉冶炼指标的影响

入炉矿 SiO_2 含量/%	入炉矿品位/%	吨铁矿石用量/kg·t^{-1}	渣铁比/kg·t^{-1}	渣量增长比例/%	燃料比变化/kg·t^{-1}	高炉产量变化/%
3.5	63	1508	233.5	0	490	0
4.5	60	1583	283	+21.2	520	-7.5
5.5	57	1667	344.6	+47.5	560	-15
6.5	54	1759	406	+73.9	600	-22.5
7.5	51	1863	479	+102.1	650	-30

由表 3-20、表 3-21 可见，铁矿石品位和 SiO_2 含量是采购铁矿石必须要考虑的。这对钢铁企业在同等原料价格高、钢材市场不佳的条件下，尤其要重视铁矿石品位和 SiO_2 对企业成本和效益的影响。对地处内地的企业要考虑低品位矿、高水化程度的褐铁矿对成本的影响，还要考虑运费对成本的影响，不能白白将运费花在脉石和水分上。不少企业的领导，只要一提降低成本和低成本炼铁，便决策采购低品位矿或低价矿，不做具体经济分析，这往往是盲目的，事与愿违的。

（2）铁矿石采购必须坚持低 Al_2O_3 的原则。烧结矿不能没有 Al_2O_3 含量，因为一定的铝硅比（$Al_2O_3/SiO_2 = 0.1 \sim 0.4$）是烧结生产形成铁酸钙 [$5CaO \cdot 2SiO_2 \cdot 9(AlFe)_2O_3$] 的必要条件。烧结矿要求含有 1.5%~2.0% 的 Al_2O_3，但 Al_2O_3 不能过高，2% 是其含量的临界值。烧结矿的 Al_2O_3 含量大于 2.0% 以后，其冷强度会大幅度下降，低温还原粉化率（$RDI_{-3.15}$）会大幅度上升，它不仅会影响高炉上部的透气性，还会严重影响高炉下部炉渣的流动性和脱 S 效果，因此铁矿石采购必须遵循低 Al_2O_3 的原则。但这并不等于高 Al_2O_3 含量的矿不能采购，可以通过优化配矿得到合理解决。但有些企业不是这样，采购了高 Al_2O_3 矿增加 MgO，形成高铝高镁的大渣量、高燃料比，这不符合节能减排的大方向。

（3）铁矿石采购必须坚持低 S、P、K_2O、Pb、Zn 等有害杂质的原则。S 会造成钢材的热脆，P 会引起钢材的冷脆，K_2O 在高炉内循环富集会严重破坏高炉内的炉料质量，使含铁原料易熔易凝，是高炉悬料和结瘤的重要原因，还会严重降低焦炭的热态性能，影响高炉下部的透气透液性。Pb 由于其密度达 $11.3t/m^3$，在高炉内还原沉于炉底，使炉底开裂，严重缩短高炉的寿命。Zn 是高炉内耐火材料寿命的大敌，缩短高炉炉衬的寿命，堵塞高炉煤气管道，增大煤气管道的阻力而影响高炉正常的进程。因此，采购铁矿石必须要控制有害元素的含量。高炉炼铁要求铁矿石含有害元素含量界限见表 3-22。

表 3-22　高炉炼铁要求铁矿石含有害元素含量界限

有害元素	S	P	K_2O+Na_2O	Pb	Zn
含量界限/%	<0.3	<0.07	<0.25	<0.1	<0.1

（4）铁矿石采购应坚持具有合理烧结基础特性的原则。铁矿粉的五项基础特性（同化性、液相流动性指数、黏结相强度、生成铁酸钙的能力和固相反应能力）一定程度会影响烧结矿的质量。采购铁矿石在满足同化性和液相流动性指数优劣互补的条件下，应争取具有高的黏结相强度，良好的生成铁酸钙能力和固相反应能力。

（5）铁矿石采购应坚持有合理粒度组成和良好制粒性能的原则。烧结生产要求粉矿的粒度大于8mm的含量要低（<5%），因为大于8mm的原矿烧不熟，且会影响制粒效果；1.0~0.25mm的粒级含量要小于20%，这种准颗粒既不能成为制粒的核心，也不能黏附在粒核的外层，会严重影响混合料的透气性，因此这一粒级所占比例应该越低越好；呈片状的镜铁矿粉难以制粒，配比一般不宜大于5%。

（6）铁矿石采购应坚持科学合理降低采购成本，而不降低入炉料质量的原则。低成本炼铁，要求降低采购成本，但低成本不等于买低价矿和劣质矿，要保持入炉料的质量不降低，这就要求像宝钢和新日铁那样，坚持科学合理的降低采购成本，优化配矿。这有以下三种情况：

1）以一种高品位、低 SiO_2、低 Al_2O_3 的赤铁矿和两种褐铁矿为烧结主要原料，所得到的成品烧结矿与采用优质赤铁粉矿生产的烧结矿比，具有同样的成品率和物理、冶金性能。

2）以中等水化程度（例如西安吉拉斯矿）为主要原料的烧结技术，是在原料中添加黏结剂改善制粒的烧结技术。

3）同时以豆矿（指豆状铁矿石，由于原料平均粒径增大，结构疏松，配比大于48%后，使产量和强度急剧恶化）和中等水化程度为主要原料烧结时，采用粗粒和微粉相结合的制粒方法，使成品矿不降低入炉料的质量。

总之降低采购成本，不是买劣质矿、不是买垃圾矿，而是要买大矿，买质量稳定的矿，保证入炉料的质量。新日铁烧结目前用矿种类及化学物理特性列于表3-23。

表 3-23 新日铁目前烧结用矿种类及化学物理特性

铁矿分类	品 种	化学成分（质量分数）/%					粒度分布/%	
		TFe	SiO_2	Al_2O_3	P	CW	+3mm	−0.25mm
依塔比拉矿	淡水河谷矿	65.3	4.5	0.55	0.031	0.98	24	40
	卡拉加斯	67.2	0.8	0.84	0.028	1.21	32	24
布鲁克曼矿	哈默斯利矿	63.2	4.5	2.15	0.072	2.50	27	18
	纽曼山矿	63.8	5.4	2.63	0.065	2.20	36	24
	HIB	63.0	3.2	2.08	0.117	3.87	30	25

铁矿分类	品　种	化学成分（质量分数）/%					粒度分布/%	
		TFe	SiO₂	Al₂O₃	P	CW	+3mm	-0.25mm
马拉曼巴矿	西安吉拉斯矿	62.9	2.8	2.11	0.071	5.51	27	33
	麦克矿	63.1	2.7	1.32	0.056	3.13	26	36
	何普当斯矿	61.6	3.1	1.52	0.056	5.41	29	26
豆矿	罗布河矿	58.6	5.6	2.66	0.044	7.48	32	14
	扬迪矿	57.4	5.2	1.54	0.042	8.84	34	8
混合粉	皮尔巴拉粉	62.8	3.34	2.09	0.081	3.86	40	27

注：CW 指结晶水，也称结合水，combined water。

（7）铁矿石采购降低成本，必须坚持低燃料比的原则。高炉炼铁低成本离不开低燃料比，高炉炼铁的能源消耗占生铁成本的 30%，因此低成本必须坚持低燃料比。有的企业为了追求低成本，采取采购低价矿、劣质矿，大渣量炼铁，结果往往适得其反，成本降低了，由于没有做经济分析，效益更低了，亏损更大了；也有另一种情况，成本低了，排放量大了，违反了节能减排的方针，损害了社会效益，最终将会伤害企业的前途。因此，降低采购成本低成本炼铁，不能与低燃料比、节能减排的方针对立起来，精料方针、低碳炼铁的方向不能动摇。

要认真贯彻执行 GB 21256—2013《粗钢生产主要工序单位产品能源消耗限额》标准，其中现有粗钢生产高炉工序的能耗≤435kgce/t，新建和改扩建粗钢生产高炉工序的能耗≤370kgce/t。国家化解产能过剩和能源环保监督均要执行这个标准。

（8）铁矿石采购降低成本，必须坚持不失时机的原则。进口铁矿石价格的走势，一般均遵循供需关系的原则，供需关系是铁矿石价格的主要决定因素。我国生铁、原矿年产量、铁矿石年进口量、价格走势如图 3-1 和图 3-2 所示。

由图 3-2 可见，除了 2009 年因受国际金融危机的影响矿价暴跌外，矿价总的走势随年进口量的增加而上升，进入 2012 年后，由于供需关系的不断变化，矿价持续波动不稳，9 月份最低跌到 86.7 美元/吨的低谷，今后供大于求的状况将会进一步发展。进口矿将在 110～120 美元/吨价位振荡，国产矿价的底线为 80 美元/吨。当矿价低于进口矿和国产矿底线时，将是扩大购矿的好时机；当市场价远高于矿价底线时，应尽可能不购或少购矿，这就是购矿的时机。采购部门应掌控买矿的最佳时机。企业的采购若违背以上规则买矿，将会给企业造成不同程度的经济损失。俗话说："机不可失，时不再来"，应该就是这个道理。总之，铁矿石的采购部门应不断探索其市场规律，随时掌握铁矿石市场的动态变化，做到不失时机地为企业降低采购成本。

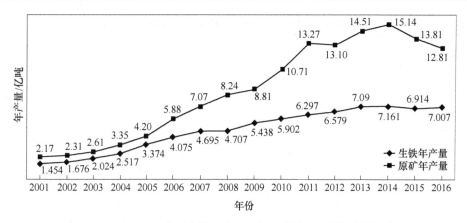

图 3-1 2001~2016 年我国生铁年产量、年国产原矿量增长态势（亿吨）

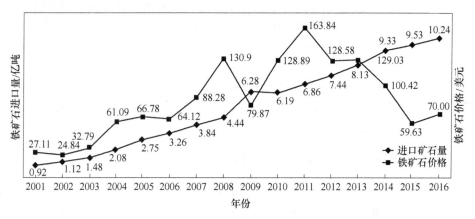

图 3-2 2001~2016 年我国铁矿石年进口量（亿吨）和价格（美元）走势

3.4.2 铁矿石采购的成本对比

中国钢铁工业协会对标挖潜办公室自 2013 年以来先后两次公布了我国 59 家钢铁企业炼铁原燃料的采购成本对比见表 3-24、表 3-25。

表 3-24 2012 年 1~12 月炼铁原燃料采购成本对标挖潜对比

项 目	国产精粉	进口粉矿	喷吹煤	冶金焦
每吨平均采购成本/元	875.77	931.85	1058.55	1692.05
每吨平均采购成本最低前 5 家/元	675.40	817.18	718.10	1510.41
每吨低于平均采购成本/元	200.37	114.67	340.46	181.63
每吨平均采购成本最高前 5 家/元	1125.29	1254.63	1231.85	1915.92
每吨高于平均采购成本/元	249.53	322.78	173.30	223.88
每吨高低采购成本相差/元	449.90	437.75	513.76	405.51
高低采购成本相差幅度/%	39.98	34.87	41.71	21.17

表 3-25　2013 年 1~6 月炼铁原燃料采购成本对标挖潜对比表

项　　目	国产精粉	进口粉矿	喷吹煤	冶金焦	炼焦煤
每吨平均采购成本/元	878.11	951.72	933.80	1507.54	1155.36
每吨平均采购成本最低前 5 家/元	693.22	837.46	628.76	1294.68	1043.49
每吨低于平均采购成本/元	184.89	114.26	305.04	212.86	111.87
每吨平均采购成本最高前 5 家/元	1119.01	1325.03	1083.77	1735.18	1311.7
每吨高于平均采购成本/元	240.90	373.31	149.97	227.64	156.34
每吨高低采购成本相差/元	425.79	487.57	455.01	440.50	268.22
高低采购成本相差幅度/%	38.05	36.80	41.98	25.39	20.45

由表 3-24、表 3-25 可说明，铁矿石采购是低成本炼铁各种因素最有潜力的因素、最大的挖潜空间，是解决钢铁企业低成本炼铁最突出、最重要的关键因素。因此，建议各钢铁企业领导和采购部门，要把降低炼铁原燃料采购成本这件大事落到实处。在高炉炼铁生产中，炼铁成本的组成主要包括采购成本、生产运行成本、财务成本和企业管理成本四大部分，而原料和能源成本占总成本的80%，可见降低原燃料的采购成本是低成本炼铁的主体部分。强化降低炼铁原燃料采购成本对低成本炼铁的地位和作用的认识，是铁矿石采购部门今后工作需要解决的一个重要问题。

3.4.3　铁矿石采购组织机构的高效合理模式

钢铁企业的铁矿石采购一般进口矿均有企业的国贸公司承担，但多年来的实践证明：企业国贸公司的组成成员懂得国际贸易业务的多，精通铁矿石质量和烧结炼铁的技术人员少。多年来在铁矿石采购项目上，出现和存在问题殊多。一般是采购人员不懂烧结炼铁，烧结炼铁人员不懂铁矿石采购，相互脱节，以致造成表 3-24 和表 3-25 所列那么大的采购成本差距。

北京科技大学许满兴教授根据国内民营企业采购的调研情况，推荐以下两种高效合理的采购形式作为钢铁企业的参考。

（1）成立配矿经济分析中心与企业国贸公司联合采购组织。由公司总经理挂帅，由烧结厂、炼铁厂、国贸公司、国产矿供应处、财务处、原料厂各出一名负责人和懂得计算机配矿的专业人员组成，制订工作职责，每月 20 日前各单位提供一月来的用矿和市场信息，为专业配矿人员提供下一个月的配矿、用矿依据。每月 25 日前做出下个月的配矿方案 3~4 例，供总经理审定，审定后的方案提供给国贸公司和供应处采购。

（2）建立采购配矿视频工作会议制度。每天上午 9:00~10:00 用 1 小时的时间进行交流讨论铁矿石市场信息、配矿、用矿状况视频交流会，根据交流的市场和用矿情况，每天一次会议，每天一敲定，及时又合理，迎合市场变化。

参考文献

［1］许满兴．建立科学的铁矿石质量和价值评价体系［N］．中国冶金报，2011年6月2日C2版．

［2］许满兴．"低成本、高效益"高炉炼铁对铁矿石质量的新要求［C］．2012年度全国烧结球团技术交流会文集，2012.

［3］许满兴．创建铁矿粉综合品位性价比计算法，提高企业低成本竞争力［C］．2015年度全国烧结球团技术交流会文集，2015.

［4］许满兴．优化炼铁原料采购的低成本原则与实施举措［C］．低成本、低燃料比炼铁新技术文集，2016：19~23.

［5］王维兴．科学评价低品位铁矿石［N］．世界金属导报，2010年7月27日．

［6］石国星．铁矿石经济性评价［J］．烧结球团．2007，32（4）．

4 铁矿石性能与科学配矿

【本章提要】

本章主要讲述铁矿粉的常温特性对配矿的作用和影响，进口铁矿粉性能与科学配矿、优化配矿的理论及原则，铁矿粉的高温特性及其互补配矿方法。优化原料采购与烧结、高炉配矿一体化要求和案例。

我国的钢铁工业长期以来都是以自产矿为主的国家，但随着钢铁工业的发展，铁矿产量满足不了需求，自 1985 年进口 1000 万吨铁矿石以来，每年进口铁矿石急速递增，2016 年铁矿石进口量为 10.24 亿吨。

进口矿的含铁品位比我国自产矿高，SiO_2 含量普遍比自产矿低，总的说进口矿的质量比国产矿好，但不同的国家和地区的进口矿不同，不仅化学成分有不同的特点，而且粒度组成、矿物组成、显微结构和水化程度、烧结性能也各不相同。国产矿也有各自不同的性能和特点，国外铁矿石大量进入中国市场，必然出现一个配好矿、用好矿的问题。近二十年来我国钢铁工业发展的实践表明，如何配好矿、用好矿的问题，对钢铁企业而言，不仅具有重大的经济价值，而且还具有较深的科学理论。

4.1 铁矿粉性能对配矿的影响

搞好烧结生产，要把好五道关。第一道关便是科学合理配好矿，然后才是配好料、制好粒、布好料和点好火四道关。不仅如此，配矿还影响烧结的强度、产质量和成本。烧结配好矿的目的在于：要有高的产量和强度；优良的成品矿化学成分；优良的冶金性能；低能耗和低成本。

目前，不少企业的配矿还停留在探索性的、凭经验配矿；近几年不少企业配矿追求低成本，把低成本与高效益对立起来，或者把低成本与低能耗对立起来；还有企业配矿追求产量，不讲究质量，特别不重视成品矿的冶金性能，凡此种种，偏离了科学合理配矿的理念和方法。

怎样才能科学合理配好矿呢？这就是本章节要讨论的问题。认识和分析清楚铁矿粉种类的特性及其对配矿的影响；铁矿粉化学成分的特征及其对配矿的影响；铁矿粉烧结基础特性对配矿的影响；还有烧结工艺技术对配矿的影响。烧结配好矿需建立和遵循一套完整的科学理论和原则。

4.1.1 铁矿粉种类特征及其对配矿的影响

众所周知，烧结常用的铁矿粉有赤铁矿、褐铁矿和磁铁矿三种，这三种矿的不同特性列于表4-1。

表4-1 不同矿种的烧结特性

矿种	化学分子式	含铁量/%	密度/t·m⁻³	有害杂质含量	强度	还原性	同化性	液相流动性	黏结相强度/N·cm⁻²
赤铁矿	Fe_2O_3	55~68	4.9~5.3	S、P 低	软且易碎	较易还原	同化温度高	低	良好
褐铁矿	$mFe_2O_3 \cdot nH_2O$	37~58	2.5~5.0	S、P 不等 Al_2O_3高	疏松	易还原	同化温度低	良好	低
磁铁矿	Fe_3O_4	45~70	5.2	S、P 高	坚硬致密	难还原	同化温度高	差	差

注：磁铁矿的化学分子式也可以 $FeO \cdot Fe_2O_3$ 表达，理论 FeO 含量为31%。

我国的铁矿石是以磁铁矿为主的国家，97.5%的原矿经过再磨再选，矿粉的粒度细，适合用作球团的原料，不适合作烧结的原料，但我国却有大量的磁铁矿粉用作烧结的原料。我国品位在55%左右可以直接入炉的富矿仅占储量的2.5%。全国11大矿区的铁矿粉由于地质条件和成矿机理的不同，在烧结特性方面存在着较大的差异，我国几个矿区铁矿粉的烧结基础特性列于表4-2。磁铁矿、赤铁矿和褐铁矿粉用于烧结的一个重要差别，不仅在于烧结基础特性的差别，还在于FeO 含量的差别。钱士刚、黄天正等学者把 FeO（成品矿）/FeO（原矿）的比值称为"烧结过程宏观气氛评定指数（P）"，P 值的大小，在一定程度上影响成品矿的 FeO 含量。因此，P 值是烧结配矿掌控成品矿 FeO 含量的一个重要参数，烧结配矿应掌握 P 值小于1的范围，以获得烧结产质量的优化组合。

表4-2 我国几种磁铁矿粉的烧结基础特性

地区及矿名		同化温度LAT/℃	液相流动性指数FI/倍	黏结相强度SBP/N·cm⁻²	铁酸钙生成能力SFCA/%	固相连晶强度CCS/N·cm⁻²
东北	齐大山精粉	1329	0.30	220	—	345
华北	迁安矿粉	1358	0.79	813	—	490
	尖山精粉	1335	0.23	150	5	475
	袁家村精粉	1325	0.18	203	8	149
	代繁粉	1320	0.70	168	5	400

地区及矿名		同化温度 LAT/℃	液相流动性指数 FI/倍	黏结相强度 SBP/N·cm⁻²	铁酸钙生成能力 SFCA/%	固相连晶强度 CCS/N·cm⁻²
西北	包头精粉	1330	2.10	857	5	304
中南	鄂精粉	1130	0.80	—	—	—
	大磁精粉	1322	0.46	320		300

南美的巴西矿和非洲的南非矿以赤铁矿为主，其矿粉的基本特点是高品位、低 SiO_2、低 Al_2O_3、低 S、P 等，多数属于优质赤铁矿粉，南非矿含 K_2O 碱金属偏高，巴西矿（依塔比拉例外）和南非矿均具有良好的烧结性能。巴西矿烧结基础特性列于表 4-3。

表 4-3　巴西赤铁矿粉的烧结基础特性

矿　名	同化温度 LAT/℃	液相流动性指数 FI/倍	黏结相强度 SBP/N·cm⁻²	铁酸钙生成能力 SFCA/%	固相连晶强度 CCS/N·cm⁻²
卡拉加斯粉	1288	0.188	862	4.0	696
巴西新粉	1335	1.750	100	12.0	100
	1378	1.412	270	6.7	254
CVRD 标准粉	1310	0.141	1289	2.5	—
MBR 粉	1323	0.044	470	6.9	264
奥多西粉	1368	0.556	441	13.2	59

澳大利亚的扬迪矿、罗布河矿、麦克和西安吉拉斯等矿都是水化程度不同的褐铁矿，它们的含铁品位稍低，P 和 Al_2O_3 含量有低有高，组织疏松、堆密度低、烧结性能有不同的差异，能按不同比例与高品位、低硅低铝的赤铁矿搭配烧成质量较高的烧结成品矿，也可与一定比例的磁铁矿粉混合烧成一定质量的烧结矿。其烧结基础特性列于表 4-4。

表 4-4　澳大利亚褐铁矿粉的烧结基础特性

矿　名	同化温度 LAT/℃	液相流动性指数 FI/倍	黏结相强度 SBP/N·cm⁻²	铁酸钙生成能力 SFCA/%	固相连晶强度 CCS/N·cm⁻²
扬迪粉	1135	3.127	245	75.0	508
罗布河粉	1174	0.985	333	55.3	872
麦克粉	1217	1.767	255	24.5	343
西安吉拉斯粉	1238	0.372	314	—	353
HIX	1233	0.498	—	39.3	—
HIY	1135	3.127	245	75.0	508
哈默斯利粉	1247	0.444	288	43.5	144
纽曼粉	1233	0.600	490	37.5	325

由表 4-2~表 4-4 可见，用于烧结生产的国内外三种主要矿种有着不同的特征和烧结基础特性，按它们的特性合理搭配，才能烧出产质量优良的成品烧结矿。

4.1.2 铁矿粉的主要常温理化特性对配矿的作用和影响

铁矿粉的常温理化特性包括化学成分、粒度组成、颗粒形貌和气孔特征等，各种铁矿粉的特征差异很大，对烧结的成品矿产生不同的结果。

4.1.2.1 铁矿粉化学成分的影响

铁矿粉的化学成分主要含 TFe、SiO_2、Al_2O_3、CaO、MgO、FeO、CaO/SiO_2，化学成分的差异将会导致其在烧结过程中熔化温度不同，影响液相的生成和流动性，对烧结的成品矿产生不同的结果。

A SiO_2 含量的影响

铁矿粉的酸性脉石 SiO_2 是烧结生成液相的主要组分，铁矿粉的 SiO_2 含量越高烧结过程生成的液相越多，SiO_2 的熔化温度为 1713℃，它与 CaO 和铁氧化物反应时，生成液相的温度会显著降低（1205~1208℃），由于 SiO_2 晶格为网络结构，其含量高时有可能使液相黏度升高，降低液相流动性。在烧结过程中，合理的黏结相及其强度常常离不开 SiO_2 与 FeO 的配合，为了满足成品烧结矿强度的需要，当 $SiO_2 \leqslant 4.8\%$ 时，应适当提高 FeO 至不小于 7.0% 的水平；当 $SiO_2 \geqslant 5.6\%$ 时，FeO 的水平可控制到低于 7% 的水平。

SiO_2 在烧结过程中的状态，很大程度上还与 CaO 的配入量有关，当 CaO/SiO_2 处在最佳碱度 1.9~2.3 范围，烧结配矿 SiO_2 在 4.6%~5.3% 时，烧结矿产量、质量最佳，而当 SiO_2 含量大于 5.6% 后，烧结指标会逐渐变差。

铁矿粉的质量可以从 SiO_2 的含量在烧结过程中生成黏结相的状态反映出来，烧结工艺参数可对 SiO_2 在成品矿的矿物组成中显示出来，这主要是配 C（直接影响烧结层成矿带的温度）和混合料透气性的影响，温度和透气性对 SiO_2 在黏结相中的分布有重要影响，温度对 SiO_2 含量在铁酸钙中的分布变化列于表 4-5。

表 4-5 不同烧结温度下 SiO_2 含量在铁酸钙（SFCA）中的分布变化

烧结温度/℃	1220	1260	1285	1315	1340	1360
SiO_2 含量/%	4.7	5.4	5.7	5.9	6.07	6.38

由表 4-5 可见，烧结料层的温度不同，会造成成品烧结矿的铁酸钙中 SiO_2 含量有较大的变化，同理由于烧结料层的透气性不同，会造成燃料燃烧的状态不同，形成燃烧带的气氛和温度不同，从而影响 SiO_2 在黏结相中分布的不同。这说明掌控烧结矿的质量，不仅要通过配矿，合理控制烧结混合料的 SiO_2 含量，还要通过配 C 和制粒等工艺技术，把握好 SiO_2 在黏结相的分布。

B　Al₂O₃含量的影响

Al₂O₃是烧结矿黏结相不可缺少的组分，因为在常态下，高碱度烧结矿的铁酸钙的化学分子式为 $5CaO \cdot 2SiO_2 \cdot 9(Al \cdot Fe)_2O_3$，适当的 Al₂O₃ 含量在烧结中应为 $Al_2O_3/SiO_2 = 0.1 \sim 0.4$，Al₂O₃ 元素属高熔点物质，其熔点为 2042℃，在烧结条件下，它不能单一被熔化的，对硅铝铁酸盐（SFCA）的形成有促进作用，多余的 Al₂O₃ 会在玻璃相析出，影响成品烧结矿的冷强度和 *RDI* 指数。正因为 Al₂O₃ 具有以上这些特性，在配矿时，单一的高品位、低 SiO₂、低 Al₂O₃ 的赤铁矿粉并不能形成高质量的成品烧结矿，它应该与 Al₂O₃ 含量稍高的褐铁矿搭配，会形成质量较高且成本较低的成品烧结矿。对于水化程度相同的褐铁矿而言，Al₂O₃ 含量低的同化温度低，液相流动性指数值高，为使得到较高的黏结相强度，需要与同化温度高的赤铁矿或磁铁矿粉合理搭配。与 SiO₂ 相同，烧结过程和透气性对 Al₂O₃ 在黏结相中的分布有重要影响，其随温度的不同在铁酸钙相中的分布列于表4-6。

表4-6　不同烧结温度下 Al₂O₃ 含量在铁酸钙（SFCA）中的分布变化

烧结温度/℃	1220	1260	1285	1315	1340	1360
Al₂O₃含量/%	0.5	0.7	0.8	0.15	0.18	1.51

C　MgO 和 FeO 含量的影响

MgO 也是高熔点物质，其熔点为 2799℃，它在烧结过程中是不可能被熔化的，但它与 FeO 为无限固溶，生成镁浮氏体，且随 MgO 在浮氏体内固溶量的增加，其固溶体的软化和熔化温度升高，MgO 和 FeO 均有改善液相流动性的作用。配磁铁矿粉烧结，当 MgO 含量高时，生成的镁浮氏体，开始软化温度、熔化温度高，软熔温度区间也较窄，故 MgO 在特定条件下能改善成品矿的软熔性能。MgO 在与磁铁矿接触过程中，易与 Fe₃O₄ 生成镁磁铁矿（Fe₃O₄·MgO），阻碍与 Fe₃O₄ 被氧化成 Fe₂O₃，使烧结过程生成铁酸钙相的量减少，从而影响烧结矿的冷强度和还原性。

D　铁矿粉水化程度对成矿过程的影响

铁矿粉的水化程度即结晶水含量的高低，铁矿粉的烧损（LOI）值大即水化程度高，称为高水化程度的褐铁矿，通常褐铁矿的同化温度比较低，例如表4-4中的罗布河和扬迪粉，它们的 LAT（同化温度）分别为 1135℃ 和 1174℃，而同为褐铁矿的 HIX，竟达到 1233℃。有的褐铁矿粉由于升温过程中结晶水的分解，在液相中可能残留一部分气孔，阻碍液相流动而造成黏结相的形成温度升高，这就形成个别水化程度高的褐铁矿粉熔融温度高的原因。

E　碱度（配加 CaO 的量）的影响

试验研究和生产实践均证明，烧结过程酸性铁矿粉由于 CaO 的配入，降低了

SiO_2、Al_2O_3 等脉石矿物的熔点，得以生成低熔点化合物，故含 CaO 的生石灰和石灰石称为熔剂。烧结过程低熔点化合物是形成黏结相的基础，随碱度的提高，即随 CaO 配入量的增加，改善了铁矿粉与 CaO 的接触条件，促进 CaO 与酸性脉石的同化反应加速进行，使生成铁酸钙黏结相的比例提高，烧结矿的质量得到改善，故碱度是烧结矿质量的基础。但由于不同铁矿粉同化特性的差异，生成铁酸钙黏结相的比例也不同，正因为如此，烧结配矿应特别重视碱度对其质量的影响。莱钢、太钢不同碱度烧结矿的矿物组成的影响列于表 4-7。

表 4-7　莱钢、太钢不同碱度烧结矿的矿物组成　　　　（%）

企业名称	组成（质量分数）/%						
	烧结矿碱度	SFCA	F_2O_3	Fe_3O_4	玻璃相	$2CaO \cdot SiO_2$	未矿化熔剂
莱钢	1.35	10~12	7~10	50~55	20~25	3	1~2
	1.60	15	7~10	50	15~17	6~8	2~3
	1.80	25	7~10	45	12~15	6~8	1~2
	2.10	35	5~7	40	7~8	5~7	3~5
太钢	1.31	10~15	7~10	50~55	20	3~5	未见
	1.78	35~40	10~15	30~35	3~5	10	3
	1.96	40	15	25~30	2~3	10	3~5
	2.15	45	7~10	30	1~2	10~15	3~5

由表 4-7 可见，碱度对烧结矿的矿物组成具有决定性的作用，烧结矿的质量取决于其矿物组成，因此，科学合理配矿还必须把矿种、化学成分和碱度联系起来，离开了碱度讨论科学合理配矿将失去意义。大量的试验研究和生产实践证明，对高炉炼铁而言，烧结矿的最佳碱度范围是 1.9~2.3。然而近几年由于铁精粉的价格高于外矿粉，不少企业的高炉采用增加烧结矿的比例，而降低甚至不用球团矿，把烧结的碱度降低到低于 1.8 甚至低于 1.6 的水平，这对烧结矿的质量是一个严重的损失。钢铁企业不能仅看表观成本，要把账算到高炉的指标，降低采购成本，不能降低入炉料的质量，才能收到真正的实效。

4.1.2.2　粒度组成、颗粒形貌和气孔特征的影响

A　粒度组成的影响

铁矿粉的化学成分和烧损见表 4-8。

表 4-8　铁矿粉的化学成分和烧损

编号	名　称	化学成分（质量分数）/%					烧损 Ig/%
		TFe	CaO	SiO_2	MgO	Al_2O_3	
A	澳矿	61.7	0.32	4.11	0.10	3.61	5.99
B	巴西矿	61.9	0.22	9.10	0.06	1.25	4.35

续表 4-8

编号	名　称	化学成分（质量分数）/%					烧损 Ig/%
		TFe	CaO	SiO$_2$	MgO	Al$_2$O$_3$	
C	印度矿	61.2	0.28	9.52	0.05	2.08	4.27
D	南非粉	65.6	0.50	1.46	2.37	1.59	0.05
E	弋阳粉	61.7	1.66	5.67	0.30	1.83	1.45
F	梅山粉	62.0	2.45	2.93	1.08	0.82	0.25

对于铁矿粉制粒，准颗粒形成的主要过程是细颗粒（"黏附粉" 小于 0.25mm）黏附于核颗粒（"核颗粒" 大于 1mm）之上的过程。研究表明，对制粒最理想的混匀矿的要求是：吸湿量低、组成核颗粒和黏附粉的粒度分布为双峰粒度分布、黏附粉粒度尽可能小、"中间颗粒" 尽可能少。如图 4-1 和图 4-2 所示，3 种富矿粉均符合双峰粒度分布，其中矿粉 A 和 B 的黏附粉较少，两种矿粉中间颗粒约占 15% 左右，可以搭配精矿粉使用；矿粉 C 的黏附粉和核颗粒均较多，中间颗粒极少，为此，可添加适量的精矿粉使用；3 种精矿粉粒度均很细，小于 74μm 和小于 45μm 的粒级比例都较高，可以作为很好的黏附粉与富矿粉搭配使用。

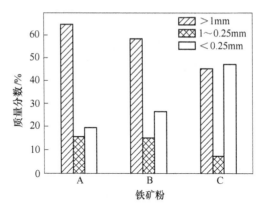

图 4-1　富矿粉（A、B 和 C）的粒级比例比较

（富矿粉 A、B 和 C 粒度 +1mm、1~0.25mm 和 -0.25mm 的粒级组成）

B　颗粒形貌的影响

铁矿粉的颗粒形貌主要影响混合料制粒性能和烧结过程中的成矿性。表面粗糙的片状、树枝状或条状颗粒比光滑的柱状或立方体颗粒制粒性能好。图 4-3 所示为 6 种铁矿粉的颗粒形貌。由图 4-3 可见，铁矿粉的微观结构差异较大。澳矿 A 和印度矿 C 颗粒多呈豆状，表面粗糙且结构疏松，有利于制粒；巴西矿 B 和梅山粉 F 颗粒较小，且含有不少片状颗粒，也对制粒有利；南非粉 D 和弋阳粉 E

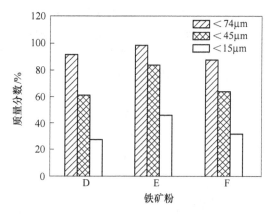

图 4-2 富矿粉 (D、E 和 F) 的粒级比例比较

(精矿粉 D、E 和 F 粒度 $-74\mu m$、$-45\mu m$ 和 $-15\mu m$ 的粒级组成)

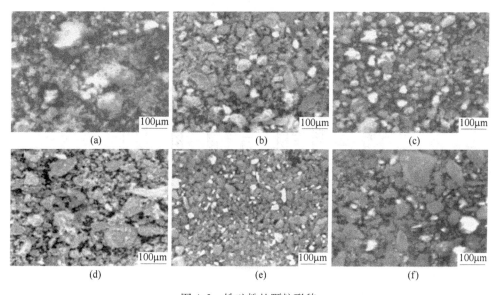

图 4-3 铁矿粉的颗粒形貌

（a）铁矿粉 A；（b）铁矿粉 B；（c）铁矿粉 C；（d）铁矿粉 D；（c）铁矿粉 E；（f）铁矿粉 F

颗粒表面光滑，结构致密且呈柱状和立方体，不利于制粒。

C　气孔特征的影响

铁矿粉的气孔特征包括铁矿粉的气孔率和气孔孔径分布情况。对烧结生产来说，铁矿粉的气孔率高，且大气孔多，对烧结生产有利。所测气孔率结果和气孔孔径分布情况分别如图 4-4 和图 4-5 所示。由图 4-4 可知，除了南非粉 D，进口矿的气孔率均高于国内精粉；富矿粉（A、B 和 C）的气孔率明显高于精矿粉

（D、E 和 F）。原因主要是：富矿粉的结晶水含量普遍高于精矿粉，结晶水分解
会产生更多的气孔和裂纹；而结晶水含量相对较高的弋阳粉 E 由于其微观结构特
别致密而导致气孔率较低。从图 4-5 可得铁矿粉的气孔孔径分布规律为：中气孔
比例最高，其次为大气孔，微气孔比例最低。

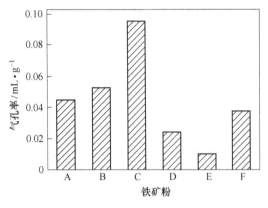

图 4-4　铁矿粉的气孔率

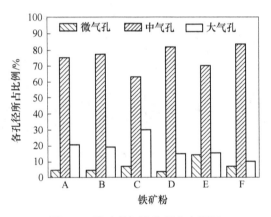

图 4-5　铁矿粉气孔孔径分布情况

4.1.3　科学合理配矿的理念和方法

搞好烧结生产要树立配矿的四大目标和把好五道关，配好矿要树立正确的理
念和方法：

（1）配好矿应树立精料和降低渣铁比的理念，降低渣铁比是炼铁工作者的
首要任务和职责。现代高炉炼铁降低渣铁比就是降低燃料比，是降低成本和提高
实效的一个基础条件。

（2）配好矿应树立三大矿种合理搭配，铁矿粉的烧结基础特性合理搭配，

每个企业的烧结应建立自己的主矿体系，根据宝钢和新日铁的配矿经验，主矿体系应以一种高品位、低 SiO_2、低 Al_2O_3 的赤铁矿粉和两种高、中水化程度的褐铁矿组成。组成主矿的三种矿的比例各 25%~30%，企业的烧结配矿不能没有主矿体系。保持主矿的基本稳定，才能保持烧结矿质量的稳定，为高炉炉况的长期稳定顺行打好基础。

（3）配好矿应在矿种和矿粉合理搭配的条件下，选取最佳碱度和低碳厚料层的先进烧结工艺技术，才能取得科学合理配矿的综合效果。

（4）配矿的专业技术人员应熟知国内外铁矿粉的烧结特性和先进的烧结工艺技术，配矿的专业技术人员是一个企业配好矿的人力资源基础。

4.1.4 小结

在烧结过程中用单种铁矿粉不可能获得良好的经济技术指标，因此需要综合考虑各种铁矿粉自身特性进行优化互补配矿。为此，结合实际生产需要和前人研究成果提出以下 4 种配矿原则。

（1）常温理化特性互补原则。不同铁矿粉有不同的常温理化特性，科学合理配矿应根据不同矿种的烧结特性合理搭配。铁矿粉化学成分互补要求通过优化配矿控制混合矿的化学成分。碱度是烧结矿质量的核心，科学合理配矿应选择最佳的碱度和适宜的化学组成，使其有较高的含铁品位和适宜的 SiO_2 含量等。对于铁矿粉制粒，准颗粒形成的主要过程是细颗粒（黏附粉）黏附于粗颗粒（核颗粒）之上的过程。因此，粒度较大的富矿粉应与粒度较小的精矿粉互补搭配使用。

（2）高温烧结特性互补原则。通过以上研究可以得知，铁矿粉的高温烧结特性各不相同，因此需要通过高温烧结特性互补优化配矿。研究表明，要想得到质量优良的烧结矿，一般要求混合矿具有适宜的同化性（1275~1315℃）；合理的液相流动性，其中包括适宜的液相流动性指数（0.7~1.6）和较低温度敏感指数（>0.04）；较好的黏结相自身强度（>500N）以及较高的铁酸钙生成特性（>30%）。

（3）铁矿粉产地互补原则。基于钢铁厂的原料供应现状，分为国外矿和国内矿两大类，因此应考虑两者搭配使用。

（4）科学合理配好矿应树立先进的理念，重在降低成本和炼铁低燃料比，不降低入炉料的质量，高品位、低渣比，建立企业的主矿体系是重中之重。

4.2 常用进口矿粉理化性能与烧结特性

4.2.1 进口铁矿粉的基本状况和趋向

铁矿石是高炉炼铁的含铁原料，由于我国铁矿石资源不足和品位贫乏，高炉炼铁的含铁原料主要依赖进口，2001 年以来我国历年进口铁矿石的数量、增幅、价格和依存度态势列于表4-9,由表可见,我国高炉炼铁的含铁原料主要依靠进口,而且依存度不断增加,目前依存度已经达到80%的程度。面临这样一个现实,钢铁企业无论是降成本增效益还是追求高炉稳定顺行,都和铁矿石的进口问题休戚相关。

表4-9　2001~2016年铁矿石进口量、增幅、价格和依存度情况

年　份	2001	2002	2003	2004	2005	2006	2007	2008
数量/万吨	9231	11149	14819	20807	27524	32630	38367	44365
增幅/%	31.9	20.8	32.9	40.4	32.3	18.6	17.6	15.6
每吨价格/美元	27.11	24.84	32.79	61.09	66.78	64.12	88.28	130.90
依存度/%	36.8	40.5	43.0	48.1	49.6	49.0	49.8	55.7
年　份	2009	2010	2011	2012	2013	2014	2015	2016
数量/万吨	62778	61865	68608	74355	81310	93269	95284	102412
增幅/%	41.5	-1.5	10.9	8.4	9.35	14.7	2.2	7.48
每吨价格/美元	79.87	128.89	163.84	128.58	129.03	100.42	59.63	70.0
依存度/%	69.3	62.7	64.1	66.95	66.75	78.3	82.50	85.75

注:外贸依存度是指一定时期内一个国家或地区对外贸易总额占该国国内生产总值的比重,它是衡量一国贸易开放程度的一个基本指标,也是反映一国与国际市场联系程度的标尺。

世界铁矿石资源优质赤铁矿仅占20%,褐铁矿、高Al_2O_3矿所占比例高达80%,随着铁矿资源的开发,优质赤铁矿将日趋枯竭,导致高结晶水褐铁矿、高Al_2O_3矿应用配比日益扩大,合理利用低价铁矿石对钢铁企业是一项重大的挑战。

第一,要对铁矿石的质量有正确清楚的认识,不能哪种矿价低就买哪个,也不是哪种价格高买哪个,而是对矿的综合品位性价比做计算,先算账再采购。

第二,高炉炼铁应根据铁矿石市场价格变化及时调整炉料结构,合理的炉料结构应依据低成本、低燃料比和高炉稳定顺行,追求高效益的原则,其中特别要关注烧结矿高碱度和高炉低渣量的原则。

第三,企业要建立自己的主矿体系,根据市场价格变化做适当的调整。

第四,坚持优化配矿,依据铁矿粉的化学成分、常温特性和高温特性,采用特性互补的原则,把烧结矿的质量和成本掌控到最优的水平。

第五,高炉冶炼的稳定顺行是以炉料质量的稳定为基础的,对于炉料的质量要坚持降低采购成本,不降低炉料质量的原则,不能占小便宜吃大亏,离开了高炉的稳定和顺行是谈不上高炉效益的。

4.2.2　常用进口铁矿石品种

进口铁矿石品种繁杂,名称多种多样,有的用地名,有的用矿山名,有的用

港口名，特别现在有一部分外矿是用多种矿混匀的，称混合矿。所以要固定名称很难，也给钢铁企业技术人员实际操作带来困难，以下是对一些常用的外矿名称的简单介绍：

（1）PB 粉（Pb Fines）。产于澳大利亚，又称皮尔巴拉混合矿，旧称"哈默斯利粉矿"或"澳大利亚矿"（必和必拓公司经营），品位在 61.5% 左右，部分褐铁矿，烧结性能较好；PB 粉和块可由汤姆普赖斯矿、帕拉布杜矿、马兰杜矿、布鲁克曼矿、那牟迪矿和西安吉拉斯矿等矿山的粉矿混匀而成。

（2）扬迪粉（Yandi Fines）。产于澳大利亚（必和必拓公司经营），品位在 58% 左右，属褐铁矿，铝含量低，结晶水较高，混合制粒所需水分要求较高。因其结构疏松，烧结同化性和反应性较好，因此可部分替代纽曼粉矿或巴西粉矿。烧结性能较佳。

（3）麦克粉（Mac Fines）。麦克粉（MAC）的正常品位在 61.5% 左右，部分属褐铁矿，烧结性能较好，含有 5% 左右的结晶水，烧损较高，随其配比加大，烧成率逐步下降。配比在 15%～20% 时，烧结矿小于 5mm 级水平较低，配比为 20% 的烧结成品率最高。

（4）纽曼粉（Newman Fines）。产于澳大利亚的东皮尔巴拉的纽曼镇的纽曼山矿，属赤铁矿，烧结性能较好，粉的品位在 62.5% 左右，块的品位在 65% 左右，由澳大利亚西澳州必和必拓公司生产。

（5）罗布河粉（Robe River Fines）。产于澳大利亚的罗布河铁矿联合公司，品位在 57.5% 左右，含 8%～10% 的结晶水，属于褐铁矿，含 Al_2O_3 较高，P 含量较低，烧结性能欠好。

（6）火箭粉（FMG　Fines）。又称 FMG（福蒂斯丘金属集团 Fortescue metal Group）粉，由澳大利亚第三大铁矿石生产商 FMG 公司生产。据说曾用作火箭发动机燃料的一种成分，故称火箭粉，其 TFe 58.5%、SiO_2 4%、Al_2O_3 1.5% 左右，属于褐铁矿，烧结性能一般，储量大且单烧品位高，结晶水在 8% 左右。FMG 粉矿化学成分优于扬迪粉，但烧结性能和造球性能不如扬迪粉。

火箭特粉由 FMG 公司生产的品位 57.5% 左右的火箭粉，硅 5% 左右，铝 2% 左右，其他烧结性能同火箭粉。

（7）阿特拉斯粉（ATLAS）。由澳大利亚第四大铁矿石生产商 Atlas Iron 公司生产的位于澳大利亚皮尔巴拉矿山的铁矿石。TFe 57%，SiO_2 7.5%，结晶水在 9%，属于中品位、高硅、高烧损的褐铁矿。

该矿粒度较粗，和扬迪粒度相当，因此该矿的透气性较好，垂直烧结速度较快，收缩性大，但大比例使用会导致烧结矿质量变差，影响烧结矿转鼓强度。物理化学性能和冶金性能跟火箭粉的超特粉相近，可以完全替代超特粉，配比不宜超过 10%。

(8) KMG 粉。由澳大利亚私人矿业公司 KMG 生产，该矿位于澳大利亚珀斯，是距离中国最近的西澳矿山，紧邻西澳最北的港口。矿山预计两年内产矿6700 万吨，为 58%~59% 的低品位粗粉赤铁矿为主，硅 8%，铝 3%，磷 0.08%，硫 0.03%。性能类似于火箭特粉，但比火箭特粉的硅高很多。

(9) CSN 粉。巴西 CSN 公司（全称为巴西国有黑色金属公司）生产的铁矿石，铁含量在 65% 以上，硅含量在 1%~2%。

(10) SSFT 粉。巴西淡水河谷公司专门为中国市场配制的烧结粉，SSFT 的铁含量在 65% 左右，硅含量在 4.4% 左右。

(11) 卡粉（SFCJ）。卡拉加斯粉的简称，英文简称 SFCJ 粉，全称 Sinter feed Carajas，产于巴西卡拉加斯矿，是世界上最大的铁矿，该矿所有权为巴西矿业巨头淡水河谷公司拥有。该铁矿具有高品位（65% 以上）、低铝（1% 左右）、有害杂质少、烧结性能好的特点，是世界最优质的铁矿石资源。属首选矿，可作为烧结的主矿，配比可在 30% 以上。

(12) 巴西南部粉。该矿位于巴西南部矿源"铁四角"，又称巴西南部粉，南部矿区主要矿山有 Itabira、Mariana、Mihas Centrals、Paraopebal、Vargem Grande、Itabiritos，均处于巴西铁四角地区，南部矿区主要开采方式为露天开采。这一带以铁英岩为主，赤铁矿含量较高，含铁量在 66% 左右。主要包括 SSFG 粉、SFOT 粉等。其颗粒形貌为片状，外观呈褐红色，制粒性能差，一般配比小于 8%。

(13) 巴粗。指巴西粗颗粒粉矿，是巴西粗粉的统称，包括卡粉、SSFT 粉、CSN 粉、南部粉等。品位从 58%~65% 不等，其中东南部铁四角生产的矿粉冶金性能较好。

巴西粗粉有个共同的特点，基本都是赤铁矿，S、P、Al_2O_3 都相对较低，特别是 S 含量非常低，其他有害元素也非常低，适合于搭配微量元素比较高的品种。

(14) 印粉。指印度细颗粒粉矿，但不符合印粗的颗粒度标准。品位从40%~63.5% 不等，属赤铁矿，高品位矿烧结性能优良，低品位矿硅铝成分较高。印粉的化学成分和烧结性能不稳定。

(15) 马拉曼巴粉（West Angelas）。位于西澳大利亚纽曼西北 112 千米处的西安吉拉斯（West Angelas）矿山和潘那沃尼加（Pannawonica）的罗布河矿山。属于澳洲矿脉一种，部分褐铁矿。品位 62% 左右，SiO_2 为 2.8%~3.2%，由澳大利亚西澳州必和必拓公司生产。

(16) 依塔比拉（Itabira）。依塔比拉铁矿位于巴西米纳斯吉拉斯州东部埃斯皮尼亚索山脉南端，该矿所有权为巴西矿业巨头淡水河谷公司拥有，TFe 63%~65%，SiO_2 为 4.0%~5.5%，属于赤铁矿。其化学成分优良，制粒性能不好。

（17）加拿大卡罗尔湖粉。卡罗尔湖铁矿位于加拿大纽芬兰省以西，TFe 为 61% 左右，$SiO_2 \leqslant 4.0\%$，部分褐铁矿。

（18）加拿大魁北克粉（QCM）。加拿大魁北克铁矿位于加拿大魁北克省东部，该矿所有权为加拿大魁北克金属粉末有限公司，$TFe \geqslant 62\%$ 左右，SiO_2 为 10% 左右，部分褐铁矿。

（19）秘鲁粉（Peru）。秘鲁铁矿区位于首都利马东南 520 多千米的伊卡省纳斯卡市马尔科纳区，TFe 66%~69%，$SiO_2 \leqslant 4.0\%$，磁铁矿，含 S 高，属高 S 矿。

（20）委内瑞拉粉（Venezuela）。主要矿山则位于南美洲委内瑞拉玻利瓦尔州的皮亚尔市和瓜亚那市一带，含铁矿物为赤铁矿和磁铁矿，TFe 63%~65%，SiO_2 1.2%~2.7%。

（21）智利粉（Chile）。由智利北部第三区和第四区的 3 个主要铁矿生产，该矿所有权为太平洋矿业公司（Cia. Minera del Pacificosa，CMP），含铁矿物为磁铁矿，TFe 66%~67%，SiO_2 3.0%~6.5%。

4.2.3 进口铁矿粉的主要化学成分

进口铁矿粉的主要化学成分见表 4-10~表 4-16。

表 4-10 澳大利亚铁矿粉的主要化学成分　　　　　　（%）

矿粉名称	化学成分（质量分数）								LOI
	TFe	SiO_2	CaO	MgO	S	P	K_2O	Al_2O_3	
哈默斯利	63.61	3.44	0.05	0.07	0.012	0.069	0.017	1.99	3.28
	61.74	4.13	0.20	0.26	0.022	0.083	0.019	2.30	4.60
	62.59	3.44	0.09	0.11	0.060	0.082	—	2.17	4.78
HIX 粉	62.28	4.22	0.16	0.28	0.026	0.080	0.012	1.98	4.96
HIY 粉	58.35	4.85	0.01	0.02	0.021	0.038	0.008	1.26	10.16
扬迪粉	58.04	5.31	0.20	0.55	0.012	0.045	0.01	1.48	9.42
扬迪粗粉	60.43	5.24	0.10	0.10	0.078	0.040	—	1.54	11.10
罗布河粉	57.38	5.60	0.24	0.24	0.019	0.038	0.014	2.65	9.26
	56.79	6.04	0.17	0.16	0.010	0.040	—	2.83	10.20
	57.00	5.50	0.26	0.50	0.013	0.042	0.011	2.50	9.50
马萨杰粉	56.56	5.88	0.13	0.25	0.038	0.019	—	2.60	9.60
	57.38	5.60	0.24	0.24	0.019	0.038	0.014	2.65	9.26
	57.20	5.50	0.38	0.001	0.018	0.040	—	2.65	9.00
纽曼粉	63.60	3.90	0.05	0.10	0.058	0.009	0.02	2.10	2.50
	62.50	4.37	0.10	0.10	0.009	0.088	—	2.08	6.30
	62.08	4.69	0.07	0.10	0.011	0.088	0.02	2.71	2.80

矿粉名称	化学成分（质量分数）								LOI
	TFe	SiO$_2$	CaO	MgO	S	P	K$_2$O	Al$_2$O$_3$	
火箭粉 （FMG）	60.14	3.05	0.16	0.12	0.025	0.044	0.019	1.90	8.30
	59.44	4.57	0.10	0.10	0.020	0.040	—	1.78	8.49
	57.89	4.46	0.17	0.28	0.050	0.034	0.014	2.20	9.66
皮尔巴拉粉 （PB）	62.44	3.40	0.01	0.18	0.021	0.078	0.021	2.09	4.42
	60.20	3.60	0.04	0.07	0.030	0.056	0.028	2.10	7.30
	61.88	4.53	0.45	0.48	0.012	0.050	—	2.48	4.13
麦克粉 （MAC）	61.93	2.93	0.04	0.18	0.050	0.066	—	1.77	6.22
	62.66	3.40	0.01	0.038	0.028	0.064	0.014	2.26	4.31
	63.13	4.27	0.49	0.08	0.001	0.047	—	1.38	5.20
西安吉拉斯粉	62.90	2.80	0.02	0.10	0.016	0.071	—	2.11	5.51
	61.50	3.22	0.02	0.10	0.014	0.070	—	2.40	6.00
	62.74	2.36	0.02	0.10	0.015	0.054	—	1.20	6.20
何普当斯粉	61.20	3.38	0.09	0.12	0.014	0.060	—	1.78	6.80
	62.20	2.66	0.05	0.07	0.012	0.055	—	1.30	6.00
Flinders	60.40	5.70	0.18	0.058	0.020	0.063	0.05	3.85	2.68
褐铁粉	56.20	4.41	0.27	0.068	0.010	0.100	0.05	3.61	9.86
Red 粉	54.80	7.35	0.09	0.095	0.016	0.110	0.036	4.99	9.03
White 粉	54.50	8.00	0.07	0.10	0.016	0.050	0.019	4.74	9.38
吉普森粉	62.50	6.48	0.16	0.09	—	0.025	—	2.41	—
杰拉尔顿	58.50	7.20	0.50	0.60	0.120	0.040	—	3.50	2.50
库利安诺宾粉	63.50	2.76	0.02	0.07	0.035	0.083	0.01	0.92	5.25

表 4-11　加拿大铁矿粉的主要化学成分　　　　　　（%）

矿粉名称	化学成分（质量分数）								LOI
	TFe	SiO$_2$	CaO	MgO	S	P	K$_2$O	Al$_2$O$_3$	
卡罗尔湖	66.70	3.62	0.24	0.14	0.01	0.01	0.01	0.22	0.20
IOC 粉	65.89	0.28	0.20	0.10	0.015	0.02	0.01	0.30	0.20
卡罗尔精	66.80	3.76	0.39	0.25	0.04	0.004	0.02	0.13	0.20
魁北克粉	62.50	10.0	0.02	0.03	0.004	0.01	0.016	0.35	0.10

表 4-12　巴西铁矿粉的主要化学成分　　　　　　（%）

矿粉名称	化学成分（质量分数）								LOI
	TFe	SiO$_2$	CaO	MgO	S	P	K$_2$O	Al$_2$O$_3$	
卡拉加斯	66.20	1.46	0.10	0.36	0.009	0.023	0.010	1.56	0.77
	67.50	0.70	0.01	0.02	0.008	0.036	0.010	0.74	1.70
	64.56	2.44	0.44	0.44	0.044	0.061	—	1.64	3.50

矿粉名称	化学成分（质量分数）								LOI
	TFe	SiO$_2$	CaO	MgO	S	P	K$_2$O	Al$_2$O$_3$	
卡拉加斯锰	65.20	0.85	0.02	0.02	0.005	0.032	0.040	1.05	1.90
巴西新粉	63.68	5.82	0.20	0.25	0.020	0.042	—	1.12	1.28
	64.28	3.94	0.06	0.01	0.05	0.057		0.92	3.00
巴西粗粉	64.68	2.96	0.10	0.10	0.024	0.030		1.44	—
南部粉	62.77	5.53	0.45	0.45	0.020	0.114	—	2.22	1.63
依塔比拉	63.65	5.31	0.01	0.02	0.007	0.046	0.010	1.02	1.20
	65.70	4.14	0.05	0.06	0.007	0.030	0.006	0.84	0.66
CVRD	65.18	3.11	0.05	0.10	0.005	0.026	0.008	0.84	2.00
标准粉	66.00	3.65	0.03	0.03	0.005	0.026	0.008	0.70	0.80
MBR 粉	66.57	1.91	0.12	0.70	0.019	0.020	0.017	0.61	1.23
MBR 精粉	67.70	1.38	0.076	0.06	0.015	0.050	0.008	0.75	0.07
里奥多西	65.70	3.97	0.03	0.03	0.023	0.004	—	0.90	0.92
富太可粉	64.89	3.79	0.14	0.04	0.010	0.070	0.022	1.27	0.90
逊曼可粉	67.00	1.76	0.04	0.01	—	0.032	0.008	0.64	1.30
沙米丘粉	64.81	4.18	0.026	0.01	0.069	0.043	—	0.47	1.62
菲乔粉	66.70	1.71	0.033	0.052	0.029	0.060	—	1.20	1.23

表 4-13　美洲铁矿粉的主要化学成分　　　　　　（%）

矿粉名称	化学成分（质量分数）								LOI
	TFe	SiO$_2$	CaO	MgO	S	P	K$_2$O	Al$_2$O$_3$	
铁镁精粉	50.00	5.50	1.10	6.00	—	0.03	—	0.50	—
	54.00	5.50	1.10	6.00	—	0.05	—	0.50	—
	58.00	8.00	1.10	6.50	—	0.08	—	1.00	—
美洲精粉	62.76	5.27	2.69	0.90	0.36	0.011	0.07	0.83	2.81
秘鲁粉	66.20	3.62	0.78	1.08	0.88	0.02	0.09	0.47	—
墨西哥粉	61.71	5.33	0.20	0.15	0.04	0.67	—	1.60	1.00

表 4-14　印度铁矿粉的主要化学成分　　　　　　（%）

矿粉名称	化学成分（质量分数）								LOI
	TFe	SiO$_2$	CaO	MgO	S	P	K$_2$O	Al$_2$O$_3$	
天普乐粉	63.00	2.75	0.05	0.05	0.10	0.050	—	2.25	4.29
库得拉姆	65.40	3.04	0.84	0.17	0.05	0.029	0.010	0.49	1.10
白兰粉	64.50	2.75	0.02	0.05	0.01	0.050	0.035	2.48	2.40
果阿粉	62.50	4.20	0.60	0.05	0.01	0.020	0.017	2.10	3.80
多尼粉	64.43	3.64	0.60	0.071	0.15	0.056	0.016	1.24	2.63

续表 4-14

| 矿粉名称 | 化学成分（质量分数） | | | | | | | | LOI |
	TFe	SiO$_2$	CaO	MgO	S	P	K$_2$O	Al$_2$O$_3$	
印度粉 1	62.80	4.79	0.29	0.34	0.05	0.062	—	2.64	2.02
印度粉 2	64.00	3.00	0.23	0.02	0.008	0.050	0.037	2.85	—
印度粉 3	63.24	3.94	0.04	0.01	0.05	0.034	—	2.94	2.87
印度粉 4	64.14	3.11	0.02	0.03	0.01	0.036	—	2.45	—
印度粗粉	58.28	8.55	0.10	0.10	0.007	—	1.610	7.50	—
米塔印粉	49.26	6.84	—	0.09	0.03	—	11.50	9.00	—

表 4-15　南非铁矿粉的主要化学成分　　　　　　　　（%）

| 矿粉名称 | 化学成分（质量分数） | | | | | | | | LOI |
	TFe	SiO$_2$	CaO	MgO	S	P	K$_2$O	Al$_2$O$_3$	
伊斯科粉	66.54	5.30	0.54	1.00	0.040	0.072	0.220	1.82	0.01
	65.04	4.01	0.15	0.17	0.007	0.067	—	0.98	0.98
	65.00	4.00	0.10	0.04	0.010	0.060	0.333	1.35	0.70
阿苏曼粉	64.50	4.20	0.03	0.05	0.010	0.050	0.022	1.60	0.85
库博粉	65.36	3.38	0.06	0.05	0.00	0.056	0.190	1.54	1.96
	64.71	3.95	0.08	0.05	0.034	0.016	—	1.80	0.90
	65.28	3.63	0.10	0.10	0.050	0.068	—	2.00	0.66
南非粉	63.65	5.76	0.1	0.10	—	—	—	2.09	1.28
	61.77	1.33	2.86	3.65	0.051	0.075	—	0.88	3.01
	63.10	1.41	1.69	3.65	—	0.040	—	0.81	1.00
塞拉利昂	64.00	3.80	0.50	0.60	0.010	0.030	—	1.50	1.00
几内亚	66.83	2.43	0.22	0.21	0.017	0.020	0.020	1.62	0.78
	68.15	1.02	0.19	0.13	0.012	0.021	0.020	0.90	1.13
利比里亚邦	67.50	4.48	—	—	0.032	0.019	—	0.17	—
	56.00	17.0	0.10	0.15	0.008	0.035	—	1.50	1.00
唐克里里	65.78	0.48	—	—	0.020	0.040	—	2.05	2.98
	61.82	0.75	—	—	0.040	0.050	—	4.25	5.76
	67.80	4.90	—	0.15	0.040	0.010	—	0.42	3.08
	65.02	7.27	0.48	0.48	0.012	0.020	—	0.62	—

表 4-16　其他进口铁矿粉的主要化学成分　　　　　　　　（%）

| 矿粉名称 | 化学成分（质量分数） | | | | | | | | LOI |
	TFe	SiO$_2$	CaO	MgO	S	P	K$_2$O	Al$_2$O$_3$	
委内瑞拉粉	63.70	2.70	0.03	0.06	0.02	0.080	0.016	1.15	—
CVG 粉	64.24	3.11	0.052	—	0.017	—	—	—	1.98
	65.00	1.20	0.045	0.015	0.024	0.105	0.003	1.00	5.20

矿粉名称	化学成分（质量分数）								LOI
	TFe	SiO_2	CaO	MgO	S	P	K_2O	Al_2O_3	
智利粗粉	62.42	6.36	1.46	1.50	0.048	0.065	—	1.40	0.55
智利罗密拉粉	65.00	3.39	1.00	1.06	0.058	0.069	0.023	0.75	2.70
智利卡门粉	62.92	4.00	3.05	1.17	—	—	1.310	—	0.10
俄罗斯新粉	63.91	1.02	—	—	0.22	0.050	0.040	1.89	—
	62.50	5.00	2.10	4.00	0.05	0.160	—	2.90	—
乌克兰	58.02	7.34	0.086	0.056	0.003	0.029	—	2.84	—
朝鲜矿	61.33	12.04	—	1.31	0.03	0.060	—	0.50	1.28
	63.70	9.93	—	0.83	0.03	0.064	—	0.45	0.83
蒙古粉	59.60	6.73	1.60	1.70	0.072	0.034	—	—	1.82
毛里塔尼亚粉	61.05	10.51	0.41	0.30	0.016	—	—	0.79	2.20
	61.86	8.98	0.02	0.15	—	—	—	0.09	0.20
伊朗粗粉	62.51	4.62	1.69	2.06	0.072	0.060	—	0.63	1.90
	66.00	2.20	0.91	1.85	0.47	0.050	0.036	0.66	—
伊朗粉	64.80	6.00	0.50	0.60	0.08	0.020	—	0.90	2.00
	63.65	8.40	1.92	3.15	0.07	0.129	—	0.94	—
马来西亚粉	50.75	3.82	0.10	0.15	0.087	—	—	6.84	10.1
	49.20	5.23	0.20	0.16	0.11	—	—	9.43	11.3
印尼粉	54.72	2.01	0.52	0.17	—	0.082	—	4.04	9.0
	61.06	3.82	0.81	1.65	0.05	0.073	—	1.61	2.58
	48.00	2.90	0.50	0.60	0.04	0.06	—	7.00	13.5
新西兰海砂	59.94	2.64	0.52	2.92	TiO_2 8.24	0.032	0.037	3.89	1.13
越南石气矿	62.38	4.28	0.49	1.77	0.132	0.053	—	1.13	—
	61.39	5.99	0.18	0.29	0.35	0.041	—	2.55	—
	56.99	6.78	0.03	0.04	2.27	0.01	—	1.95	—
越南贵沙矿（磁精粉）	58.74	2.58	0.185	0.11	—	0.070	—	1.13	9.40
	62.08	2.37	0.18	0.08	—	0.022	—	1.09	1.23
红土镍粉	TFe 46~53；SiO_2 2.5~5.5；$H_2O_总$：30~40；Cr 0.8~1.5；Ni 0.4~1.0								

4.2.4 进口铁矿粉的理化性能及烧结特性

进口铁矿粉的理化性能及烧结特性见表 4-17~表 4-21。

表 4-17　澳大利亚铁矿粉的物理性能及烧结特性

矿粉名称	化学成分特性	粒度及制粒特性	烧结特性	烧结适宜配比
哈默斯利粉 Hamersley	含铁品位在 61%~63%，SiO_2 在 3.5%~4.5%，Al_2O_3 在 2.0%~2.5%，S 含量低，P 含量不稳定，有的大于 0.08%，水化程度（LOI）3%~5% 之间	粒度大于 5mm 占16% 以上，1~5mm 占 40% 左右，1~0.25mm 占 24% 左右，-0.25mm 占18% 以上，平均粒度接近 2.5mm	晶体颗粒细，同化温度 1230~1250℃，液相流动性指数低，黏结相自身强度和生成 SFCA 能力属于中等，连晶固结能力也属中等	烧结性能不利于成品矿强度，RDI 指数差，适宜配比不大于 10%，属于限配矿
纽曼粉 Newman	含铁品位为 62%~64%，SiO_2 在 4.0%~5.0%，Al_2O_3 在 2.0%~2.8%，S 含量低，P 含量偏高（0.09%），水化程度不稳为 2.5%~6.5%	粒度大于 5mm 占12% 以上，1~5mm 占 30% 以上，1~0.25mm 比例达 30%以上，-0.25mm 不足 15%，制粒效果不良	同化温度 1233℃，液相流动性指数低于 1.0，黏结相自身强度较高，接近 500N，生成 SFCA 能力和连晶固结能力中等	属于可配矿，适宜配比为 20%左右
扬迪粉 Yandi	含铁品位在 57.5%~58.5%，结晶水分解后实际品位可达 64%，SiO_2 在 5.0% 左右，Al_2O_3<2.5%，水化程度不稳为 9.5%~11%	粒度大于 5mm 占30% 左右，1~5mm 占 30% 以上，1~0.25mm 比例达 20%左右，-0.25mm 不足 10%，平均粒度为 2.58mm	超细晶粒，同化温度低，液相流动性指数高，黏结相自身强度中等，生成 SFCA 能力和连晶固结能力良好	属于高水化程度褐铁矿，烧结性能良好，适宜配比为 10%~50%
罗布河粉 Roberiver	铁品位不足 58%，实际品位可达 63% 以上，SiO_2 在 5.5%~6.5%，S、P 含量低，Al_2O_3 在 2.5%~3.0%，水化程度在 9.5%~10.5%	粒度大于 5mm 占18%，1~5mm 占26% 以上，1~0.25mm 比例达25%，-0.25mm 占18% 以上，平均粒度为 2.5mm 左右	超细晶粒，同化温度低，液相流动性良好，黏结相强度和生成 SFCA 能力属于中高等，连晶固结能力较强	属于高水化程度、高 Al_2O_3 褐铁矿，适宜配比 10%，属于限配矿
马萨杰粉 Mesaj	铁品位略低于罗布河粉，为 56.5%~57.5%，SiO_2 和 Al_2O_3 含量类同于罗布河粉，S、P 含量低，水化程度在 9.5% 左右	粒度较粗，适宜于烧结制粒	烧结基础特性类同于罗布河粉	属于高水化程度高 Al_2O_3 褐铁矿，适宜配比 10% 左右

矿粉名称	化学成分特性	粒度及制粒特性	烧结特性	烧结适宜配比
皮尔巴拉粉 PB	含铁品位在 60% ~ 62.5%，SiO_2 在 3.5% ~ 4.8%，Al_2O_3 在 1.8% ~ 2.2%，S 含量低，P 含量偏高，水化程度4% ~ 7.5%	粒度较粗不稳定，平均粒度 2 ~ 4mm，不大利于制粒和改善烧结料层透气性，有的 1 ~ 0.25mm 比例大于50%	同化温度1233℃属于中等，液相流动性中等，烧结特性优于 HIX 和 MAC 粉	属于 SiO_2 较低、Al_2O_3 较高的半水化褐铁矿，烧结适宜配比 15% ~ 30%
Hix Hiy	Hix 含铁品位和 SiO_2 含量基本等同于哈粉，Al_2O_3 含量低于 2%，LOI 接近 5%；Hiy 粉含铁品位 58.5% 左右，SiO_2<5%，Al_2O_3<1.5%，S、P 含量低，低结晶水	粒度组成较好，制粒效果中等，均比 FMG 粉好	Hix 粉同化温度为 1233℃；Hiy 粉同化温度低（1135℃），成品矿强度低	Hix 粉适宜配比 20% 左右；Hiy 粉适宜配比应低些（10% ~ 15%）
火箭粉 FMG	含铁品位 58% ~ 60%，SiO_2 在 3% ~ 5.0%，Al_2O_3 含量波动较大（1.5% ~ 2.5%），水化程度高（8% ~ 10%）	平均粒度较粗（2.5mm），矿物组织疏松多孔，制粒性能偏差，比不上 Hix 和 Hiy	同化温度1145℃，液相流动性较好，有利于提高产量，不利于改善强度	烧结适宜配比小于 20%（10% ~ 15%）
麦克粉 MAC	含铁品位 62% 左右，SiO_2 和 Al_2O_3 含量适中（SiO_2 在 3% ~ 4.5%，Al_2O_3 在 1.2% ~ 2.3%），S、P 含量低，水化程度中等（5% ~ 6.3%）	中间颗粒含量高（25% ~ 45%），平均粒度 1.98mm，5~ 8mm 占 20%，1~5mm 比例占 28% 以上，制粒效果一般	细晶颗粒，同化温度中等（1217℃），其他烧结基础特性中等	相同条件下，MAC 粉的烧结性能优于 FMG 粉，比 PB 粉差，适宜配比小于 25%
马拉曼巴粉 West Angelas	含铁品位 62% 左右，SiO_2 含量低（2.8% ~ 3.2%），Al_2O_3 含量 2.0% ~ 2.4%，低 S 高 P，水化程度 5.5% ~ 6%	粒度偏细，小于 1mm 粒级达 44% ~ 54%，不利于改善混合料透气性	细晶颗粒，同化温度中等（1238℃），液相流动性指数高，其余烧结基础特性中等	烧结适宜配比 20% ~ 30%

矿粉名称	化学成分特性	粒度及制粒特性	烧结特性	烧结适宜配比
库里安诺宾粉 Kool yanobbing	含铁品位 > 62%，SiO_2含量适中（3.0% ~ 3.5%），Al_2O_3含量小于1%，低S高P，水化程度中等	粒度大于5mm 占12%，1 ~ 5mm > 40%，1 ~ 0.25mm 占21%，- 0.25mm 达26%，平均粒度为2.02mm	同化温度中等，其余特性一般，有良好的烧结性能	属于可配矿，适宜配比20% ~ 30%
吉普森粉 MGF	含铁品位60% ~ 62%，SiO_2 > 6.5%，Al_2O_3在2.4%左右，低P、低水化程度	平均粒度2.29mm，大于5mm 接近19%，1 ~ 5mm 接近11%，小于1mm 达70%，小于1mm 比例高，不利于制粒	属于低品位矿，SiO_2和Al_2O_3含量高，成分波动大，不利于烧结矿质量的稳定和改善	属限配矿，适宜配比3% ~ 5%，不宜大于5%
富林特斯粉 Flinders	含铁品位58%，高SiO_2占6%和Al_2O_3占3.3%粉，低S高P，水化程度7%左右	粒度两头大，中间小，制粒性能尚可	同化温度中等，其他基础特性一般	也应属于限配矿，适宜配比10%左右

表 4-18　巴西铁矿粉的物理性能及烧结特性

矿粉名称	化学成分特性	粒度及制粒特性	烧结特性	烧结适宜配比
卡拉加斯粉 Carajas	含铁品位高大于66%，低 SiO_2 低 Al_2O_3、S、P、K_2O 等有害杂质低，低水化程度	大于8mm 粒级占5%以下，1 ~ 3.0mm 占25%以上，1 ~ 0.25mm 占23.3%，平均粒度为2.4mm，制粒效果较好	同化温度高，液相流动性指数低，黏结相自身强度较高，SFCA 生成能力低，连晶固结能力强	属首选矿，可作为烧结的主矿，配比可在30%以上
巴西新粉 Brazil New Fines	含铁品位比较高63.5% ~ 66%，SiO_2含量适中 3.5% ~ 6%，低 Al_2O_3，低S、P 等有害杂质，低水化程度	大于 5mm 占20%，1 ~ 0.25mm 占 15% 以下，-0.15mm占30%以上，平均粒度接近2mm，制粒性能尚可	同化温度高大于1300℃，中等液相流动性指数，黏结相强度、SFCA 生成能力和连晶固结能力较低	属于可选矿粉，适宜配比为 20%左右

续表 4-18

矿粉名称	化学成分特性	粒度及制粒特性	烧结特性	烧结适宜配比
依塔比拉 Itabira	含铁品位 63%~65%，SiO_2 含量 4%~5.5%，Al_2O_3 含量 1% 左右，含 S、P 等有害杂质低，水化程度低	粒度大于 5mm 占 17%，1~5mm 占 30% 以上，1~0.25mm 占 17% 左右，平均粒度为 2.2mm，因形态为片状，制粒性能很差	同化温度高接近 1300℃，液相流动性指数低于 0.20，黏结相自身强度较高、SFCA 生成能力中等 10%~15%	属于难制粒矿粉，适宜配比一般为 5%，最高不高于 8%
标准烧结粉 CVRD	含铁品位较高 (65%)，SiO_2 和 Al_2O_3 含量适中，含 S、P 等有害杂质低，水化程度小于 2%	平均粒度 2.8mm 左右，有较好的制粒性能	同化温度大于 1300℃，液相流动性和黏结相自身强度中等，SFCA 生成能力小于 10%，连晶固结强度小于 300N	属于可选矿粉，适宜配比 0~40% 均可
MBR 粉	含铁品位大于 66%，属于低 SiO_2，低 Al_2O_3 矿，含 S、P 等有害杂质低，水化程度低	大于 5mm 粒级占 15%，1~5mm 占 38% 以上，1~0.25mm 占 25%，平均粒度为 2.18mm	同化温度大于 1300℃，液相流动性指数低，黏结相自身强度中等，SFCA 生成能力为 13.2%，连晶固结强度低	属于可选矿粉，适宜配比 20%~30%
里奥多西 RioDoce	含铁品位大于 65.5%，$SiO_2 < 4\%$，低 Al_2O_3 含量，含 S、P 等有害杂质低，水化程度低小于 1%	粒度偏细，粉末较多，化学成分波动较大	同化温度高大于 1368℃，液相流动性指数和黏结相自身强度中等，SFCA 生成能力中等，连晶固结强度低	属于首选矿，宝钢混匀矿使用配比 18.8%~38.5%
巴西粗粉 CSF	含铁品位较高大于 64.5%，$SiO_2 < 3\%$，低 Al_2O_3 含量，含 S、P 等有害杂质低，水化程度低	粒度粗大于 5mm 粒级占 45%，1~5mm 占 30% 以上，平均粒度达 4.4mm，可作为烧结制粒的核	同化温度高，其余烧结基础特性属中等	适合作烧结制粒核心，适宜配比 20%~30%
巴西富太可粉 Ferteco	含铁品位高大于 66.5%，SiO_2、Al_2O_3 含量低，含 S、P 等有害杂质低，水化程度低	6.3~1.0mm 占 50%，1.0~0.25mm 占 21%，-0.25mm 占 25%，平均粒度 1.88mm，制粒性能良好	同化温度高，其余烧结基础特性属中等	属于首选矿，适宜配比 20%~30%

矿粉名称	化学成分特性	粒度及制粒特性	烧结特性	烧结适宜配比
沙米丘粉 Samitri	含铁品位较高，大于 64%，SiO$_2$ 含量适中，Al$_2$O$_3$ 含量较低，含 S、P 等有害杂质低，水化程度低	粒度适宜于制粒烧结，大于 5mm 粒级占 17%，1～5mm 占 30% 以上，1～0.25mm 占 11%，-0.25mm 占 42% 以下	同化温度高，其余烧结基础特性属中等	属于标准烧结粉，适宜配比 20%～30%
逊曼可粉 Samarco	含铁品位高，大于 66%，SiO$_2$、Al$_2$O$_3$ 含量低，含 S、P 等有害杂质低，水化程度较低	属于烧结精粉，粒度细 -0.063mm 占 90% 以上	同化温度高，其余烧结基础特性属中等	属于高品位低硅低铝粉，适宜配比 20% 左右

表 4-19　印度铁矿粉的物理性能及烧结特性

矿粉名称	化学成分特性	粒度及制粒特性	烧结特性	烧结适宜配比
天普乐粉 Timblo	含铁品位 62%～63%，SiO$_2$ 在 3%～4%，Al$_2$O$_3$ 在 1.8%～2.3%，低 S、P 等有害杂质，水化程度 4.3% 左右	大于 5mm 占 16%，1～5mm 占 32%，1～0.25mm 占 21.5%，小于 0.28mm 占 30%，平均粒度为 2.26mm，制粒性能较好	同化温度高，其余烧结基础特性属中等	属中等水化程度矿粉，有利于产量提高，不利于强度改善，适宜配比 10%～20%
库得拉姆粉 Kudremukh	含铁品位大于 65%，低 SiO$_2$ 在 3% 左右，低 Al$_2$O$_3$ 含量（0.5%），低 S、P 等有害元素，低水化程度（1.1%）	烧结粉粒度细，-0.074mm 达 67%，适宜与富矿粉混合制粒	同化温度高，其余烧结基础特性属中等	属于低水化程度矿粉，有利于强度提高，不利于产量增加，适宜配比为 20%
白兰粉 MMTC BAILA	含铁品位大于 65%，低 SiO$_2$<3.0%，低 Al$_2$O$_3$ 含量 2.5% 左右，低 S、P 等有害元素低，低水化程度（2.0%）	粒度 1～6.3mm 比例大于 50%，1～0.25mm 占 14.2%，小于 0.25mm 比例 20%，平均粒度为 3.0mm，属于比较粗的粉矿	同化温度较高，其余烧结特性较好，有利于改善 RDI 指数	属于首选矿，适宜配比 20%～30%

矿粉名称	化学成分特性	粒度及制粒特性	烧结特性	烧结适宜配比
果阿粉 GOA	含铁品位 62% 左右，$SiO_2 > 4\%$，$Al_2O_3 > 2\%$，含 S、P 等有害元素低，水化程度 3.8%	大于 5mm 占 23%，1~5mm 占 30%，1~0.25mm 占 22%，-0.25mm 占 25%，平均粒度为 2.14mm	同化温度中等，其余烧结基础特性较差，烧结性能不良	属于限配矿，适宜配比小于 10%
印度新粉 India New Fines	含铁品位 63.0%~64.5%，SiO_2 在 3% 左右，Al_2O_3 在 2.85% 左右，含 S、P 等有害元素低，水化程度 3.8%	+3.15mm 占 20%，-3.15~0.074mm 占 50%，-0.074mm 占 30%，粒度偏细，制粒后不利于混合料透气性改善，也有一种粗粉平均粒度 2.61mm，制粒性能有所改善	同化性较弱，因 Al_2O_3 含量高，水化程度低，烧结特性一般，这种矿粉黏性较大，易堵料槽和料嘴	Al_2O_3 含量高，配比不宜高，适宜配比 10% 左右

表 4-20　加拿大、南非铁矿粉的物理性能及烧结特性

矿粉名称	化学成分特性	粒度及制粒特性	烧结特性	烧结适宜配比
卡罗尔湖粉 CarolLake	含铁品位大于 61%，$SiO_2 < 4\%$ 以上，低 Al_2O_3 含量，低 S、P 含量，低水化程度	-1~0.25mm 占 26%，-0.25mm 占 72% 以上，制粒效果一般，不利于改善透气性	同化温度较高（1205℃），液相流动性等特性一般	适宜配比因粒度细可考虑 15%~20%
魁北克粉 QCM	含铁品位大于 62%，$SiO_2 > 10\%$，低 Al_2O_3 含量，低 S、P 含量，低水化程度	粒度细 6.3~1.0mm 仅占 9.2%，1.0~0.25mm 占 57%，-0.25mm 占 33% 左右，平均粒度 0.51mm	同化温度不高，其余烧结特性一般	因 SiO_2 含量高，制粒效果差，适宜配比 5%~10%
库博粉 Komba	含铁品位 65% 左右，SiO_2 在 3.7%~6%，Al_2O_3 在 1.5%~2%，低 S、P 含量，碱金属含量偏高 $K_2O + Na_2O < 0.25\%$，水化程度低	粒度偏粗 -5mm 占 20%，多数粒度在 -8~5mm 间，烧结制粒可作为粒核	同化温度中等，其余烧结特性也良好	适宜配比受到碱金属限制，按吨铁碱负荷不大于 3kg 确定配比

矿粉名称	化学成分特性	粒度及制粒特性	烧结特性	烧结适宜配比
伊斯科粉 Iscor 阿苏曼粉 Assoman	高品位粉，含铁品位大于 65%，SiO_2 在 4% ~ 5%，Al_2O_3 < 2%，低 S、P 含量，高碱金属含量，低水化程度	+6.3 ~ 1.0mm 占 65%，1.0 ~ 0.25mm 接近 20%，-0.25mm 占 15%；阿苏曼粉粗，大于 5mm 占 30% 以上，1 ~ 5mm 占 50% 以上，1 ~ 0.25mm 占 10%，-0.25mm 占 6.5%，平均粒度为 3.5mm	同化性较好，同化温度 1156℃，液相流动性良好，均属于烧结性能较好的矿粉，不足在于碱金属含量高	烧结性能良好，但因 K_2O 含量高，适宜配比要控制吨铁碱负荷不大于 3kg，一般为 10% 左右

表 4-21　其他进口铁矿粉的物理性能及烧结特性

矿粉名称	化学成分特性	粒度及制粒特性	烧结特性	烧结适宜配比
毛里塔尼亚粉 Mauritania	含铁品位大于 61%，SiO_2 > 10%，低 Al_2O_3 含量，低 S、P 含量，低水化程度	-0.15mm 占 30%，-0.5mm 占 67% 左右，粒度细不利于烧结制粒和改善混合料的透气性	SiO_2 含量过高，高者达 17% 不利于烧结	由于 SiO_2 含量过高，不利于烧结指标，只能少配
利比里亚粉 Liberia	含铁品位大于 65%，SiO_2 在 5.0% ~ 7.0%，低 Al_2O_3 在 0.2% ~ 0.8%，低 S、P 等有害元素，低水化程度	-1 ~ 0.25mm 占 24%，-0.25mm 占 39%，1 ~ 8mm 占 34%，制粒效果一般	属于低 Al_2O_3，低 S、P 矿，烧结性能尚属一般，无数据	适宜配比 20% 左右
秘鲁粉 Peru	高品位磁铁矿粉，含铁品位 66% ~ 69%，SiO_2 < 4%，低 Al_2O_3 含量，低 P 高 S，含有 0.5% ~ 1% 的 CaO 和 MgO，低水化程度	粒度细 2.0mm 占 4%，1.0 ~ 0.25mm 占 35%，-0.25mm 占 50%	属于高品位，低 SiO_2 低 Al_2O_3 矿粉，同化温度高，其余烧结特性一般	因高 S 矿，适宜配比 5% ~ 10%
富曼托粉 Fomento	含铁品位 59% ~ 63%，SiO_2 在 2% ~ 4.0%，Al_2O_3 含量波动较大（1.84% ~ 5.6%），低 S、P 含量也有波动，低水化程度	-0.15mm 占 19% ~ 30%，+10mm 占 5% ~ 7%，粒度偏粗，制粒效果一般	烧结特性属于一般，无具体数据	适宜配比考虑到 Al_2O_3 含量波动大，10% 左右为宜

矿粉名称	化学成分特性	粒度及制粒特性	烧结特性	烧结适宜配比
委内瑞拉粉 Venezuela	含铁品位 63.0% ~ 65.0%，低 SiO_2 含量（1.2% ~ 2.7%），低 S，低水化，含 P 偏高（0.08%）	粒度较粗，平均粒度 2.0mm，-3.15 ~ 0.074mm 占 50% 以上，制粒效果较好	具有较好的烧结特性	适宜配比 20% 左右
智利粉 Chile	含铁品位高达 66% ~ 67%，SiO_2 在 3.0% ~ 6.5%，含有 1% 的 CaO 和 MgO，Al_2O_3 < 2%，低 S、P 等有害元素，低水化程度	6.3 ~ 1.0mm 占 55% 左右，1.0 ~ 0.25mm 占 20% 以下，-0.25mm 占 23% 左右，制粒效果良好	磁精矿粉同化性不良，其余烧结特性一般	适宜配比 10% ~ 20%
伊朗粉 Iram	含铁品位高，SiO_2 含量低，有害元素含量低，但 S、Zn 含量不稳，成分波动大，Al_2O_3 < 1.0%	粒度很细，平均粒度 -0.074mm 占 75% ~ 85%，对提高烧结产量不利	同化性弱，其余特性一般对烧结产质量都不利	适宜配比 10% 左右，主要不利于产量提高
马来西亚粉 Malaysia	含铁品位 50% ~ 58%，SiO_2 在 3.0% ~ 7.0%波动，半自熔性矿，含 S 偏高，低 P，高铝矿 Al_2O_3 含量达 6.84%，中水化程度	粒度组成很细，-1mm 占 67.18%，1 ~ 5mm 占 26.21%，制粒效果一般，不利于改善透气性	据烧结杯试验，成矿性能尚可，但垂直烧结速度下降，总的烧结性能欠佳	适宜配比 10% 左右
印尼粉 Indonesia	含铁品位不高（50% ~ 62%），SiO_2 在 2% ~ 4%，Al_2O_3 含量波动大，高者大于 4%，低 S，P 含量偏高，水化程度波动也大，红土镍粉含有 Cr 和 Ni	矿体特别黏，制粒效果很差	Al_2O_3 含量高，水化程度也较高，烧结特性较差，含有少许 Cr 和 Ni，也影响烧结乃至钢铁产品的质量	因 Al_2O_3 含量高，适宜配比 5% 左右

矿粉名称	化学成分特性	粒度及制粒特性	烧结特性	烧结适宜配比
蒙古粉 Mongolia	高 SiO_2 型，半自熔性矿，含铁品位 60% 左右，低 S、P 和低水化程度	粒度粗，不利于混合料透气性改善，产量下降，强度有提高	属低品位、高 SiO_2 半自熔性磁铁矿粉，同化性差，其他特性也一般，有利于生成 SFCA	适宜配比 15% ~ 20%
新西兰粉 NewZealand	含铁品位低（56% ~57%），SiO_2 含量不高（3.7% ~4.10%），含 Al_2O_3 高（3.7% ~3.9%），含有 1% ~3% 的 CaO 和 MgO	粒度细 -0.212mm 占 95.5%，其中 -0.25mm 占 25.8% 左右，不利于制粒和改善混合料的透气性	属含 V 和 Ti 型烧结粉，含 TiO_2 >7.7%，含钒在 0.29%，烧结性能不良	按烧结混合料 TiO_2<0.4% 配矿
乌克兰粉 Ukraine	含铁品位低（57% 左右），高 SiO_2 含量（15% 左右），低 Al_2O_3（1% ~1.5%），低 S、P、K_2O、有害元素	有粗粉和精粉两种，粗粉 -10mm 占 95.4%，精粉 -0.05mm 占 94% ~95%，精粉使用于球团	属于高硅型粉，同化性较好，其余特性一般	适宜配比 5% ~10%
朝鲜粉 Northkorea	含铁品位不高（60% 左右），SiO_2 含量很高（>14%），低 Al_2O_3，低 S、P、有害元素，低水化程度	粒度较粗，制粒性能不良	烧结性能不良	适宜配比 5% ~10%
北非粉 NorthAfrica	含铁品位 56% ~65%，波动较大，高 SiO_2 含量（7% ~17%），低 Al_2O_3，低 S、P、有害元素，属磁铁矿粉含 FeO 占 28.74%	粒度细 1.0mm 占 6.33%，1.0~0.25mm 占 52%，-0.15mm 占 41.98%，不利于制粒和混合料透气性改善	烧结特性有利于提高强度降低固体燃耗	适宜配比 5% ~10% 左右

4.3　优化配矿的原则、方法和理论依据

近十几年来，我国不少企业由于没有重视进口矿的合理配用，给企业的经济效益造成重大损失，是值得引以为戒的。2004 年对我国两个企业进行比较，一个年产 60 万吨生铁的民营企业，由于两种铁矿资源的合理搭配，年创造经济效

益 1.1 亿元人民币；另一个年产 110 万吨钢铁材的股份制联合企业，由于图价格便宜，以采用澳大利亚两种低品位、高 Al_2O_3 矿为主搭配国产矿，造成渣量大、焦比高、高炉利用系数低，年效益仅为 1.1 亿元，估计由于没有配好矿，造成直接经济损失 1 亿元以上。因此，认清国内和进口两种铁矿资源的优势，配好、用好进口矿，是一项具有重大技术经济价值的问题。

4.3.1 国产和进口铁矿两种资源分析

国产和进口铁矿粉化学成分见表 4-22～表 4-25。

表 4-22 国产优质铁矿粉的化学成分 （%）

矿 名	化学成分（质量分数）						
	TFe	SiO_2	Al_2O_3	CaO	MgO	S	P
大孤山铁精粉	65.99	5.91	0.43	0.81	0.38	0.028	0.022
弓长岭铁精粉	68.00	4.50	0.47	0.69	0.65	0.0196	0.035
南芬铁精粉	68.10	5.55	0.17	0.93	0.33	0.018	0.017
唐山铁精粉	66.50	5.50	0.85	1.50	0.30	0.011	0.022
迁安铁精粉	67.44	3.96	0.82	1.40	0.28	0.011	0.022
金岭铁精粉	66.30	2.90	0.75	0.90	2.23	0.074	—
莱芜铁精粉	65.10	2.21	1.50	1.45	2.00	0.075	—
张家洼铁精粉	64.80	2.40	1.03	0.76	4.29	0.006	—
矿山村铁精粉	65.60	4.47	0.99	0.90	1.88	—	—
下台子铁精粉	66.80	2.99	0.21	0.34	2.59	—	—
大冶铁精粉	65.73	4.64	0.59	1.59	0.79	0.095	0.083
金山店铁精粉	64.78	3.76	0.87	1.65	1.38	0.40	0.016

表 4-23 国产低品位铁矿粉的化学成分 （%）

矿 名	化学成分（质量分数）						
	TFe	SiO_2	Al_2O_3	CaO	MgO	S	P
攀西钒钛铁精粉	51.69	4.83	4.52	2.04	3.16	0.66	$TiO_2 = 12.76$
桃冲铁精粉	56.14	7.40	0.66	1.00	1.50	0.18	0.07
梅山铁精粉	52.51	4.89	0.53	4.06	2.42	0.60	0.36
韩旺铁精粉	62.10	10.90	1.30	1.05	0.66	0.049	—
海南铁精粉	59.20	10.55	1.66	1.47	0.71	0.36	0.044
海南富矿粉	53.22	19.50	2.11	0.16	0.21	0.41	0.038
大宝山粉矿	55.40	6.93	1.35	0.05	0.02	—	—

续表 4-23

矿　名	化学成分（质量分数）						
	TFe	SiO$_2$	Al$_2$O$_3$	CaO	MgO	S	P
大冶强磁精粉	39.98	19.56	2.79	5.47	3.07	0.243	0.226
云南玉溪粉	55.40	7.63	3.81	0.90	1.64	0.16	LOI = 9.70
酒钢综合精粉	52.70	10.70	1.46	1.53	2.63	0.315	0.023

表 4-24　常规进口铁矿粉分类及化学成分　　　　（%）

矿类	矿　粉	化学成分（质量分数）							LOI
		TFe	SiO$_2$	Al$_2$O$_3$	CaO	MgO	S	P	
A 类 矿	里奥多西粉矿	65.70	4.12	0.84	0.05	0.06	0.007	0.030	0.66
	卡拉加斯粉	67.50	0.70	0.74	0.01	0.02	0.008	0.036	1.70
	MBR 粉矿	67.70	1.38	0.75	0.076	0.06	0.015	0.050	0.70
	沙米丘粉	64.81	4.18	0.47	0.026	0.10	0.069	0.043	1.62
	印度白兰粉	64.50	2.75	2.48	0.020	0.10	0.010	0.050	2.40
B 类 矿	库利安诺宾粉	63.50	2.76	0.92	0.020	0.07	0.035	0.083	5.25
	纽曼粉矿	64.00	3.70	1.95	0.06	0.10	0.015	0.070	2.40
	伊朗粉矿	62.01	1.97	0.85	0.06	0.10	0.058	0.056	—
	扬迪粉矿	58.33	4.92	1.15	0.11	0.15	0.010	0.036	9.50
	南非伊斯科粉	65.00	4.00	1.35	0.10	0.04	0.010	0.060	0.70
	卡罗尔湖粉矿	66.80	3.76	0.13	0.39	0.25	0.040	0.004	0.20
C 类 矿	哈默斯利粉	64.00	3.75	2.10	0.10	0.063	0.035	0.062	2.88
	罗泊河粉矿	56.84	5.43	2.50	0.26	0.48	0.015	0.051	9.24
	印度果阿粉矿	62.21	4.37	8.30	0.05	0.11	0.0056	0.049	5.00

表 4-25　国外低品位铁矿粉的化学成分　　　　（%）

矿　名	化学成分（质量分数）							LOI
	TFe	SiO$_2$	Al$_2$O$_3$	CaO	MgO	S	P	
朝鲜精矿粉	59.8	14.3	0.47	0.46	0.73	0.03	0.058	+1.72
南非粉矿	52.5	3.50	4.00	0.50	1.10	0.50	TiO$_2$ 12.0	—
印度粉矿	58.0	17.0	1.5~2.5	0.10	0.15	0.005	0.045	1.0
印度高硅粉矿	57.0	10.0	1.5	—	—	0.07	0.07	
印度粉矿	60.0	6.0	4.0	—	—	0.08	0.02	
印度粉矿	57.0	11.0	1.5	—	—	0.02	0.05	
印度粉矿	52.0	12.0	2.0	—	—	0.02	0.10	—

矿　名	化学成分（质量分数）							LOI
	TFe	SiO$_2$	Al$_2$O$_3$	CaO	MgO	S	P	
印度粉矿	50.3	7.19	2.27	0.01	1.00	—	TiO$_2$　16.18	—
印度粉矿	55.4	17.0	1.50	0.10	0.15	0.02	0.08	
新西兰矿粉	57.0	3.80	3.60	1.40	3.50	0.006	0.15	TiO$_2$ = 13.0
纽曼粉矿	62.0	6.00	3.00	0.02	0.02	0.03	0.08	—
扬迪粉矿	57.0	6.00	1.50	—	—	0.05	0.06	9.0
罗布河	57.0	6.00	3.00	—	—	0.05	0.05	9.5

由表 4-22~表 4-25 可见，无论国内还是进口铁矿粉，均有不同的优势和劣势，所谓优势表现为高品位，低 SiO$_2$、低 Al$_2$O$_3$ 和低 S，所谓劣势表现为低品位，高 SiO$_2$ 或低品位、高 Al$_2$O$_3$，甚至低品位、高 SiO$_2$，高 Al$_2$O$_3$ 和高 S。

4.3.2　科学合理配矿的基本目标和要求

科学合理配矿的基本目标和要求为：

（1）化学成分达到目标：成品矿的化学成分应满足高炉冶炼的要求。

（2）强度和冶金性能达到目标：成品矿的物理性能和冶金性能应满足高炉冶炼的要求。

（3）铁矿粉量达到稳定要求：铁矿石资源数量应满足配矿的稳定要求。

（4）满足节能减排和提高效益的低成本要求。

4.3.3　优化配矿的原则

综合国内外铁粉矿和铁块矿的状况，它们具有不同的特性，无论对于烧结生产还是高炉炼铁，应合理搭配以取得低成本、高效益的良好效果。精料是优化高炉技术经济指标的基础，科学配矿是为了满足烧结生产和高炉冶炼的需求，低耗、环保、优质、长寿、高效是科学配矿的宗旨和目标，其具体原则有以下几点。

4.3.3.1　坚持高品位、低 SiO$_2$、低渣量的原则

对高炉炼铁的效果而言，入炉矿的品位提高 1%，焦比下降 1.5%，产量提高 2.5%；SiO$_2$ 是高炉炉渣的源头，入炉矿 SiO$_2$ 升高 1%，渣量将会增大 10.5% 左右，100kg 渣量将影响焦比 3%~3.5%，影响产量 4%~5%。因此为了取得高炉高效、优质、低耗的目的，必须要坚持高品位、低 SiO$_2$、低渣量的原则。入炉矿不同品位，不同 SiO$_2$ 含量下的渣量及比例增长列于表 4-26。

表 4-26　不同品位, 不同 SiO_2 高炉冶炼渣量及比例变化

入炉矿品位 /%	SiO_2 含量 /%	吨铁矿石 用量/kg	吨铁燃料比 /kg	吨铁渣量 /kg	渣量增长比 /%
63	3.5	1508	490	233.5	100.0
60	4.5	1583	520	283.0	121.2
57	5.5	1667	560	344.6	147.5
54	6.5	1759	600	406.0	173.9
51	7.5	1863	650	479.0	205.1

4.3.3.2　坚持低 Al_2O_3、MgO, 优化转移的原则

长期生产实践证明, 烧结矿和高炉炉渣不能没有 Al_2O_3 含量, 但含量又不能高, 已有的研究表明一定的铝硅比 ($Al_2O_3/SiO_2 = 0.1 \sim 0.4$) 是烧结生产获得较高铁酸钙矿物组成的基本条件。正常的高炉炉渣成分要求 Al_2O_3 含量为 13% ~ 15% 为宜, MgO 含量 8% ~ 12% 是比较适宜的数值, 从高炉炉渣成分需求出发, 这就要求烧结矿的 Al_2O_3 含量应不高于 1.8%, MgO 含量也应低于 2% 的水平。我国宝钢高炉炉渣 MgO 含量长期稳定在 8.0% ~ 8.5% 的水平, 烧结矿的 MgO 含量长期控制在 1.5% ~ 1.6% 的水平, Al_2O_3 含量也一直稳定在 1.6% 左右的水平。

我国不少企业烧结矿的 MgO 含量配得比较高, 维持在 2.5% 左右的水平, 大量的实验研究证明, MgO 含量高不利于烧结矿的冷强度和还原性, Al_2O_3 和 MgO 均为渣相, 在 300kg 吨铁渣量条件下, 烧结矿每提高 1% 的 MgO 含量, 渣量将增大 10%, 烧结矿的品位将下降 1% 左右, 这无疑对高炉冶炼指标不利, 这种不利转化为优势, 可以通过配矿得到解决。

一定的 MgO 含量有利于改善烧结矿、球团矿的软熔性能, 也有利于改善高炉炉渣的流动性和提高脱硫脱碱能力, 但 MgO 在烧结过程中易与 Fe_3O_4 生成镁磁铁矿 ($Fe_3O_4 \cdot MgO$), 有碍 Fe_3O_4 氧化为 Fe_2O_3, 从而降低铁酸钙相的生成, 不利于成品矿的中温还原性和强度的提高。配入 MgO 主要以白云石或菱镁石为原料, 该两种原料 MgO 含量分别为 25% 和 45% 左右, 因此, 烧结矿每提高 1% 的 MgO 含量, 其含铁品位将分别下降 0.8% 和 1.1%, 在 300kg 吨铁渣量条件下, 将增大 10% 的渣量。由这些数值可见, 低 MgO 是提高入炉矿品位, 降低渣铁比的一个重要内容, 因此, 它应该是配好、用好矿的一个原则。

4.3.3.3　坚持按铁矿类别不同合理搭配的原则

根据宝钢、马钢的经验, 通过实验和生产实践, 将进口矿化学成分、物理性能和烧结性能的优劣程度将进口矿分为三类。

A 类: 化学成分及各项性能均较好的铁矿石, 有巴西 CVRD 公司的里奥多西、卡拉加斯、MBR、沙米丘和印度 MMTC 公司生产的白兰矿。

B 类：化学成分及各项性能尚好的铁矿石有澳大利亚的库利安诺宾、扬迪、纽曼山矿、南非、委内瑞拉、加拿大的铁矿石。

C 类：化学成分及各项性能略差的铁矿石有澳大利亚的哈默斯利、罗布河矿、印度的果阿矿。

A 类矿是高炉和烧结的首选矿，B 类矿也是质量较好的搭配矿，C 类矿则是在质量的某方面有较大不足的矿，在烧结和高炉生产中必须限制比例配用，对哈默斯利，罗布河含 Al_2O_3 高的矿和南非含碱金属高的伊斯科、阿苏曼矿要限配，以满足高炉炉渣成分和长寿对这类原料的要求。当然合理配矿总的原则还应遵循高炉精料、低成本、高效益。表 4-27 是宝钢 2001 年烧结混匀矿的配比表。

表 4-27 2001 年宝钢烧结混匀矿的配比表

矿 种	里奥多西	卡拉加斯	扬迪	纽曼山	印度粉	罗布河	海南粉	除尘杂料
配 比	23	11	32.7	17.1	4.3	3.7	1.8	6.4

由表 4-27 可见宝钢混均矿的特点为：烧结性能优良与烧结性能稍差粉矿的配合；扩大价位低、烧结性能优良豆状褐铁矿的配比；少用和不用烧结性能差的高 Al_2O_3 和高碱金属含量的矿；充分利用资源、降低配矿成本。

4.3.4 依据配矿三原则的基本方法

坚持 4.3.3 节中三个烧结配矿原则，目前国内外已经总结出下列三种方法。

（1）按铁矿粉的烧结反应性合理搭配的方法。所谓烧结反应性是矿粉中的脉石在烧结过程中与 CaO 同化和熔化反应的能力，它可以用烧结生产率（利用系数）和成品矿的机械强度（转鼓指数）这一对指标来表示。据此可将铁矿粉的烧结反应性分为优、中、差三类，在烧结配矿时按三类不同合理搭配。

（2）按铁矿粉的烧结基础特性合理配矿的方法。铁矿粉的烧结基础特性包括同化性、液相流动性、黏结相强度、铁酸钙生成能力和连晶固结能力。根据基于铁矿粉自身特性的优化配矿原理及铁矿粉之间的互补性规律，需要掌握的一般配矿原则是，在常温特性、微观特性满足烧结生产的条件下，同化性高与同化性低的铁矿粉搭配使用；液相流动性指数低的与液相流动性指数高的铁矿粉搭配使用；尽量多用黏结相自身强度高、铁酸钙生成能力强以及连晶强度高的铁矿粉；通过铁矿粉基础特性的合理搭配，使铁矿粉自身特性互补，获得烧结生产所要求的质量目标。这是北京科技大学吴胜利教授倡导的配矿方法。

例如：当配用同化性和液相流动性优良的矿种比例过大时，将会形成大孔薄壁的烧结矿结构，成品烧结矿的强度将会较低；若多配用同化温度高、流动性差的粉矿后，成品烧结矿由于生成黏结相少也会影响强度。

（3）按铁矿粉晶体颗粒大小、水化程度和 Al_2O_3 含量高低三个特性合理配矿的方法。这是巴西淡水河谷公司研发的配矿方法，铁矿粉的三个特性都分为粗、中、细和高、中、低三类。矿粉晶粒的大小按小于 $40\mu m$ 的为细晶粒、$40\sim120\mu m$ 的为中等晶粒，大于 $120\mu m$ 的为粗晶粒，水化程度是指针铁矿含量对赤铁矿含量的比例，一般可按结晶水含量大于 6%、3%~6%、小于 3%分为高、中、低三档，Al_2O_3 含量按大于 2%、1%~2%和小于 1%分为高、中、低三档。其规律为：当铁矿粉晶体颗粒小、水化程度高时，有利于提高烧结的产量；当晶体颗粒粗，低水化程度时有利于降低燃耗；细晶体颗粒、低 Al_2O_3 含量有利于提高成品矿的强度和改善 RDI 指数。

除了按烧结反应性、基础特性和铁矿粉三个特性配矿外，我国钢铁企业可根据各地区铁矿粉化学成分的特性与进口矿合理搭配，采用国外进口矿高品位、低 SiO_2、低 Al_2O_3、低 S 的特点进行配矿，调节烧结矿的品位，SiO_2、Al_2O_3、S 的含量达到高炉冶炼高产、优质、低耗、长寿的目的，实现烧结和炼铁生产节能降耗，改善环保的新目标。

4.3.5　优化配矿的理论依据

烧结的成矿过程是一个复杂的物理化学变化过程，既有在低温下的固相反应和新相生成，又有在高温下的黏结相和液相生成，在冷却过程中的结晶、再结晶和相变过程。影响烧结矿成矿和固结的因素也很复杂，既有矿种、粒度的影响，又有碱度、配 C、加热和冷却速度的影响，还有氧化气氛的影响等，其中矿种对烧结成矿和固结的影响是一个基本因素。矿种不同在烧结过程中反映出来的同化性不同，在高温条件下的熔融特性（即开始熔化、熔化区间）和液相流动性也各不相同，对烧结生产综合反映出来的是烧结生产率和烧结成品矿的强度。

学者许满兴认为，可以通过不同矿种的同化性和熔融特性进行烧结生产的优化配矿设计，并可据此再通过烧结杯实验，测定不同配矿方案的烧结生产率（利用系数）和成品矿的强度（转鼓指数）检验配矿方案的准确性，进行适当的调整和修改，达到优化配矿的目标。

4.3.5.1　铁矿粉的同化性

利用王志花等学者的实验方法，即铁矿粉所含酸性脉石与 CaO 反应的能力，可用式（4-1）表示：

$$A(同化率) = \left(1 - \frac{S}{S_0}\right) \times 100\% \qquad (4-1)$$

式中　S_0——同化实验前铁矿石的断面面积；

　　　S——同化实验后未同化铁矿石的断面面积。

研究表明，同化率受铁矿物组成、显微结构和脉石成分影响较大，致密赤铁矿同化率低，疏松矿物和黏土矿物同化率高。

4.3.5.2 铁矿粉的熔融特性

利用吴胜利等学者的实验方法，矿粉的开始熔化温度（T_s）和熔化温度区间（Δt）可用三角舟或圆柱体法进行测定，流动性指数（FI）测定采用"基于流动面积的黏度测定法"，根据试样流动后的面积计算流动性指数。

$$FI = \frac{FS_0 - S_0}{S_0} \times 100\%$$

式中　S_0——小饼原始面积；

　　　FS_0——小饼流动后面积。

研究表明，铁矿粉的化学成分 SiO_2、Al_2O_3、FeO、MgO 和其同化性是影响铁矿粉黏结相流动特性的主要因素，还与烧结的碱度和温度有重要关系。

4.3.5.3 铁矿粉的烧结反应性

按巴西 CVRD 公司研究中心 L. Caporali 等学者提出的铁矿石烧结反应性概念，即矿石中的脉石在烧结过程中与 CaO 同化和熔化反应的能力，它可以用烧结生产力和烧结矿的机械强度（$TI_{+6.3}$）这一对指标表示。巴西 CVRD 公司研究中心经大量实验研究建立了铁矿石分类的概念模型，可将铁矿石分为以下四类：

（1）高度水化、疏松、结晶超细的矿石。

（2）中等水化、疏松及结晶很细的矿石。

（3）少量水化、疏松及结晶中等的矿石。

（4）脱水、致密及结晶较粗的矿石。

所谓矿石的水化程度，即铁矿含结晶水的比例。结晶粒度的分类列于表4-28，基于烧结杯实验建立的铁矿粉烧结反应性模型得出了如下三点结论：

（1）疏松矿石有利于加速烧结过程，致密矿石有利于控制烧结成品矿的机械强度。

（2）以赤铁矿为主的矿粉比以针铁矿为主的矿粉具有优良的烧结指标。

（3）按照生产率高及烧结矿机械强度好的综合新概念，赤铁矿（中等晶粒）疏松矿石是属于反应性最高的矿石。

表 4-28 铁矿结晶粒度的分类

结晶分类	超细晶粒	细晶粒	中等晶粒	粗晶粒	特粗晶粒
结晶粒度/μm	<10	10~30	40~110	110~220	>220

4.3.6 小结

由以上论述和分析可以得出如下结论：

（1）配好、用好矿是钢铁企业一个具有重大经济价值的课题，低耗、环保、优质、长寿、高效是配好、用好矿的宗旨和目标。

（2）配好、用好矿应树立高品位、低 SiO_2、低 Al_2O_3、低 MgO、低成本的原则。

（3）进口铁矿粉应按化学成分、矿物组成和显微结构、水化程度分类合理配矿。

（4）铁矿粉的同化性和高温熔融特性是合理配矿的理论基础，高的生产率和良好的机械强度是铁矿粉烧结反应性的一对指标，也是配好、用好矿的主要标志。

4.4　影响铁矿粉烧结基础特性的因素及互补配矿方法

进入 21 世纪以来，全球钢铁工业快速发展，而我国钢铁工业的发展更处于迅猛增长期，2016 年铁矿石进口高达 102412 亿吨之多，与 2001 年比增长了10.53 倍。国外三大矿山公司的铁矿粉产能难以满足全球钢铁工业的需求，我国不断扩充进口铁矿粉的来源，烧结用铁矿粉种类大幅增多。与此同时，随着铁矿粉的大量消耗，各类进口铁矿粉呈现劣质化趋势。另一方面，随着高炉大型化以及"以煤代焦"技术的推进，高炉炼铁对烧结矿质量的要求日益提高。在此背景下，基于铁矿粉常温特性的传统配矿技术已不能有效满足烧结生产、高炉冶炼的需求，炼铁工作者期盼更为高效的烧结配矿技术。

北京科技大学吴胜利教授于 2000 年提出了铁矿粉烧结基础特性的新概念（同化性、液相流动性、黏结相强度特性、铁酸钙生成特性及连晶特性）以及互补配矿原理之后，又拓展出铁矿粉的熔融特性、吸液性等高温特性概念。这些研究结果丰富了烧结优化配矿技术的内涵和方法，受到广大炼铁工作者的高度关注与认可，并得到广泛应用，同时也为烧结工艺过程的优化提供了重要的技术基础。

以上七个铁矿粉高温特性概念已在第 2 章阐述，下面主要介绍影响铁矿粉高温特性的因素及互补配矿方法。

4.4.1　影响铁矿粉同化性因素分析

在铁矿粉烧结过程中，烧结料经过制粒形成准颗粒结构的小球，其中准颗粒的外层为细粒铁矿粉和熔剂组成的黏附层，内层为粗粒核矿石。低温烧结过程中，随着温度的升高，黏附层内的铁矿粉与钙质熔剂同化而首先形成熔相，然后熔相逐渐增多，并继续同化粗粒核矿石，当熔相冷凝时，最终形成非均相结构烧结矿。因此，研究铁矿粉与熔剂反应形成液相的能力（即铁矿粉的同化性），对掌握铁矿粉在烧结过程中的液相形成能力有着重要的意义。

为此，北京科技大学吴胜利和宝钢公司阎丽娟等学者对 19 种铁矿粉（其中，国外矿包括7种澳矿 OA~OG, 1种南非矿 OH 以及4种巴西矿 OI~OL; 国内矿共7种, 分别为东北的 OM 和 ON, 河北的 OO 和 OP, 以及山东的 OQ、OS 和 OR) 进行微型烧结实验。结果如图4-6所示, 4种巴西铁矿粉和国产精粉的最低同化温度较高, 故它们均属于同化性较低的铁矿粉。其中, 巴西精粉同化性最低; 而澳大利亚和南非的赤铁矿的最低同化温度较低 (<1280℃), 都属于同化性较高的铁矿粉; 褐铁矿和半褐铁矿的最低同化温度都很低, 尤其前者的同化温度在1200℃的水平, 显示了其很高的同化性。在初期中忽略了巴西精粉与澳大利亚褐铁矿粉 SiO_2 与 Al_2O_3 含量的不同对实验结果的影响, 在今后的实验研究中应做调整。

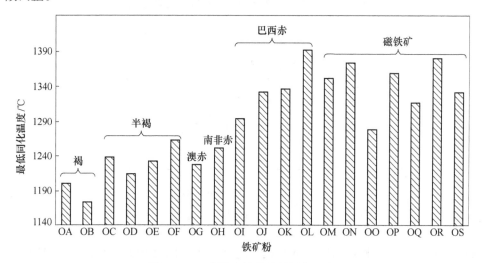

图4-6 19种铁矿粉的最低同化温度

同化性是铁矿粉的重要自身特性之一, 影响铁矿粉同化性的因素主要包括含铁矿物类型、SiO_2 和 Al_2O_3 的含量及赋存状态、铁矿物的晶粒大小和形貌、烧损率以及致密程度等。

4.4.1.1 铁矿物类型的影响

本实验所用的国内矿均属于磁铁矿类型, 其同化性较低, 而澳大利亚和南非的赤铁矿粉则表现出较高的同化性, 这是因为 Fe_3O_4 需氧化成 Fe_2O_3 后才能与 CaO 反应的缘故。但是, 同样属于赤铁矿类型的巴西铁矿粉, 其同化性却普遍很低, 这与其微观结构有关。对于具有多孔结构的褐铁矿和半褐铁矿, 因 Fe_2O_3 与 CaO 的反应动力学条件良好, 而具有同化性很高的特征。

4.4.1.2 铁矿粉中 SiO_2 和 Al_2O_3 的含量及其赋存状态的影响

图4-7、图4-8所示分别为铁矿粉 SiO_2 和 Al_2O_3 质量分数与最低同化温度的关系图。由图可见, 铁矿粉 SiO_2 含量和最低同化温度之间没有明显的相关关系,

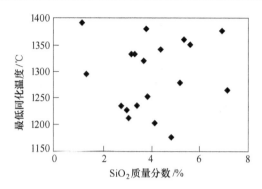

图 4-7　铁矿粉 SiO_2 质量分数与最低同化温度的关系

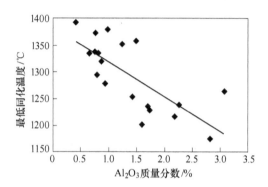

图 4-8　铁矿粉 Al_2O_3 质量分数与最低同化温度的关系

而 Al_2O_3 含量则与铁矿粉的最低同化温度呈现明显的负相关关系，即高 Al_2O_3 含量的铁矿粉具有较高同化性。

A　铁矿粉 SiO_2 含量的影响

由图 4-7 可知，SiO_2 含量与铁矿粉同化性之间没有明显的规律，造成这种现象的原因是：

（1）虽然 CaO 与 SiO_2 的反应能力较强，但是在数量上 Fe_2O_3 远比 SiO_2 多，故 Fe_2O_3 与 CaO 的反应起主导作用。

（2）铁矿粉的 SiO_2 含量与其矿粉类型没有直接的相关关系。

（3）不同铁矿粉中的 SiO_2 的赋存状态也有差异，势必影响铁矿粉的矿化能力。

这些因素导致 SiO_2 含量对铁矿粉同化性的影响规律变得不明显。

B　铁矿粉 Al_2O_3 含量的影响

由图 4-8 可知：

（1）铁矿粉中 Al_2O_3 有促进复合铁酸钙形成的作用。

（2）Al_2O_3 能增加液相表面张力，促进氧离子扩散，有利于铁氧化物的氧化。

（3）铁矿粉中的 Al_2O_3 含量与其铁矿物类型密切相关，澳大利亚褐铁矿、半褐铁矿的 Al_2O_3 含量相对较高，而巴西赤铁矿、国内磁铁矿则含较少的 Al_2O_3。

分析 SiO_2、Al_2O_3 在铁矿粉中赋存状态不同对其同化性的影响可知，当 SiO_2 和 Al_2O_3 以黏土形式存在（多见于澳矿）时，它们与 CaO、Fe_2O_3 更容易生成低熔点的液相体系，即反应活性高，因而会提高铁矿粉的同化性；若铁矿粉中的 SiO_2 和 Al_2O_3 分别以石英和三水铝石形式存在（多见于巴西矿和国内矿）时，则对同化性有一定的抑制作用，这是因为游离态的石英和三水铝石对低熔点液相生成不利的缘故。

4.4.1.3 铁矿粉的气孔率和烧损率的影响

图 4-9 和图 4-10 所示分别为铁矿粉的气孔率和烧损率与最低同化温度的关系图。由图可见，铁矿粉的气孔率和烧损率越高，其同化性越高。其原因为：气孔率高的铁矿粉与 CaO 的反应界面大，有助于提高同化反应的速率；铁矿粉的气孔率与烧损含量有着较强的正相关关系（见图 4-11），加之结晶水挥发后会产生更多的气孔和裂纹，从而提高其同化性。这也进一步解释了褐铁矿同化性远高于其他类型铁矿粉同化性的现象。

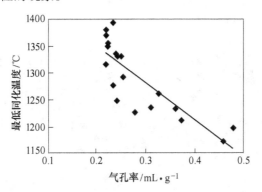

图 4-9 铁矿粉气孔率与最低同化温度的关系

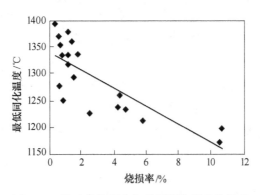

图 4-10 铁矿粉烧损率与最低同化温度的关系

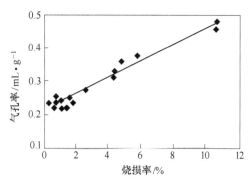

图 4-11 铁矿粉烧损率与气孔率的关系

4.4.1.4 铁矿粉的形貌及铁矿粉致密程度的影响

图 4-12 给出了 SEM 测定的六种铁矿粉的微观形貌图。由图可见：澳大利亚褐铁矿 OB 的铁矿物晶粒小，其反应比表面积大，又为豆状且结构疏松，反应活性强；与褐铁矿类似，澳大利亚赤铁矿 OG 晶粒也小，且含不少豆状晶粒；南非矿 OH 的晶粒稍大且结构较为致密，但大多呈片状，也有利于其反应活性的提高；相反，巴西赤铁矿 OJ 及国内矿 OP 和 ON，结构致密、晶粒粗大且呈块状，故不利于铁矿粉与 CaO 的同化。

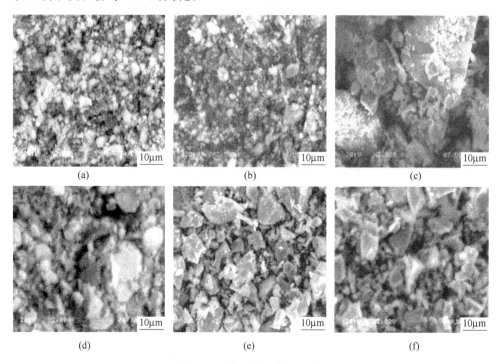

图 4-12 铁矿粉的微观形貌

（a）OB 澳矿；（b）OG 澳矿；（c）OJ 巴西矿；（d）OH 南非矿；（e）OP 河北矿；（f）ON 东北矿

4.4.1.5　铁矿粉粒度对同化性的影响

铁矿物粒度大小与同化性的关系如图 4-13 所示。由图可见，晶粒越小，铁矿粉的同化性越高，晶粒粗大则减弱铁矿粉的同化性。

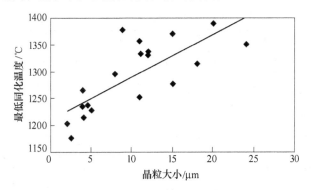

图 4-13　铁矿粉铁矿物晶粒大小与同化性的关系

4.4.2　影响铁矿粉烧结液相流动性的因素分析

铁矿粉液相流动特性是烧结基础特性中的重要指标之一，铁矿粉的同化性虽然表征了铁矿粉在烧结过程中生成低熔点液相的能力，但并没有完全反映出生成液相的流动特性。因此，仅仅依靠铁矿粉的同化性还无法全面判断铁矿粉在烧结过程中的固结行为和作用。烧结矿的固结主要是通过生成的液相对周围未熔物料浸润、反应、黏结而完成的。研究表明，烧结矿的结构强度不仅决定于残留原矿和黏结相的自身强度，还取决于两者之间的接触程度。合适的烧结液相流动性，可确保固液接触面积，从而有利于获得足够的固结强度。

铁矿粉液相流动特性是指在烧结过程中铁矿粉与 CaO 反应生成的液相的流动能力，它表征的是黏结相的"有效黏结范围"。不同种类的铁矿粉由于自身特性的不同，在烧结过程中生成的液相的流动特性也各不相同。因此，可以通过配矿设计来控制烧结液相的流动性，掌握各铁矿粉的液相流动特性对提高烧结矿的产量、质量具有重要的意义。

液相流动性指数（见式（4-2））描述的是试样因液相流动而呈现出的面积增长率，其数值越大，则流动性越强。若烧结后试样未出现熔化流动，即试样面积仍为原始面积，则其流动性指数为零。

$$流动性指数 = \frac{小饼流动后面积}{小饼原始面积} - 1 \tag{4-2}$$

烧结过程黏结相的产生主要取决于黏附粉的物理化学变化，含有一定量 CaO 的铁矿石黏附粉经历了加热、固相反应、液相生成等过程，最终形成固结其他烧结原料的黏结相。因此，黏附粉的液相流动性实际上包括两个方面：一方面是低熔点液相的生成能力；另一方面是生成的液相的流动能力。下面通过对表 4-29 的十种铁矿粉进行实验，来分析影响烧结液相流动性的因素。图 4-14 所示是 10 种铁矿粉试样液体流动性指数的比较。

表 4-29　实验用铁矿粉的化学成分（质量分数）　　　　　（%）

矿粉	TFe	SiO_2	CaO	Al_2O_3	MgO	TiO_2	S	FeO	烧损
A	65.70	3.97	0.03	0.90	0.03	0.040	0.004	0.20	0.92
B	67.50	1.37	0.10	0.94	0.10	0.060	0.008	0.37	0.92
C	65.61	3.47	0.09	1.58	0.03	0.058	0.300	0.39	2.22
D	66.35	4.40	0.30	0.20	0.26	0.020	0.005	6.92	0.26
E	62.60	3.78	0.05	2.15	0.08	0.110	0.013	0.14	2.10
F	58.57	4.61	0.04	1.26	0.07	0.060	0.010	0.20	8.66
G	57.39	5.08	0.37	2.58	0.20	0.120	0.009	0.07	8.66
H	63.57	4.03	0.04	2.35	0.10	0.066	0.009	0.25	2.34
I	65.40	3.76	0.04	1.23	0.03	0.035	0.005	0.41	0.33
J	59.68	4.37	0.03	1.38	0.08	0.052	0.005	0.17	9.89

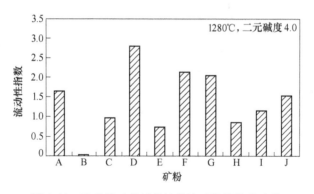

图 4-14　10 种铁矿粉试样液体流动性指数的比较

4.4.2.1　温度的影响

烧结温度的作用可概括为两个方面：其一是确保黏附粉内进行物理化学反应的条件，同时也有加快低熔点化合物生成速度的效应；其二是提高液相的过热度，使液相的黏度降低。因此，一般情况下，随着烧结温度的升高，铁矿粉的液相流动性相应地增大。图 4-15 给出了 4 种铁矿粉在二元碱度为 4.0 时的液相流动性随温度的变化特征。

4.4.2.2　碱度的影响

图 4-16 给出了 4 种铁矿粉在烧结温度为 1280℃ 时的液相流动性随二元碱度

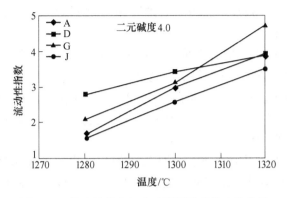

图 4-15　铁矿粉的液相流动性随温度的变化特征

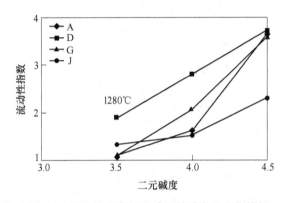

图 4-16　铁矿粉的液相流动性随碱度的变化特征

的变化特征。理论分析和实验结果均表明：铁矿粉烧结时，随着 CaO 的配入，可逐渐形成低熔点化合物。在同一烧结温度条件下，铁矿粉生成的液相的过热度增大，液相的黏度降低。因此，随着二元碱度的增大，铁矿粉的液相流动性变大。

4.4.2.3　铁矿粉自身特性的影响

铁矿粉自身特性的影响包括以下几点：

（1）SiO_2 含量的影响。一方面，SiO_2 是烧结液相生成的基础，高 SiO_2 含量的矿粉有利于烧结液相的形成，从而增大液相的流动性。另一方面，由于 SiO_2 是硅酸盐网络的形成物，其含量的增加有可能伴随液相黏度的升高，从而降低了铁矿粉的液相流动性。但是，对低 SiO_2 矿粉而言，前者占主导地位。例如，A 矿和 B 矿在其他性质上基本相同，但由于 B 矿的 SiO_2 含量低，因此 B 矿的液相流动性相比 A 矿要小。

（2）Al_2O_3 含量的影响。Al_2O_3 属于高熔点物质，且它对硅酸盐网络的形成有促进作用，导致液相的黏度增大。故高 Al_2O_3 含量的矿粉一般具有较低液相流动性的倾向，例如 F 矿和 G 矿，由于 F 矿的 Al_2O_3 含量较 G 矿为低，故 F 矿的液相流动性相比 G 矿稍高。

（3）MgO 及 FeO 含量的影响。MgO 及 FeO 能形成 Fe^{2+} 和 Mg^{2+}，而 Fe^{2+} 和 Mg^{2+} 是碱性物质，是硅酸盐网络的抑制物，因而能降低液相的黏度，使液相流动性增大。例如 D 矿，其 FeO 含量高达 6.92%，MgO 含量为 0.26%，在实验所用的 10 种矿粉中是最高的，并且其 Al_2O_3 含量在实验所用的 10 种矿粉中最低，因此 D 矿表现出很高的液相流动性。

（4）铁矿粉的同化性的影响。低熔点液相的生成是烧结液相流动的基础，故铁矿粉的同化性对其液相流动性也有重要影响。例如，I 矿的最低同化温度为 1190℃，流动性指数为 1.53；J 矿的最低同化温度为 1305℃，流动性指数为 1.15。可见铁矿粉的同化性强，则意味着其与 CaO 的反应能力强，这就为低熔点液相的生成创造了条件，确保了液相的数量；另外，在烧结温度一定的情况下，随着液相熔化温度的降低，液相过热度增大，有利于降低液相的黏度。因此，一般认为同化性较强的铁矿粉，其液相流动性也较大。例如 I 矿和 J 矿，由于 J 矿的同化性强于 I 矿，所以 J 矿的液相流动性高于 I 矿。

应当指出，铁矿粉的各项自身特性对其液相流动性产生综合影响，目前还无法根据铁矿粉的各项自身特性定量计算得出其液相流动性。因此，通过实验方法测定铁矿粉的烧结液相流动性是必需的。

4.4.2.4　铁矿粉液相流动性对烧结过程的影响

一般而言，烧结液相流动性较高时，其黏结周围物料的范围较大，更多的未熔散料因此可以得到黏结，从而提高烧结矿的固结强度。如果烧结液相的流动性过低，烧结液相黏结周围物料的能力就会下降，易导致烧结过程中部分散料得不到有效黏结，从而使烧结矿的成品率下降。

应当指出，铁矿粉的烧结液相流动性也不宜过大，否则会产生不利的影响。一方面，在烧结过程中，若铁矿粉的液相流动性过大，则可能影响烧结过程的透气性，从而降低烧结生产率；另一方面，若铁矿粉的液相流动性过大，则对周围物料的黏结层厚度会变薄，烧结矿易形成薄壁大孔结构，使烧结矿整体变脆，强度降低，也使烧结矿的强度变差。由此可见，适宜的液相流动性是烧结矿有效固结的基础。

在实际烧结生产过程中，若出现由于产生的液相量不足而导致烧结矿强度降低的情况时（例如生产高品位、低 SiO_2 烧结矿），可适当配加一些流动性较高的铁矿粉来增加烧结的液相量，从而改善烧结矿的固结强度。反之，若烧结过程中产生的液相量过多（例如应用褐铁矿的低成本烧结时），则可适当配加流动性较弱的铁矿粉，以改善烧结矿的固结强度和烧结生产率。

综上所述，通过对铁矿粉液相流动性的测定和评价，有利于实际烧结生产中合理地选择铁矿粉的种类,特别是对解决高品位、低 SiO_2 烧结矿的黏结相不足问题以及高褐铁矿配比的烧结矿的过度熔化问题均具有重要的现实意义。

4.4.3 影响铁矿粉黏结相自身强度的因素分析

铁矿粉烧结黏结相自身强度的影响因素主要可分为两个方面,其一属于外因,其二是内因。前者有烧结温度、气氛、烧结矿二元碱度等;后者是生成黏结相的铁矿粉的自身特性,如铁矿粉的熔融特性、矿物学特性。在先进的低温烧结工艺原则下,烧结温度和气氛应属于不能任意改变的因素。烧结矿二元碱度受高炉炉料结构的制约,但是在一定范围内可以调整。提高碱度可使 CaO 与铁氧化物的接触面积增大,有利于改善生成低熔点液相的反应热力学、动力学条件,CaO 的介入还能够削弱硅氧复合阴离子组成的网状结构,有助于降低液相的黏度,改善黏结相的结构;另外,烧结矿二元碱度的提高,有助于增加黏结相中复合铁酸钙矿物。这些因素均对黏结相强度的提高有积极作用。

但是,碱度升高后若出现过度熔化或者液相黏度过低,会使烧结体形成薄壁大孔的脆弱结构,影响黏结相的自身强度。另外,CaO 的加入量过多,容易生成高熔化温度、且粉化倾向严重的硅酸二钙(C_2S),导致黏结相的自身强度下降。

由此可见,二元碱度对铁矿粉黏结相自身强度的影响很复杂,它与铁矿粉的自身特性发生综合作用,故应该根据具体情况统筹考虑。分析认为:烧结黏结相的数量主要受铁矿粉的熔融特性影响,而铁矿粉的矿物学特性决定黏结相的矿物组成、结构等黏结相质量。

4.4.3.1 铁矿粉自身的矿物组成

低温烧结的优质黏结相矿物组成主要为复合铁酸钙,它不仅具有良好的还原性,而且有较高的自身强度。铁矿粉类型对烧结黏结相矿物组成有重要影响。由于 Fe_3O_4 本身不能与 CaO 反应生成铁酸钙,故磁铁矿烧结时铁酸钙的产生是建立在大量的磁铁矿被氧化的基础上的。因此相对于赤铁矿而言,磁铁矿烧结时产生铁酸钙物相要困难得多,从而影响黏结相的自身强度。

4.4.3.2 铁矿粉的液相生成能力

烧结过程的黏结相主要是黏附粉熔化后形成的。因此,在烧结配矿中选择能够获得低熔点液相,且液相黏度适宜的铁矿粉,可为生成自身强度高的黏结相奠定基础。低熔点液相的生成与铁矿粉的同化特性有关;液相黏度则受铁矿粉液相流动特性的影响。一般而言,同化能力以及液相流动能力适宜的铁矿粉,其在烧结过程中易于生成高强度的黏结相。

4.4.3.3 铁矿粉的复合铁酸钙相生成能力

烧结黏结相中的主要矿物组成有两大类型:复合铁酸钙相(SFCA)和硅酸盐相,与后者相比,由于前者有较好的抗断裂韧性,故黏结相矿物组成中 SFCA

相较多、硅酸盐相较少时，有利于黏结相自身强度的提高。因此，SFCA 生成能力小的铁矿粉，不利于获得高强度的黏结相，如本实验中的 E、F 矿粉。

4.4.3.4　铁矿粉的水化程度

铁矿粉的水化程度是指其结晶水含量及热分解特征。一般而言，高结晶水含量的矿粉（如褐铁矿）以及热分解偏向较高温度区域的矿粉（如含三水铝矿物、致密结构的矿粉），容易使黏结相形成裂纹和内部残留气孔，这一脆弱的黏结相结构必然会导致其自身强度的降低。本实验中的 B 矿粉，由于结晶水含量较高，影响了其黏结相自身强度的提高。

应当指出，铁矿粉黏结相自身强度的影响因素是错综复杂的，既包含铁矿粉的常温特性（如化学成分、矿物组成），又涉及铁矿粉的高温特性（如同化性、液相流动性、SFCA 生成能力）。因此，目前还无法通过已知的参数定量获得铁矿粉的黏结相自身强度，必需通过实验的方法予以测定。

4.4.4　影响铁酸钙生成的因素分析

铁酸钙是高碱度、高铁低硅烧结矿的主要黏结相，其生成量和结构是烧结矿质量的重要影响因素。中南大学范晓慧教授对 4 种巴西烧结粉和 3 种巴西球团粉进行了铁酸钙形成实验，其结果见表 4-30、表 4-31。

表 4-30　实验铁矿粉化学成分　　　　　　　　（%）

铁矿粉	化学成分（质量分数）					烧损 Ig
	TFe	SiO_2	Al_2O_3	CaO	MgO	
FSF	62.01	8.34	0.82	0.12	0.065	1.05
CSF	64.39	4.90	0.82	0.10	0.06	1.00
MHSFC	64.44	4.22	1.12	0.02	0.06	1.73
MHSF	65.36	3.29	1.12	0.05	0.07	1.67
MHPFC	66.00	3.34	0.63	0.03	0.05	1.06
MHPF	66.72	2.70	0.63	0.03	0.07	1.01
PF	67.22	2.17	0.55	0.01	0.05	0.59

注：FSF 为巴西 1 号烧结粉；CSF 为巴西 2 号烧结粉；MHSFC 为巴西 3 号烧结粉；MHSF 为巴西 4 号烧结粉；MHPFC 为巴西 1 号球团粉；MHPF 为巴西 2 号球团粉；PF 为巴西 3 号球团粉。

表 4-31　实验铁矿粉粒度组成

铁矿粉	粒度组成/%						平均粒度 /mm
	>8mm	5~8mm	3~5mm	1~3mm	0.5~1mm	<0.5mm	
FSF	1.50	5.90	10.60	14.70	4.50	62.80	1.41
CSF	1.20	4.50	11.10	18.20	9.40	55.60	1.41
MHSFC	4.20	9.75	21.40	15.35	10.35	38.95	2.31

铁矿粉	粒度组成/%						平均粒度 /mm
	>8mm	5~8mm	3~5mm	1~3mm	0.5~1mm	<0.5mm	
MHSF	4.90	13.10	27.40	14.95	8.95	30.70	2.78
MHPFC	0	1.05	1.45	3.85	7.85	85.80	0.48
MHPF	0	0.50	1.40	3.15	7.35	87.60	0.43
PF	0	0	0	0	0	100.00	0.25

4.4.4.1 燃料配比对铁酸钙生成量的影响

烧结料中燃料配比对烧结矿的矿物组成和结构有很大影响。实验是在焙烧温度 1250℃，烧结时间为 13min，研究燃料配比（0%、0.5%、1% 和 3%）对铁酸钙生成量的影响，结果如图 4-17 所示。各燃料配比的特征矿相如图 4-18 所示。

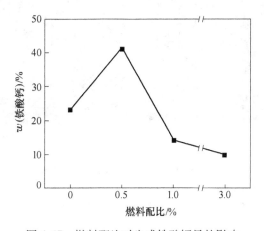

图 4-17 燃料配比对生成铁酸钙量的影响

由图 4-18 可以看出：随着燃料配比的增加，铁酸钙的生成含量先增大后减小。在燃料配比为 0.5% 时，铁酸钙含量达最大值 41.05%。

结合图 4-18 所示矿相可以看出：当燃料配比为 3% 时，由于有金属铁和浮氏体 Fe_xO 出现，Fe_2O_3 含量相对减少，从而导致最终生成铁酸钙的含量最少；当燃料配比为 1%，没有金属铁生成，但有较多浮氏体 Fe_xO 存在，故 Fe_2O_3 含量减少，进而导致最终生成铁酸钙的含量较少；当燃料配比为 0.5% 时，金属铁和浮氏体 Fe_xO 含量较少，铁的氧化物为磁铁矿和赤铁矿，生成大量铁酸钙；当燃料配比为 0 时，铁的氧化物为磁铁矿和赤铁矿，铁酸钙没有大量生成，其含量较少。由于实际烧结过程呈现局部还原气氛，所以，本研究采用的燃料配比为 0.5%。

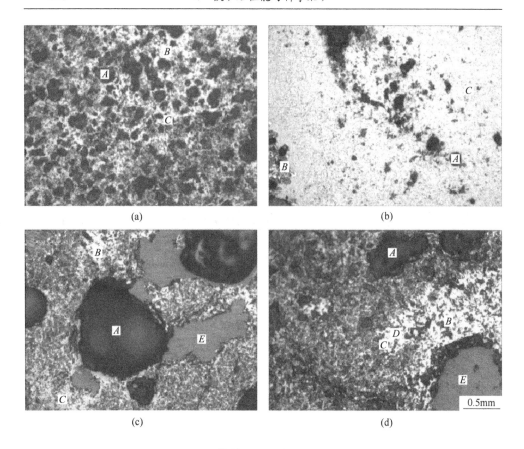

图 4-18　燃料配比不同时的特征矿相

（a）燃料配比 0；（b）燃料配比 0.5%；（c）燃料配比 1%；（d）燃料配比 3%

A—孔洞；B—Fe_2O_3 和 Fe_3O_4；C—铁酸钙；D—金属铁；E—浮氏体 FeO

4.4.4.2　烧结时间对生成铁酸钙的影响

在 1250℃、燃料配比为 0.5% 的条件下，研究烧结时间对生成铁酸钙含量的影响，结果如图 4-19 所示。由图可见：铁矿粉与 CaO 生成铁酸钙的含量随烧结时间的延长先增大后减小，烧结时间为 5～9 min 时，铁酸钙含量由 11.13% 迅速增加到 31.01%；而当烧结时间由 9min 延长到 13min 时，铁酸钙含量由 31.03% 增加到 41.50%；再延长烧结时间到 17min，铁酸钙含量由 41.50% 迅速降低到 22.11%。

因此，最佳的烧结时间为 13 min。

4.4.4.3　烧结温度对铁酸钙含量的影响

焙烧温度对铁酸钙含量的影响如图 4-20 所示，特征矿相如图 4-21 所示。由图 4-20 可以看出，由于各种铁矿的化学成分和粒度不同，铁酸钙的生成含量也

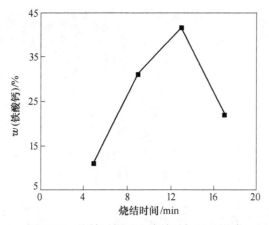

图 4-19　烧结时间对生成铁酸钙量的影响

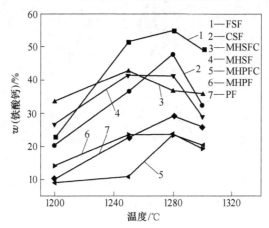

图 4-20　焙烧温度对铁酸钙含量的影响

（1~4 为巴西烧结粉；5~7 为巴西球团粉）

不相同。铁酸钙生成含量随着温度的升高先增大后减小，烧结过程中铁酸钙生成温度范围为 1250~1280℃。

结合图 4-21 可以看出，烧结温度对矿相结构也有一定的影响：

（1）当烧结温度为 1100~1200℃时，生成 10%~30% 的铁酸钙，晶粒间未连接，强度低。

（2）当烧结温度为 1200~1250℃时，生成 30%~40% 的铁酸钙，生成晶桥开始连接，有针状交织结构出现，强度较高。

（3）当烧结温度到 1250~1280℃时，生成 40%~60% 的铁酸钙，形成针状交织结构，强度最高。

（4）当烧结温度升高到 1280~1300℃时，铁酸钙含量下降到 20%~40%，铁酸钙的形貌也随着烧结温度的升高由针状变成柱状和板状结构，强度降低。

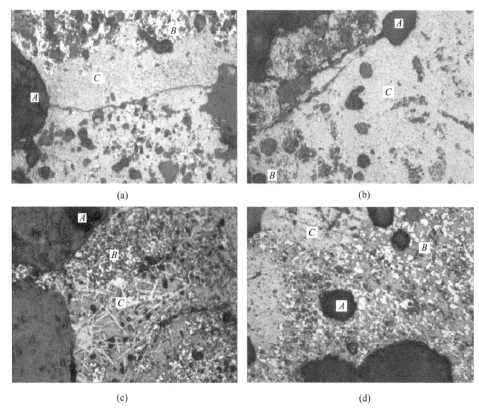

图 4-21 不同温度条件下的特征矿相（以 MHSF 矿为例）

(a) 1200℃；(b) 1250℃；(c) 1280℃；(d) 1300℃

4.4.4.4 铁矿性能对铁酸钙含量的影响

A 化学成分对铁酸钙生成含量的影响

化学成分对铁酸钙生成量的影响，结果见表 4-32。对同一矿种，在粒度相同、品位和 Al_2O_3 含量相近的条件下，SiO_2 含量对铁酸钙生成的影响比较大；在矿种粒度为 1~3mm 时，SiO_2 含量越高，铁酸钙的含量就越多；当矿种粒度低于 0.5mm 时，SiO_2 含量越高，铁酸钙的含量就越少。

表 4-32 化学成分对铁酸钙生成量的影响

序 号	化学成分（质量分数）/%			铁酸钙量 /%	粒度 /mm
	SiO_2	Al_2O_3	TFe		
1	5. 25	1. 12	64. 05	12. 43	<0. 5
2	3. 29	1. 11	65. 36	19. 07	<0. 5
3	2. 43	1. 09	65. 82	20. 93	1~3
4	3. 29	1. 11	65. 36	30. 02	1~3

B　粒度对铁酸钙生成量的影响

某一铁矿对铁酸钙生成量的影响研究，原始平均粒度为 2.78mm，将其磨至粒度低于 0.5mm、1mm 和 3mm 三个不同的粒级范围，在温度为 1250℃，燃料配比为 0.5%，烧结时间为 13min 的条件下，结果如图 4-22 所示。

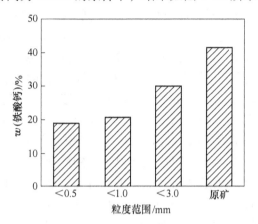

图 4-22　粒度对生成铁酸钙量的影响

由图 4-22 可以看出，在化学成分一定的条件下，铁矿与 CaO 生成铁酸钙的含量随铁矿粒度的增大而增大；粒度范围越宽，与 CaO 反应生成铁酸钙的含量越大。平均粒度大于 1mm 的铁矿，总体比平均粒度小于 0.5mm 的铁矿与 CaO 反应生成酸钙的含量要大，并且平均粒度大于 1mm 的铁矿，与平均粒度小于 0.5mm 的铁矿相比，其最大铁酸钙生成含量的温度略低。

4.4.5　基于高温特性互补的优化配矿

传统上的烧结铁矿粉研究主要集中在常温特性方面，这已被证明是远远不够的。近十几年来，国内外学者开始重视铁矿粉烧结高温基础特性，并针对铁矿粉的某一高温特性进行了深入研究。

4.4.5.1　基本原理及设计方案

通过对铁矿粉高温特性的研究结果可知，现代烧结生产不能指望使用单种矿粉以获得优良的技术经济指标，需要根据铁矿粉自身特性互补的原则进行优化配矿。因此，可以根据各种铁矿粉高温特性的不同而合理设计它们的配比，从而使得混合矿的同化性、液相流动性和黏结相自身强度等高温特性均在其适宜区间之内。

已有的研究结果表明：铁矿粉的同化性、液相流动性不宜过高或过低，应在一个适宜的区间内，而黏结相的自身强度则应尽可能的高。根据对实际烧结生产的铁矿粉高温特性适宜区间的统计解析结果为：铁矿粉的最低同化温度在 1275～

1315℃较为适宜；而液相流动性指数在 0.7~1.6 较为适量；铁矿粉的黏结相自身强度值则应大于 500N。

4.4.5.2　基于铁矿粉同化性的配矿评价方法

铁矿粉的同化性过低或过高均难以获得产量、质量指标优良的烧结矿。因此，在烧结生产进行配矿时，应重视同化性不同的铁矿粉搭配使用以达到互补或改善的效果。例如，国内矿和巴西矿同化性较低，南非矿和澳矿的则较高，这两种类铁矿粉应互补搭配，以获得综合同化性合适的烧结混合矿。

为了定量评价混合矿的同化性，假设混合矿的最低同化温度存在一个适宜温度范围，即 $T_{适宜} \in (T_1, T_2)$，其中，T_1 和 T_2 分别为烧结过程中适宜最低同化温度的下限值和上限值，则基于同化性的铁矿粉配矿设计时，应确保搭配后混合矿的最低同化温度（表示为 $T_{混合}$）也处于该温度范围，即 $T_{混合} \in (T_1, T_2)$。另外，最新研究结果表明：混合矿的同化性与单种矿的同化性存在线性关系，故可以根据各单种矿的最低同化温度及其配比来评价混合矿的综合同化性。

下面以最简单的两类铁矿粉相互搭配为例，针对它们相互搭配时在同化性方面的变化特征，对其配合性做出评价。首先，确定其中一类矿（单种矿或者多种矿的混匀矿）为"基准矿"，其最低同化温度表示为 $T_{基}$，另一类后加入的矿（单种矿或者多种矿的混匀矿）为"搭配矿"，其最低同化温度表示为 $T_{搭配}$；其次，根据实验测定结果，将 $T_{基}$ 与 $T_{适宜}$ 相比较，明确是"高"还是"低"，抑或在其范围内；再者，基于 $T_{搭配}$ 以及与"基准矿"搭配后混合矿最低同化温度（表示为 $T_{混合}$）的变化特征进行配合性评价。通过分析可归纳出八类情况，见表 4-33，"搭配矿"的加入对改善"基准矿"同化性的影响，可分别评价为"适宜""互补""不适宜"和"不定"，并分别用字母 A、B、C 和 D 表示。

表 4-33　基于同化性的铁矿粉搭配评价体系

编号	基准矿和搭配矿	混合矿	评价
1	$T_{基} > T_2$，$T_{搭配} \in (T_1, T_{基})$	$T_{混合}$ 较 $T_{基}$ 更加接近 $T_{适宜}$	适宜-A
2	$T_{基} < T_1$，$T_{搭配} \in (T_{基}, T_2)$	$T_{混合}$ 较 $T_{基}$ 更加接近 $T_{适宜}$	适宜-A
3	$T_{基} \in (T_1, T_2)$ $T_{搭配} \in (T_1, T_2)$	$T_{混合} = T_{适宜}$	适宜-A
4	$T_{基} \in (T_1, T_2)$，$T_{搭配} > T_2$ 或 $T_{搭配} < T_1$	$T_{混合}$ 是否"适宜"，还需要根据"搭配矿"的最低同化温度及其配比来确定	不定-D
5	$T_{基} > T_2$，$T_{搭配} < T_1$	二者的同化性高低"互补"，但 $T_{混合}$ 是否"适宜"，还要依据二者的最低同化温度及其配比来判定	互补-B

续表 4-33

编号	基准矿和搭配矿	混合矿	评价
6	$T_基 < T_1$，$T_搭配 > T_2$	二者的同化性高低"互补"，但 $T_混合$ 是否"适宜"，还要依据二者的最低同化温度及其配比来判定	互补-B
7	$T_搭配 > T_基 > T_2$	$T_混合$ 较 $T_基$ 更加偏离 $T_适宜$	不适宜-C
8	$T_搭配 < T_基 < T_1$	$T_混合$ 较 $T_基$ 更加偏离 $T_适宜$	不适宜-C

注：通过统计大量实际生产数据，解析出烧结混合矿最低同化温度的适宜范围为 1275~1315℃，即 $T_1 = 1275℃$，$T_2 = 1315℃$。

应当指出，上述配合性的评价方法，虽然是以两种铁矿粉相互搭配为例描述的，但对于多种矿搭配也适用，只要把"基准矿"看成是几种矿的混匀矿，在确定其同化性后，依据"搭配矿"的加入在混合矿综合同化性方面的变化特征，就可以获得配合性评价结果，这对实际烧结生产的优化配矿有重要的指导作用，从而避免配矿的盲目性，提高配矿设计的效率。

4.4.5.3　铁矿粉液相流动性互补的配矿方法

根据前面所述，要求烧结混匀矿的同化性、液相流动性在适宜区间，而单种铁矿粉的同化性、液相流动性很难满足这一需求，故需要依据不同铁矿粉的同化性、液相流动性差异，通过互补配矿方式予以解决。下面以液相流动性为例阐述这一互补配矿原理。图 4-23 所示为基于各类铁矿粉液相流动性的配矿方法示意图，图中液相流动性指数介于 0.8~1.2 之间的虚线区域，代表混匀矿在烧结过程中的适宜液相流动性区间，矿 A、矿 B、矿 C 及矿 D 分别代表不同液相流动性指数的铁矿粉；"→"的箭头方向为"基准矿"，箭尾方向为"搭配矿"，而其指向表示将"搭配矿"配入"基准矿"之中形成混合矿。

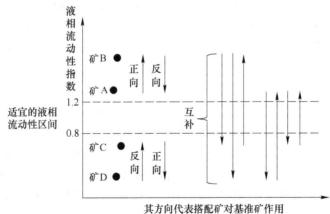

图 4-23　铁矿粉液相流动性互补搭配原则示意图

以矿 A、矿 B、矿 C 为例，当矿 A 为基准矿时，将矿 C 配入，或者当矿 C 为基准矿时，将矿 A 配入，则两者混合矿的液相流动性更趋向适宜的流动性范围，这种情况称之为"互补"；当矿 B 为基准矿时，将矿 A 配入，可使得混匀矿的液相流动性更接近适宜区间，这种情况谓之"正向"作用；而将矿 B 配入基准矿 A 矿时，会使混匀矿的液相流动性更偏离适宜区间，这种情况为"反向"行为。另外，从图中还可以看出，矿 A、矿 B 的液相流动性均处于适宜区间的上方，而矿 C、矿 D 的液相流动性均处于适宜区间的下方，故这两类矿也属于"互补"作用的矿种。

4.5　进口铁块矿的冶金性能与质量分析

4.5.1　铁块矿对高炉炼铁的价值和国内外高炉炉料结构的状况

我国高炉炼铁自 20 世纪 80 年代初期，逐步形成高碱度烧结矿搭配酸性炉料（酸性球团和块矿）的合理炉料结构形式，这种形式的炉料结构发挥了高碱度烧结矿优良冶金性能的优势和酸性炉料高品位、低渣量的优势，取得了良好的冶炼效果。由于进口块矿的品位高、SiO_2 含量低，与高碱度烧结矿搭配组成的炉料结构，也能取得低渣量、低燃料比的冶炼效果。

我国高炉炼铁自 20 世纪 90 年代初，在高炉炉料结构中，块矿的比例逐年增加，例如首钢高炉 1990 年配用块矿的比例为 0.8%，1995 年为 2.9%，2000 年即增长到 15.15% 的比例；宝钢高炉自 2000 年起，块矿的配用比例一直保持在 15%～20% 的程度，近几年来，由于块矿的价格明显低于球团矿，不少企业为降低生铁成本，普遍采用少配球团矿，多配块矿已成为目前我国高炉炉料结构的一种趋势。

日本高炉的炉料结构，球团矿的比例较低，块矿的比例不断上升，入炉块矿的比例已由 1979 年的 10.4% 上升到 2003 年 21.3%，川崎制铁千叶厂 5153 m^3 的 6 号高炉，入炉矿比例已上升到 42.7%，日本炼铁界认为，高炉炼铁增加块矿的入炉比例，不仅能减少建球团矿厂的投资和占有面积，同时还能减少烧结、球团生产过程产生的环境污染和各种能源消耗。

西欧和北美工业发达国家受环境保护因素的影响，在近 20 几年里，高炉的炉料结构发生着很大的变化，烧结矿的比例在减少，球团矿的比例在不断增加，特别是北欧的瑞典和芬兰的钢铁企业，100% 的采用球团矿冶炼。北美国家（美国、加拿大、墨西哥）都是以球团矿为主的国家，美国米塔尔和美钢联两大钢铁公司的高炉炼铁，炉料结构都是 80% 球团矿+20% 高碱度烧结矿组成。2014 年平均炉料组成为 92% 球团矿+7% 烧结矿+1% 块矿。

目前我国高炉的炉料结构，由于烧结粉的价格便宜，不少企业多用烧结矿和块矿，减少球团矿的比例。分析认为，炉料结构关系到高炉燃料比和生铁成本，高炉多配烧结矿但烧结矿的碱度不应低于 1.85，多配块矿要强调块矿的品位、SiO_2 含量和小于 6.3mm 的粒级比例，即配用块矿应追求高品位、低 SiO_2 含量。

4.5.2　进口铁块矿的化学成分、物理性能和冶金性能

进口铁块矿的化学成分、物理性能和冶金性能分别列于表 4-34 ~ 表 4-36。

表 4-34　进口铁块矿的化学成分　　　　　　　　（%）

块矿名称	化学成分（质量分数）								LOI
	TFe	FeO	CaO	MgO	SiO_2	Al_2O_3	S	P	
CVRD	68.68	0.63	0.16	0.34	1.38	1.25	0.006	0.055	2.0
MBR	67.30	0.58	0.10	0.02	1.16	1.50	—	—	
MBR	67.70	0.20	0.04	0.02	1.30	0.75	0.005	0.04	0.5
哈块 DSO	64.28	0.70	0.01	0.01	2.92	1.38	0.014	0.06	3.0
哈块矿—A	66.34	0.42	0.11	0.07	1.30	0.74	0.014	0.026	2.33
哈块矿—B	65.04	0.79	0.10	0.08	2.62	1.37	0.021	0.031	3.02
哈块矿—C	64.50	—	—	0.10	2.70	1.25	—	0.06	
哈块矿—D	64.30	—	—	0.08	2.97	1.65	—	0.11	
BHP MAC(L)	62.40	0.80	0.01	0.01	2.70	1.56	0.02	0.064	2.80
BHP MAC(H)	64.07	0.43	0.01	0.05	2.18	1.10	0.025	0.11	
BHP 纽曼	65.40	0.33	0.05	0.08	3.00	1.30	0.012	0.057	1.90
BHP 纽曼	63.46	0.86	0.04	0.03	3.56	1.54	0.018	0.081	3.90
BHP 纽曼	60.54	—	0.03	0.07	3.64	3.31	0.044	0.042	5.95
库利安诺宾	64.11	1.75	0.02	0.07	1.99	0.48	0.03	0.079	5.50
库利安诺宾	60.08	0.84	0.05	0.06	2.58	1.23	0.04	0.135	8.64
西安吉拉斯	62.74	2.01	0.02	0.02	2.36	1.20	0.015	0.054	0.008
罗布河 Mesaj	57.40	1.20	0.38	0.01	5.10	2.61	0.018	0.040	9.00
罗布河	58.12	0.57	0.06	0.06	4.16	2.16	0.026	0.042	10.02
PB 块	63.11	0.53	0.07	0.05	3.36	1.58	0.04	0.02	—
娃哈拉块	59.72	0.67	0.65	0.74	7.28	1.75	0.02	0.06	3.62
南非伊斯科	65.62	0.45	0.03	0.02	4.23	1.43	0.007	0.040	0.44
Kumba 块	65.94	0.54	0.12	0.04	3.41	0.75	0.015	0.044	0.53
印度 MMTC	65.40	2.01	0.04	0.03	2.01	0.69	0.007	0.058	1.60
印度果阿块矿	64.10	18.32	0.01	0.05	1.70	2.30	0.002	0.02	3.2
蒙古 ZS 块矿	65.12	18.32	1.30	1.94	3.48	0.27	0.048	—	1.03
智利块矿	62.87	26.41	1.57	1.43	6.21	1.80	0.095	0.064	—

续表 4-34

块矿名称	化学成分（质量分数）								LOI
	TFe	FeO	CaO	MgO	SiO$_2$	Al$_2$O$_3$	S	P	
印尼 BR 块矿	66.00	2.17	0.11	0.05	1.44	0.90	0.06	0.05	2.0
伊朗块	64.80	15.35	0.37	0.05	4.15	0.66	0.04	0.02	—
伊朗块	58.19	—	2.04	3.67	5.48	1.42	0.687	0.115	2.71
墨西哥块	64.00	12.98	0.19	0.05	5.14	1.35	—	—	—
塞拉利昂块	57.83	—	0.30	0.10	1.67	6.17	0.094	0.081	8.03
越南贵沙块	58.74	0.48	0.21	0.20	1.66	1.05	—	0.07	11.30
哈块矿—E	65.47	0.50	0.46	0.59	3.20	1.09	—	0.069	4.70
哈块矿—F	64.83	0.34	0.49	0.68	3.49	1.05	—	0.060	6.00
哈块矿—G	63.33	0.21	0.06	0.092	3.63	1.28	—	0.057	3.26
哈块矿—H	61.85	0.59	0.07	0.048	3.69	1.12	—	0.047	6.92
哈块矿—I	62.70	0.49	0.08	0.045	2.69	1.23	—	0.096	5.60
哈块矿—J	62.92	0.60	0.52	0.92	3.52	1.22	—	0.061	6.05

表 4-35　进口铁块矿的物理性能

块铁矿名称	冷强度指数/%		热爆裂指数/%		粒度（-6.3mm）/%
	TI$_{+6.3}$	AI$_{-0.5}$	DI$_{-6.3}$	DI$_{-3.15}$	
CVRD 块矿	79.7	20.3	6.89	4.32	≤10.0
MBR 块矿	94.0	2.50	8.52	4.69	≤8.0
哈块矿 DSO	84.0	8.40	6.12	3.33	≤10.5
哈块矿—A	—	—	4.26	6.93	≤10.5
哈块矿—B	—	—	5.11	10.40	≤10.5
哈块矿—C	84.3	11.0	4.75	3.28	≤10.5
哈块矿—D	81.4	8.6	4.59	3.10	≤10.5
BHP MAC（L）	85.3	8.80	6.02	2.85	≤13.0
BHP MAC（H）	—	—	6.53	4.16	≤13.0
BHP 纽曼	85.0	9.0	4.98	2.38	≤13.0
库利安诺宾	90.87	2.63	8.0	5.74	≤7.50
西安吉拉斯	84.70	7.80	7.29	3.55	≤20.0
罗布河 Mesaj	73.30	8.00	3.12	2.09	≤20.0
南非伊斯科	93.30	3.20	1.52	0.74	-8mm≤10.00
印度块矿	—	—	—	—	≤20.0
印度 MMTC	87.30	8.10	—	—	≤21.2
印度果阿块矿	75.0	16	0.70	—	—
蒙古 ZS 块矿	—	—	0.51	1.24	—
智利块矿	—	—	1.13	1.10	≤10.0
印尼块矿	90.5	5.0	3.13	1.69	≤10.0

表 4-36 进口铁块矿的冶金性能

块矿名称	900℃还原性 RI /%	500℃还原粉化率 $RDI_{+3.15}$ /%	荷重软化性能		熔融滴落性能				
			T_{BS} /℃	ΔT_B /℃	T_S /℃	T_d /℃	ΔT /℃	Δp_{max} /kPa	S 值 /kPa·℃
CVRD	62.9	86.3	926	375	1460	1472	12	2.23	34.89
MBR	73.6	88.6	1081	160	895	1377	482	2.0	963.61
MBR	60.1	90.0	822	374	1440	1444	4	3.10	10.17
哈块 DSO	72.9	81.7	1087	201	1490	1501	9	1.22	6.35
哈块矿—A	83.7	72.8	987	186	1185	1432	245	4.08	859.68
哈块矿—B	80.4	71.0	1056	198	1382	1423	41	2.75	90.41
哈块矿—C	80.6	69.9	1012	148	1428	1480	52	3.53	102.5
哈块矿—D	83.6	71.0	1103	206	1431	1482	51	2.50	158.1
BHP MAC（L）	95.2	84.2	929	346	1495	1500	5	1.93	7.01
BHP MAC（H）	75.3	73.4	—	—	—	—	—	—	—
BHP 纽曼	81.0	87.2	1017	301	1496	1512	16	2.50	31.36
BHP 纽曼	74.3	86.7	1026	139	1214	1402	188	1.20	224.77
库利安诺宾	86.5	87.6	825	392	1446	1450	4	2.30	7.06
库利安诺宾	84.5	90.5	906	109	1267	1389	122	1.58	19.249
西安吉拉斯	88.3	85.1	926	226	1487	1492	5	2.96	12.05
罗布 Mesaj	88.6	79.7	910	160	1495	1501	6	2.22	10.11
罗布河	90.4	84.5	823	177	1175	1476	—	2.67	517.52
南非伊斯科	62.7	84.0	1115	105	1325	1425	100	1.75	122.50
Kumba 块	69.5	91.1	1116	169	1278	1401	123	1.74	159.25
印度 MMTC	61.0	69.6	921	365	1501	1534	33	1.29	25.55
印度果阿块	58.9	26.8	—	—	—	—	—	—	881.0
蒙古 ZS 块矿	54.4	—	1012	296	1404	1492	88	4.36	339.68
智利块矿	55.6	94.5	—	—	—	—	—	—	—
印尼 BR 块	70.2	73.9	951	247	1363	1403	40	1.47	39.20
PB 块	88.1	84.6	900	237	1345	1458	113	1.69	191.58
娃哈拉块	78.0	93.0	900	451	1351	1498	146	1.52	221.77
伊朗块	58.1	94.8	—	—	1262	1453	191	3.55	677.59
墨西哥块	56.9	83.5	—	—	1267	1476	209	3.13	653.38
越南贵沙块	95.5	93.4	744	362	1410	1418	8	0.44	3.53
哈块矿—E	68.1	85.6	1075	125	1472	1485	13	3.65	47.39

块矿名称	900℃还原性 RI /%	500℃还原粉化率 $RDI_{+3.15}$ /%	荷重软化性能		熔融滴落性能				
			T_{BS} /℃	ΔT_B /℃	T_S /℃	T_d /℃	ΔT /℃	Δp_{max} /kPa	S 值 /kPa·℃
哈块矿—F	75.1	84.7	988	180	1380	1450	70	4.44	310.76
哈块矿—G	65.5	86.5	1011	217	1457	1482	25	4.71	117.85
哈块矿—H	78.4	88.5	1030	180	1443	1477	38	3.19	121.03
哈块矿—I	69.4	86.1	1042	192	1464	1476	12	5.87	70.44
哈块矿—J	75.2	87.1	1036	165	1453	1494	41	4.03	128.89

由表 4-34~表 4-36 可见，进口铁块矿既有高品位、低 SiO_2、低 Al_2O_3 的优势，也有不少矿具有品位低、高 SiO_2、高 Al_2O_3 的劣势。

4.5.3　对进口块矿冶金性能和质量的分析

入炉块矿的质量包括其化学成分、物理性能和冶金性能三个方面。此三个方面中化学成分是基础，物理性能是保证，冶金性能是关键。据此对进口块矿的质量做如下分析。

4.5.3.1　对进口块矿化学成分的分析

分析块矿的化学成分首先要看它们各自的含铁品位和 SiO_2 含量，由表 4-34 的 30 种块矿的化学成分可见，品位和 SiO_2 含量基本可分为三类，A 类的含铁品位在 64%~68%，SiO_2 含量在 1%~3% 的范围；B 类的含铁品位在 60%~64%，SiO_2 在 3%~4%；C 类的含铁品位低于 60%，SiO_2 含量大于 4% 的水平。像罗布河、娃哈拉、伊朗、墨西哥和智利均属于 C 类矿，高炉炼铁尽可能少用和不用的块矿。

CaO 和 MgO 是属于有价元素，块矿的 CaO 和 MgO 含量均比较低，仅有蒙古、智利和伊朗低品位矿含有一定量的 CaO 和 MgO，是企业采购时值得重视的成分。

Al_2O_3 含量也是块矿的一个重要元素，表 4-34 中除了塞拉里昂、印度果阿和澳洲罗布河块矿外，绝大多数进口块矿的 Al_2O_3 含量都比较低，Al_2O_3 含量超过 2% 的块矿配用时应关注其对高炉渣 MgO/Al_2O_3 的影响。

对于直接入炉的块矿，S、P、K_2O、Pb 和 Zn 等有害元素的含量也是需要关注的，由表 4-34 可见，三十余种进口块矿的 S、P 含量除了伊朗碱性块矿超标外，其余进口块矿的 S、P 含量均比较低。K_2O、Pb 和 Zn 等有害元素在表 4-34 中未反映出来，但不等于没有，根据以往对国外的认识，印度矿的成分比较复杂，在南亚国家的铁矿有害元素含量比较高，南非铁矿的碱金属（K_2O+Na_2O）

含量比较高，企业采购这些矿时应引起注意。

企业采购低品位、高 SiO_2 和 Al_2O_3 含量的低品质矿时，要通过计算其综合品位性价比进行确认，综合品位的计算公式为：

$$
\begin{aligned}
TFe_{综合} = & [TFe/(1-LOI)] \div [100+2R_2(SiO_2+Al_2O_3)/(1-LOI) - \\
& 2(CaO+MgO)/(1-LOI)+2(S+P)/(1-LOI)+5\times \\
& (K_2O+Na_2O+Pb+Zn+As+Cl)/(1-LOI)]\times100\%
\end{aligned} \tag{4-3}
$$

式中，R_2 为炉渣二元碱度，其余均为铁矿粉的化学成分；LOI 为烧损值。

$$
综合品位性价比 = 表观品位价 \div 综合品位价 \tag{4-4}
$$

4.5.3.2 对进口块矿物理性能的分析

表 4-35 仅列举了部分进口块矿的物理性能，尚有多种进口块矿的物理性能缺少检测数据。块矿的物理性能主要包括强度指标、热爆裂和粒度组成指标，由表 4-35 可见，巴西 CVRD 块矿、部分哈块矿、澳洲的罗布河块矿和印度的果阿块矿的强度指标较差，反映出转鼓指数低至不足 80%，特别是抗磨指数（$AI_{-0.5}$）过高，像 CVRD 和印度果阿块矿的抗磨指数达到 20.3% 和 16%，这将会严重影响高炉上部的透气性和利用经济效果。

热爆裂指数由表 4-35 数据可见，多数块矿均比较低，但巴西和部分哈块矿比较高，$DI_{-3.15}$ 指数达到 4%～10% 的程度，它将一定程度影响高炉上部块状带的透气性。高炉炼铁大比例配用块矿，应对其热爆裂指数进行测定，$DI_{-3.15}>5\%$ 的块矿要控制其配用比例，以保持高炉的炉况稳定顺行。

粒度和粒度组成是块矿的一项重要质量指标，由表 4-35 可见，多数块矿小于 10mm 的百分数均超过 10%，有几种块矿甚至超过 20%，据多个企业反映，目前购进的块矿粉末太多，因此对目前铁矿石市场的价格应进行综合评估，企业应根据铁矿石的实际价值进行采购和配用，控制好企业的成本。

4.5.3.3 对进口块矿冶金性能的分析

铁矿石的冶金性能包括 900℃ 还原性（RI）、500℃ 低温还原粉化性能（RDI）、荷重软化性能（T_{BS}、ΔT_B）和熔滴性能（T_s、ΔT、Δp_{max} 和 S 值）。

900℃ 还原性是冶金性能中最基本的性能，它不仅影响高炉上部煤气利用率，还原性的优劣还会影响软熔带的位置和高炉下部透气性，从而影响高炉稳定和顺行。铁矿石的还原性取决于矿物组成和气孔度。磁铁矿由于含 FeO 高，结构也致密，还原性较差，如伊朗和墨西哥、外蒙古和智利块矿还原性很差，印度块矿的还原性也偏差；赤铁矿（Fe_2O_3）本应还原性良好，但一般赤铁矿气孔度低，故还原性也偏差，如巴西和南非块矿的还原度都不高；褐铁矿由于其矿物组成为 Fe_2O_3 易还原，再加上褐铁矿的组织疏松，孔隙度高，故常见褐铁矿的还原度比较优良，褐铁矿的 900℃ 还原性一般大于 80%。

　　块矿的低温还原粉化性能（RDI）一般都比较好，由表 4-36 数据可见，$RDI_{+3.15}$ 指数均大于 70%，一般都在 80% ~ 90%，表 4-36 中唯有印度果阿块矿的 RDI 指数很低，不足 30%，它的还原性也不良，什么原因造成果阿块矿这一性能差，需根据其化学成分做全分析研究确认。

　　铁矿石的荷重软化性能取决于其矿物组成和气孔结构强度，往往开始软化温度（T_{BS}）取决于其气孔结构强度，软化终了温度（T_{BE}）取决于其矿物组成。高炉炼铁要求炉料开始软化温度不低于 1100℃，软化区间不大于 150℃，一般酸性炉料（酸性球团矿和块矿）的软化性能比较差，$T_{BS} > 900℃$ 就是比较好的，由表 4-36 可见，外蒙古碱性块矿、南非块矿和部分哈块矿的 T_{BS} 达到高于 1000℃ 的温度，多数块矿的 T_{BS} 均不高于 1100℃，越南贵沙块矿因高水化程度（LOI = 11.30%）还原强度低，导致 T_{BS} 仅为 744℃。企业采购块矿应关注其荷重软化性能，以保持高炉中部有良好的透气性。

　　熔滴性能是铁矿石冶金性能中最重要的一项性能，熔融滴落带的透气性阻力占据整个高炉阻力损失的 60% 以上，高炉冶炼配加块矿比例高的高炉应特别关注其熔滴性能的优劣。表 4-36 数据可见，不同块矿的熔滴性能总特性值差别很大，块矿熔滴性能优良的 S 值小于 50kPa·℃，不良的达到大于 500kPa·℃，实验研究和生产实践证明，熔滴性能总特性值与块矿的品位和 SiO_2 含量、与 Al_2O_3 和 TiO_2 的含量、与其还原性等都密切相关，凡是 SiO_2、Al_2O_3 和 TiO_2 含量高的、还原性差的块矿其熔滴性能都会比较差，高品位、低 SiO_2、低 Al_2O_3 和 TiO_2 含量少、还原性好的块矿其熔滴性能都比较好。由表 4-36 数据可见，蒙古块矿、伊朗块矿、墨西哥块矿、印度果阿块矿和部分哈块矿的熔滴性能比较差，其 S 值高达 500kPa·℃ 以上，企业采购时需要关注这一因素对高炉冶炼的影响，必要时应通过对其熔滴性能的检测再确认。

4.5.4　小结

　　以上化学成分、物理性能和冶金性能的实验数据的讨论与分析，可以得出如下结论：

　　（1）块矿的质量由化学成分、物理性能和冶金性能组成，它们之间的关系为：化学成分是基础，物理性能是保证，冶金性能是关键。

　　（2）块矿的化学成分应选择高品位、低 SiO_2 和 Al_2O_3，同时应关注 S、P、K_2O、Pb 和 Zn 等有害元素的含量不超标，采购低品位、高 SiO_2 和 Al_2O_3 的低品质块矿时，应通过综合品位性价比的技术进行确认。

　　（3）企业采购块矿时应关注其冶金性能对高炉操作指标的影响，应选择还原性良好的（$RI > 70%$）、低温还原粉化性能良好（$RDI_{+3.15} > 72%$）、荷重软化开始温度较高（$T_{BS} > 900℃$），熔滴性能良好（S 值 $\leqslant 160kPa \cdot ℃$）的块矿进行采购。

4.6　原料采购与烧结、高炉配矿的一体化

高炉炼铁是一项复杂的系统工程，从炉料结构、炉料质量、炉内操作到高炉设备相互关联；烧结从原料采购、优化配矿、烧结操作、冷却余热利用、烟气脱硫脱硝一体化净化处理，直到破碎、筛分整粒入炉六部分相互关联；烧结操作又从准确配料到强化制粒、偏析布料、低负压点火操作互相关联；高炉炼铁本身又有优化配料、炉内外操作、富氧喷煤、上料系统、热风系统、冷却系统到高炉长寿互相关联等。在这个复杂的系统工程中，以往都是局部去优化处理问题，特别是很少有把原料采购与烧结、高炉配矿一体的综合优化。而多年来的生产实践证明，高炉炼铁的原料采购是企业降本增效的关键环节。高炉炼铁本身就是铁矿物的加工工艺，离开了炼铁原料的优化采购和配矿就失去了优化高炉炼铁的基础。但是多年来钢铁企业的原料采购部门，往往从铁矿石的贸易出发，而不从烧结和高炉炼铁的生产出发，现在强调的优化原料采购与烧结、高炉配矿的一体化，不只是烧结配矿的工艺优化和高炉配矿的优化，而是重在原料采购与烧结、高炉配矿的一体化优化技术。

现代钢铁生产已进入了互联网时代，互联网思维就是用户思维。原料采购是为烧结和高炉炼铁服务的，烧结和高炉就是采购的用户，烧结和高炉就是采购的终端。因此把原料采购与烧结和高炉炼铁联系起来一体综合优化，不仅是钢铁企业内生产上的有机联系，也是进入互联网时代的必然结果，是钢铁生产过程供给侧改革的一个重要内容。

4.6.1　烧结、高炉炼铁原料采购的优化

4.6.1.1　优化烧结、高炉炼铁原料采购的价值

由中国钢铁工业协会对标挖潜办公室每年公布的全国 62 家钢企原燃料采购成本对比表可见（见表 4-37），同一质量的原燃料不同企业的采购价有很大的差别，在近几年全国钢铁企业处于"困境"时期，已远远超过生产吨钢可能达到的效益，因此在全国钢铁企业仍然处于"困境"时期，优化配矿，降低采购成本已成为多数企业降本增效的关键环节。

表 4-37 中所列数据为原燃料采购成本折算成 62% 品位年平均到厂价，不含税成本，即入库成本，包括国内运费、装卸费、保险费、港口存储费，并扣除了途耗。若同一品种有不同品质和级别，则根据采购加权平均的方法处理。

表4-37 全国62家钢铁企业原燃料采购成本对比表 （元/吨）

时间	项目	国产精矿	进口粉矿	喷吹煤	冶金焦	炼焦煤
2012年 1~12月	年平均采购成本	875.77	931.85	1058.55	1692.05	—
	最低前五家采购成本	675.40	817.18	718.10	1510.41	—
	最高前五家采购成本	1125.29	1254.63	1231.85	1915.92	—
	高低采购成本相差值	449.90	437.75	513.76	405.51	—
	高、低成本相差幅度/%	39.98	34.87	41.71	21.17	—
2013年 1~11月	年平均采购成本	867.06	916.37	871.63	1406.25	1093.88
	最低前五家采购成本	681.14	767.40	596.68	1227.19	940.92
	最高前五家采购成本	1092.47	1322.09	1037.22	1576.89	1241.74
	高低采购成本相差值	411.33	554.69	440.53	349.79	300.82
	高、低成本相差幅度/%	60.39	72.38	73.83	28.50	31.97
2014年 1~12月	年平均采购成本	697.82	714.57	722.40	1100.83	877.07
	最低前五家采购成本	619.40	626.73	501.92	926.98	699.27
	最高前五家采购成本	965.02	899.62	877.91	1245.06	995.88
	高低采购成本相差值	345.62	272.89	375.99	318.09	296.61
	高、低成本相差幅度/%	55.80	43.54	74.91	34.31	42.42
2015年 1~12月	年平均采购成本	469.81	456.40	418.12	704.69	547.70
	最低前五家采购成本	411.15	395.93	232.27	553.64	378.84
	最高前五家采购成本	583.45	696.01	777.66	1043.06	820.42
	高低采购成本相差值	172.30	300.09	359.54	338.40	272.66
	高、低成本相差幅度/%	41.90	75.79	85.99	48.02	49.78

根据表4-37的数据，建议各钢铁企业可到最低5家的单位（见表4-38）去交流取经，以有效降低本企业的采购成本，在新常态下取得降本增效的实效。优化原料采购最大限度地降本增效，关键在于根据铁矿石综合品位性价比的排序和配矿结构进行采购和优化配矿。

表4-38 2014年1~12月采购成本最低的5家企业

原料名称	采购成本最低的5家企业				
炼焦煤	河北普阳	唐山建龙	首钢长治	石横特钢	山西新临钢
喷吹煤	新疆八一	陕西龙钢	河北普阳	首钢长治	陕西太钢
冶金焦	陕西龙钢	河北普阳	唐山建龙	新兴铸管	石家庄钢铁
国产精粉	湖北鄂钢	新疆八一	广东韶钢	内蒙古包钢	辽宁凌钢
进口矿粉	天津荣成	南京钢铁	常州中天	山西太钢	湖北鄂钢

4.6.1.2 按铁矿石综合品位性价比排序采购

许满兴曾在 2015 年全国烧结球团技术交流年会上发表的"创建铁矿综合品位性价比的计算法提高企业成本竞争力"一文，对企业准备采购的铁矿石（粉）进行综合品位计算，其公式为：

$$TFe_{粉综} = TFe \div [100 + 2R_2(SiO_2 + Al_2O_3) - 2(CaO + MgO) + 2(S + P) +$$

$$5(K_2O + Na_2O + Pb + Zn + As + Cl) + C_1(LOI + C_2Lm)] \times 100\% \qquad (4-5)$$

式中　C_1——烧损（LOI）当量价值，根据经验，当 LOI<3% 时，C_1 取 "-0.6"，当 LOI=3%~6% 时，C_1 取 "0"，当 LOI>6% 时，C_1 取 "0.6"，C_1 取舍尚可由企业做调整；

　　　　C_2——粒度当量价值，当粉矿的粒度+8mm 大于 5% 或 1.0~0.25mm 含量大于 22% 时应做修正，修正值 C_2Lm 可取绝对值超量的 0.2。

根据计算结果，再计算出表观品位价（到厂价/表观品位）、综合品位价（到厂价/综合品位）及综合品位性价比（表观品位价/综合品位价），把以上计算结果列为综合品位性价比计算结果排序表。

企业可根据综合品位性价比的排序与配矿结构选择采购矿种，企业可将铁矿粉综合品位性价比的计算方法编成软件，只要将企业的铁矿石化学成分和到厂价输入软件的表格内，各项计算结果就会在下一个表格内系统地显示出来。

4.6.1.3 企业配矿结构必须要有稳定的主矿体系

所谓主矿体系是指烧结配矿要由几种主要的矿种组成，只有烧结的主矿体系稳定了，才能稳定烧结矿的质量，烧结矿的质量稳定，是高炉炉况稳定的基础。依据国内外已有的经验，烧结矿的主矿体系可由以下三种形式构成：

（1）一种高品位、低硅、低铝的赤铁矿粉（或磁铁矿粉）与两种高水化程度的褐铁矿（其比例可为 40%~70%）组成的主矿体系，所得到的烧结矿与采用全优质赤铁矿粉具有同样优良的成品率和性能。

（2）以中等水化程度的褐铁矿粉（如马拉曼巴矿的西安吉拉斯、麦克粉、何普当斯粉）作为主要原料时，由于其粒度细，料层透气性差，可采用比生石灰更优的黏结剂强化制粒，改善料层透气性和提高成品矿强度。

（3）以高水化程度的褐铁矿粉和中等水化程度的褐铁矿粉为主要原料的烧结技术，以粗粒作为制粒的核心，以几种微粒作为包裹料强化制粒，改善料层的透气性，确保生产率不下降。

建立以上三个主矿体系，均体现提高褐铁矿粉的比例，以达到降低采购成本，不降低入炉料质量的低成本战略；建立以上三个主矿体系，均需采用强化制粒工艺技术，改善料层透气性，确保烧结产质量的低成本战略。

4.6.2　优化烧结配矿的要求、原则和方法

优化烧结配矿应满足以下要求：

（1）满足高炉对碱度和化学成分的要求，成品矿的主要化学成分包括品位、碱度和 SiO_2、MgO、Al_2O_3、FeO 和有害元素。

（2）满足高炉对烧结矿强度和粒度的要求。

（3）满足高炉对烧结矿冶金性能的要求，特别注重对高炉块状带的还原性和高炉下部软熔带透气性的要求。

（4）满足高炉顺行和稳定性的要求，特别要确保高炉的稳定性的要求。

（5）满足节能减排，提高效益和低成本的要求。

优化烧结配矿应坚持以下各项原则：

（1）坚持高品位、低渣比的精料方针原则。

（2）坚持低 MgO、低 FeO 高还原性的原则。

（3）坚持低燃耗、低电耗的低能耗原则。

（4）坚持低有害元素，有利于高炉长寿的原则。

（5）坚持低成本、高效益的原则。

优化烧结配矿应采用以下方法：

（1）按铁矿粉的烧结反应性合理搭配的方法。

（2）按铁矿粉的烧结基础特性合理配矿的方法。

（3）按铁矿粉晶体颗粒大小，水化程度和 Al_2O_3 含量高低三个特性合理配矿方法。

优化配矿的计算方法目前最常见的是采用 Excel 表格法，该方法比较简单易行，也有采用 Excel+数学模型的方法，比较复杂的计算方法采用线性规划方法，还有烧结优化配料模型，目前在高校和科技界已广泛采用美国学者提出的线性规划 Matlab 软件做优化配矿的具体计算。

4.6.3　优化原料采购与烧结、高炉配矿一体化的实例

4.6.3.1　计算的基本条件

根据某港口企业铁矿粉和资源循环的化学成分及到厂价（见表 4-39）计算综合品位、表观品位价、综合品位价、综合品位性价比的结果列于表 4-40 和表 4-41。

表 4-39　某港口企业现有铁矿资源化学成分及干基到厂价

序号	矿粉名称	化学成分（质量分数）/%										LOI /%	每吨干基到厂价/元
		TFe	SiO_2	Al_2O_3	CaO	MgO	S	P	K_2O	Zn	H_2O		
1	Pb 块矿	62.85	3.48	1.65	0.02	0.10	0.021	0.090	—	—	—	3.97	525.49
2	纽曼块矿	63.21	5.33	2.45	0.03	0.01	0.043	0.090	—	—	—	3.90	507.38

序号	矿粉名称	化学成分（质量分数）/%										LOI/%	每吨干基到厂价/元
		TFe	SiO$_2$	Al$_2$O$_3$	CaO	MgO	S	P	K$_2$O	Zn	H$_2$O		
3	巴西块矿	64.00	4.33	1.61	0.02	0.01	0.300	0.120	—	—	—	2.00	550.38
4	澳大利亚球	64.97	2.27	0.36	0.01	0.02	0.001	0.008	—	—	—		644.74
5	乌克兰球	65.35	5.61	0.27	0.02	0.01	0.016	0.010	—	—	—		640.38
6	国产球团	62.10	6.80	0.54	0.10	0.02	0.010	0.020	—	—	—		615.20
7	巴卡粉	65.12	1.93	1.41	0.20	0.10	0.019	0.058	—	—	—	2.34	551.97
8	巴粗粉（高）	64.17	3.36	1.51	0.04	0.07	0.020	0.038	0.016	0.004	—	2.09	540.00
9	巴粗粉（低）	59.23	10.59	1.15	0.09	0.22	0.017	0.050	0.031	0.001	—	2.23	372.05
10	西安吉拉斯	61.72	3.20	1.36	0.01	0.05	0.014	0.067	—	—	—	6.32	506.00
11	Pb 粉	61.42	3.67	2.46	0.02	0.03	0.028	0.104	—	—	—	5.90	506.00
12	超特粉	56.38	6.04	2.95	0.01	0.04	0.038	0.047	—	—	—	8.80	416.16
13	混合粉	58.56	4.57	2.73	0.10	0.03	0.048	0.067	—	—	—	7.15	482.01
14	巴混粉	63.83	4.49	1.47	0.05	0.04	0.021	0.061	—	—	—	0.98	519.83
15	SSFT 粉	63.50	5.80	0.92	0.10	0.03	0.020	0.049	—	—	—	1.28	516.13
16	SSFG 粉	62.80	5.60	1.80	0.10	0.03	0.021	0.060	—	—	—	1.49	478.26
17	FMG 粉	58.09	4.96	2.07	0.06	0.07	0.027	0.064	0.047	0.001	—	7.70	446.70
18	扬迪粉	57.51	5.82	1.26	0.15	0.10	0.038	0.038	—	—	—	9.98	480.00
19	罗布河粉	57.12	5.21	2.70	0.50	0.04	0.033	0.034	—	—	—	9.26	475.00
20	麦克粉	61.59	2.10	4.17	0.10	0.10	0.060	0.081	—	—	—	6.22	462.00
21	马来西亚粉	55.70	13.00	1.57	1.69	0.18	0.030	0.600	0.620	0.001	—	1.01	285.00
22	毛里塔尼亚	53.00	22.28	0.53	—	—	0.003	0.098	—	—	—	0.55	320.00
23	热返矿	55.67	5.82	1.90	9.98	1.75	0.035	0.040	—	—	—		508.80
24	冷返矿	55.29	6.08	1.97	9.98	1.81	0.300	0.045	—	—	—		508.80
25	杂料矿	53.22	7.27	2.04	8.71	3.19	0.158	0.036	—	—	—		388.00
26	高镁粉	—	7.26		1.57	76.4			—	—	0.58	13.9	457.50
27	生石灰粉	—	2.46		78.0	2.80			—	—		11.8	357.00
28	焦粉	—	7.47	5.23	0.75	0.22	0.84		—	—	13.8	87.7	587.00

表 4-40　港口企业优化烧结配矿五个实例的铁矿粉烧结基础特性

配矿方案	铁矿粉名称	同化温度/℃	液相流动指数	黏结相强度/N·cm^{-2}	铁酸钙生成能力/%	固相连晶强度/N·cm^{-2}
【1】	巴卡粉	1288	0.188	862	4.0	696
	西安吉拉斯粉	1238	0.372	314	—	353
	扬迪粉	1135	3.127	245	75	508
	平均	1220.3	1.229	473.7	39.5	519

续表 4-40

配矿方案	铁矿粉名称	同化温度/℃	液相流动指数	黏结相强度/N·cm⁻²	铁酸钙生成能力/%	固相连晶强度/N·cm⁻²
【2】	巴粗粉	1335	1.75	100	12	100
	Pb 粉	1275	4.89	27.51	38	—
	罗布河粉	1174	0.985	333	55.3	872
	平均	1261.3	2.54	153.5	35.1	486
【3】	巴混粉	1378	1.412	270	6.7	254
	混合粉	1275	4.89	27.51	38	—
	FMG 粉	1245	7.21	7.52	—	—
	平均	1299.3	4.50	101.7	22.35	254

表 4-41　表观品位价、综合品位价及综合品位性价比计算结果

序号	矿粉名称	表观品位/%	综合品位/%	表观与综合品位差/%	表观单品价格/元	表观单品价格排名	综合品位价格/元	综合单品价格排名	综合品位性价比	综合品位性价比排名
矿粉 1	Pb 块矿	62.850	58.296	4.554	8.361	17	9.014	16	0.928	8
矿粉 2	纽曼块矿	63.210	55.360	7.850	8.027	9	9.165	18	0.876	20
矿粉 3	巴西块矿	64.000	56.918	7.082	8.600	20	9.670	22	0.889	16
矿粉 4	澳大利亚球	64.970	61.288	3.682	9.924	25	10.520	23	0.943	7
矿粉 5	乌克兰球	65.350	57.569	7.781	9.799	23	11.124	24	0.881	18
矿粉 6	国产球团	62.100	53.212	8.888	9.907	24	11.561	25	0.857	22
矿粉 7	巴卡粉	65.120	62.081	3.039	8.476	19	8.891	13	0.953	5
矿粉 8	巴粗粉（高）	64.170	58.814	5.356	8.415	18	9.182	20	0.917	13
矿粉 9	巴粗粉（低）	59.230	47.595	11.635	6.281	3	7.817	4	0.804	23
矿粉 10	西安吉拉斯粉	61.720	59.227	2.493	8.198	12	8.543	8	0.960	4
矿粉 11	Pb 粉	61.420	56.680	4.740	8.238	14	8.927	14	0.923	11
矿粉 12	超特粉	56.380	50.345	6.035	7.381	5	8.266	6	0.893	15
矿粉 13	混合粉	58.560	53.426	5.134	8.231	13	9.022	17	0.912	14
矿粉 14	巴混粉	63.830	56.691	7.139	8.144	11	9.169	19	0.888	17
矿粉 15	SSFT 粉	63.500	55.675	7.825	8.128	10	9.270	21	0.877	19
矿粉 16	SSFG 粉	62.800	54.451	8.349	7.616	7	8.783	10	0.867	21
矿粉 17	FMG 粉	58.090	53.475	4.615	7.690	8	8.353	7	0.921	12
矿粉 18	扬迪粉	57.510	54.277	3.233	8.346	16	8.843	12	0.944	6
矿粉 19	罗布河粉	57.120	52.934	4.186	8.316	15	8.973	15	0.927	9

序号	矿粉名称	表观品位/%	综合品位/%	表观与综合品位差/%	表观单品价格/元	表观单品价格排名	综合单品价格/元	综合单品价格排名	综合品位性价比	综合品位性价比排名
矿粉20	麦克粉	61.590	56.984	4.606	7.501	6	8.108	5	0.925	10
矿粉21	马来西亚粉	55.700	41.840	13.860	5.117	2	6.812	2	0.751	24
矿粉22	热返矿	55.670	58.944	-3.274	9.140	21	8.632	9	1.059	1
矿粉23	冷返矿	55.290	57.820	-2.530	9.202	22	8.800	11	1.046	2
矿粉24	杂料矿	53.220	54.306	-1.086	7.290	4	7.145	3	1.020	3
矿粉25	毛里塔尼亚	53.000	34.842	18.158	4.340	1	6.601	1	0.657	25

4.6.3.2 优化烧结配矿方案的实例及分析

A 优化烧结配矿方案的实例

根据表 4-41、表 4-42 的计算结果和排序,烧结矿配矿由三种主矿和企业现有其他含铁资源设计五组配矿方案,其中按方案【1】做了品位调整为方案【4】,目的在于比较采用性价比排序的先后次序进行配矿,说明综合品位性价比排序对烧结矿成本的影响;同时按方案【2】配矿,主矿体系不做调整,达到配矿方案【1】品位的要求,方案【5】与方案【1】对比,说明铁矿粉综合品位性价比对配矿成本的影响,五组不同配矿方案及其结果列于表 4-42。

表 4-42 港口企业优化原料采购烧结配矿不同方案的效果对比

项 目		方案【1】			方案【2】			方案【3】			方案【4】			方案【5】		
主矿铁矿粉		巴卡粉	西安吉拉斯粉	扬迪粉	巴粗粉	Pb粉	罗布河粉	巴混粉	混合粉	FMG粉	巴卡粉	西安吉拉斯粉	扬迪粉	巴粗粉	Pb粉	罗布河粉
配比/%		20	22	10	16.5	20.5	18	20.5	20.5	16.5	20.5	18.5	16.5	21.5	20	16.5
综合品位性价比排序		5	4	6	13	11	9	17	14	12	5	4	6	13	11	9
主要化学成分/%	TFe	60.21			57.14			57.41			57.28			60.24		
	SiO$_2$	4.96			4.91			5.51			4.74			5.07		
	MgO	1.60			1.79			1.75			1.59			1.80		
	Al$_2$O$_3$	1.63			2.07			2.02			1.57			1.93		
	R$_2$	1.92			1.92			1.93			1.91			1.92		
每吨原料成本/元		456.90			481.87			491.05			436.44			508.71		
吨矿成本/元		551.90			576.87			586.05			531.44			603.71		

B　优化采购、烧结、高炉配矿一体化烧结五组配矿方案结果分析

由表4-42优化原料采购、五组烧结配矿方案表现为两个不同品位（60%和57%）、三个不同主矿体系（主矿的综合品位由高到低），在碱度和主要化学成分基本相同的条件下，比较铁矿粉综合品位性价比对烧结成本的影响。由其结果可见：

（1）铁矿粉综合品位性价比排序对烧结配矿的成本起着决定性的作用，相同成品矿品位由于主矿的性价比不同形成成品矿的成本产生较大的差值，60%品位的方案【5】与方案【1】相比，成品矿的成本相差51.81元/吨，同样57%品位的方案【3】与方案【4】相比，吨矿的成本相差54.61元/吨。

（2）主矿体系的组合是影响烧结矿成本的重要因素，烧结特性的优势互补原则不是一般的高低或优劣搭配，而是要选择综合品位性价比相一致的合理搭配，否则将会影响烧结配矿成本。

（3）配矿品位目标值是影响烧结成本的基础因素，但不是唯一因素，决定烧结成本的关键因素还是铁矿粉的综合品位性价比及其组合。

（4）主矿体系的综合品位性价比不仅是影响烧结配矿成本的决定性因素，它往往还会严重影响成品矿的主要化学成分和质量。

4.6.3.3　优化高炉配矿方案的实例与分析

A　优化高炉配矿四个方案的实例

根据表4-41、表4-42的计算结果及排序，选择五组烧结配矿中的方案【4】的成品矿作为高炉优化配矿的烧结矿，优化高炉配矿主要变更炉料结构，四个不同方案依据表4-43中球团矿和块矿的排序进行组合，每个方案酸性炉料的配比保持不变，表明由于入炉矿品位不同造成渣铁比不同，从而影响燃料比和生铁成本。四个不同方案的效果列于表4-43。

表4-43　优化高炉配矿不同方案的效果对比

项　目	方案【1】			方案【2】			方案【3】			方案【4】		
炉料结构	自产烧结矿	澳大利亚球团矿	Pb块矿	自产烧结矿	乌克兰球团矿	巴西块矿	自产烧结矿	国产球团矿	纽曼块矿	自产烧结矿	国产球团矿	毛里塔尼亚块矿
配比/%	75	15	10	75	15	10	75	15	10	75	15	10
性价比排序	—	7	8	—	18	16	—	22	20	—	22	25
入炉矿品位/%	59.30			59.34			58.60			57.58		
渣铁比/kg·t⁻¹	271.4			292.3			306.62			370.5		
入炉焦比/kg·t⁻¹	366.2（516.5）			370.0（520.3）			372.6（522.9）			384.1（534.4）		
每吨矿耗成本/元	640.52	155.42	84.45	640.06	154.25	88.38	648.25	150.28	82.52	659.74	152.75	52.97

项 目	方案【1】			方案【2】			方案【3】			方案【4】		
炉料结构	自产烧结矿	澳大利亚球团矿	Pb块矿	自产烧结矿	乌克兰球团矿	巴西块矿	自产烧结矿	国产球团矿	纽曼块矿	自产烧结矿	国产球团矿	毛里塔尼亚块矿
每吨燃料成本/元	371.97			374.73			377.71			387.68		
每吨熔剂成本/元	—			3.93			5.89			20.35		
每吨原燃料成本/元	1252.36			1261.34			1264.44			1271.83		
每吨生铁成本/元	1429.96			1438.94			1442.04			1449.43		
炉渣成分/% CaO	40.73			41.30			41.63			43.53		
MgO	7.27			6.98			6.50			5.38		
SiO_2	36.79			37.32			37.59			39.26		
Al_2O_3	13.10			12.07			12.88			10.66		
R_2	1.107			1.107			1.107			1.109		
MgO/Al_2O_3	0.555			0.578			0.505			0.505		
不同配矿方案的效果	基准			-8.98			-12.08			-19.47		

B 对高炉配矿不同方案效果的分析

由表 4-43 高炉配矿四个不同方案效果比较可见：

（1）四个方案中，由于使用性价比排序不同的矿种，引起入炉矿品位和渣铁比的不同，验证了入炉矿品位和渣铁比变差与炉料结构的球团矿和块矿的性价比排序相一致。

（2）高炉炼铁炉况的稳定与炉渣的稳定性相关，生铁成本需建立在稳定炉渣碱度及其性能的基础上，又取决于构成炉料结构铁矿石的综合品位性价比。

（3）在烧结矿质量稳定的条件下，用于高炉冶炼的球团矿和块矿的性价比排序，实质上决定了渣铁比的高低，降低渣铁比是降低高炉炼铁成本的基础。

（4）不同炉料结构的效果（生铁成本）与球团矿和块矿的性价比排序直接相关，高性价比的炉料经济效果明显，低品质矿在低矿价的新常态下的效果是负值。

（5）四个不同配矿方案的效果比较，仅考虑了入炉矿品位和燃料比变化的效果，没有把入炉矿品位与产量的变化效果、烧结矿和焦炭质量对炼铁成本的影响计算在内，而实际上以上这些因素对成本的影响是客观存在的。

4.6.4　小结

由以上优化原料采购与烧结、高炉配矿一体化的讨论和烧结、高炉配矿实例的分析可以得出如下结论:

(1) 高炉炼铁的成本和节能减排占钢铁企业成本的 70% 以上,钢铁企业降低成本主要是降低铁前成本。

(2) 降低高炉炼铁成本的关键在于降低高炉炼铁原燃料的成本,降低铁前含铁原料成本重在依据铁矿石综合品位低价比和配矿结构降低采购成本。

(3) 优化原料采购与烧结、高炉配矿一体化可最大限度地降低铁前原料成本,提高铁前生产效益。

(4) 优化原料采购与烧结、高炉配矿一体化,通过优化烧结配矿和高炉配矿的实例计算,说明具有重大的经济价值。

(5) 优化高炉炼铁原料采购与烧结、高炉配矿一体化的思路和方法,包括铁矿石综合品位性价比的计算方法与计算软件,优化烧结配矿和高炉配矿的软件,对降低烧结和高炉炼铁成本具有重大的经济价值和推广应用前景。

参考文献

[1] 许满兴 . 铁矿粉种类、化学成分、烧结基础特性与科学合理配矿 [C]. 低成本、低燃料比炼铁新技术文集,2016;157~161.

[2] 许满兴 . 52 种进口铁矿粉的烧结特性与合理配矿 [C].2014 年全国炼铁生产技术会议专刊 . 冶金行业信息中心,2014.

[3] 许满兴 . 论国内外铁矿石品位的冶金性能 [C].2004 年度全国烧结球团技术交流会文集,2004.

[4] 许满兴 . 发挥两种资源优势、配好用好进口矿 [C].2011 年度全国烧结球团技术交流会文集,2011.

[5] 许满兴 . 进口铁矿块的冶金性能与质量分析 [C].2005 年度全国烧结球团技术交流会文集,2005.

[6] 许满兴 . 优化高炉炼铁原料采购与烧结、高炉配矿一体化的思路和方法 [C]. 低成本、低燃料比炼铁新技术文集,2016.

[7] 许满兴 . 创建铁矿粉综合品位性价比计算法,提高企业低成本竞争力 [C].2015 年度全国烧结球团技术交流会文集,2015.

[8] 苏步新,张建良,等 . 铁矿粉的烧结特性及优化配矿试验研究 [J]. 钢铁,2011,46 (9).

[9] 阎丽娟,吴胜利,尤艺,等 . 各种铁矿粉的同化性及其互补配矿方法 [J]. 北京科技大学学报,2010,32 (3).

[10] 吴胜利，杜建新，马洪斌，等．铁矿粉烧结液相流动特性［J］．北京科技大学学报，2005，27（4）．

[11] 阎丽娟，吴胜利，等．各种铁矿粉的液相流动性及其互补配矿方法的研究［J］．烧结球团，2013，38（6）．

[12] 吴胜利，杜建新，马洪斌，等．铁矿粉烧结黏结相自身强度特性［J］．北京科技大学学报，2005，27（2）．

[13] 范晓慧，孟君，等．铁矿烧结中铁酸钙形成的影响因素［J］．中南大学学报（自然科学版），2008，39（6）．

[14] 吴胜利，苏博，等．铁矿粉烧结优化配矿技术的研究进展［C］．第十届中国钢铁年会暨第六届宝钢学术年会论文集，2015．

[15] 吴胜利，戴宇明，等．基于铁矿粉高温特性互补的烧结优化配矿［J］．北京科技大学学报，2010，32（6）．

5 铁矿烧结技术

【本章提要】

本章主要讲述铁矿粉的低 SiO_2 烧结、褐铁矿烧结、低碱度小球烧结技术，以及分析影响烧结矿强度的因素，制定改善措施。

烧结矿一直以来都是我国高炉炼铁的主要原料，它主要决定着我国高炉冶炼的生产技术经济指标。我国高炉炼铁近几十年来，烧结矿的比例基本上占高炉炉料的 75% 以上，占高炉炼铁成本和能源消耗的 70% 以上，因此烧结生产的技术经济指标和质量对高炉的成本和效益起着决定性的作用。

根据高炉配料计算测算结果，吨矿成本增加 10 元，吨铁成本将提高 12~13 元。宝钢经验告诉我们，降低烧结矿成本，不降低烧结矿质量，才能取得降低炼铁成本的效果，否则将得不偿失。

烧结矿质量对高炉炼铁技术经济指标的作用和影响是多方面的，首先是品位的影响，入炉矿品位每降低 1%，高炉燃料比升高 1.0%~1.5%，产量降低 2%~2.5%，烧结矿的品位力求不小于 57%；烧结矿 SiO_2 含量的影响也是举足轻重的，入炉矿 SiO_2 提高 1%，高炉炼铁渣量将增加 50kg，每 100kg 渣量将影响高炉燃料比和产量各 3.5%，烧结矿 SiO_2 含量的最佳值应该为 4.6%~5.3%；烧结矿的碱度是影响高炉操作最基本的因素，当烧结矿的碱度低于 1.80 时，高炉的燃料比会大幅度上升，烧结矿的最佳碱度应为 1.9~2.3 倍，烧结矿碱度对高炉操作指标的影响主要是通过其矿物组成、强度和冶金性能表现出来的。

据统计，烧结矿的 900℃ 还原性每降低 10%，将影响高炉燃料比和产量各 8%~9%；烧结矿的低温还原粉化指数 $RDI_{+3.15}$ 下降 10%，即 $RDI_{-3.15}$ 升高 10%，将影响高炉燃料比 1.5%，影响产量 3%；烧结矿的软熔性能对高炉操作指标的影响更为突出，它们主要影响高炉中下部的透气性，从而影响高炉炉腹煤气量指数和高炉下部顺行。意大利的皮昂比诺（Piombimo）4 号高炉曾做过统计，当高炉透气性改善 8.7%，产量提高了 16%，燃料比相应降低 8.6%。

烧结矿的 MgO 和 Al_2O_3 含量直接影响高炉炉渣的镁铝比（MgO/Al_2O_3），传统观念高炉渣的 MgO/Al_2O_3 为 0.65，近几年来国内外高炉炼铁均有把高炉渣的 MgO/Al_2O_3 降低到 0.35~0.40 的水平，保持了高炉的稳定和顺行，吨铁成本有 20

元以上的下降空间。

烧结矿的 FeO 含量也是影响高炉操作的一个重要因素，烧结矿 FeO 含量高，不仅使烧结矿难还原，也使高炉内熔融带的高度和透气阻力受到影响。因此，烧结矿 FeO 含量应控制在 8%±0.5%的水平。

综上所述，烧结矿的质量和成本对高炉炼铁的作用和影响是多方面的，因此低成本、低燃料比炼铁离不开烧结生产的技术经济和质量指标。

5.1 高品位、低 SiO$_2$烧结

近十年来，国内外的高炉炼铁工作者都在不断追求高入炉矿品位和低渣量操作，进一步改善高炉技术经济指标。由于我国高炉炼铁使用高碱度烧结矿占有 70%~80%的主要比例，造成提高烧结矿含铁品位、降低 SiO$_2$含量也就成了高炉料精料追求的主要目标。据统计，一般提高入炉矿品位 1%，能降低焦比 1.5%，提高产量 2.5%；降低入炉矿 1%的 SiO$_2$，能降低 50kg 的渣量。高炉炼铁降低 100kg 渣量，能降低焦比 3.0%~3.5%，提高产量 4%~5%。这些经验数据揭示了高品位低 SiO$_2$烧结生产的价值。正因为这样，近几年来，我国高炉炼铁均通过不断提高入炉矿品位去改善高炉操作指标。宝钢等大中型企业近几年入炉矿品位、渣铁比与高炉冶炼的技术经济指标列于表 5-1。

表 5-1 宝钢等几个大中型钢铁企业高炉技术经济指标

企业名称	年份	烧结矿 SiO$_2$/%	入炉矿品位/%	高炉利用系数 /t·(m^3·d)$^{-1}$	入炉焦比 /kg·t^{-1}	喷煤量 /kg·t^{-1}	渣铁比 /kg·t^{-1}
宝钢	1985	6.19	58.11	1.764	544	8.1（油）	320
	1992	5.49	58.35	2.094	413	14.7+28.5（油）	299
	1997	5.38	58.86	1.983	380	109.0	307
	1999	4.51	60.00	2.264	299.5	205.2	259
	2003	4.58	60.16	2.248	299.9	192.6	259
酒钢	1998	9.35	49.61	1.728	572	42.9	700
	1999	9.10	50.47	1.879	594	50.1	690
	2000	8.78	50.49	2.040	561	49.4	605
	2001	8.40	51.45	2.014	530	67.8	530
	2002	7.90	52.01	2.070	484	90.9	480
	2003	7.52	52.27	2.144	413	146.0	435

续表 5-1

企业名称	年份	烧结矿 SiO_2/%	入炉矿品位/%	高炉利用系数 /t·$(m^3·d)^{-1}$	入炉焦比 /kg·t^{-1}	喷煤量 /kg·t^{-1}	渣铁比 /kg·t^{-1}
南(京)钢	1995	5.87	56.02	2.119	474.8	63.2	393
	1997	5.23	56.56	2.455	459.4	78.6	386
	1999	4.88	57.87	2.564	441.0	99.0	319
	2002	4.70	60.50	3.254	376.8	127.2	277
	2003	4.80	59.40	3.316	406.2	121.8	316

由表 5-1 可见，不同企业高炉指标的改善都离不开入炉矿品位和渣铁比，各企业间规律是相同的，只是提高速度和幅度有区别。还有一个特例是 2003 年由于原燃料紧缺铁品位下降，导致焦比上升，有的产量也有下降。而影响入炉矿品位最主要的是烧结矿的品位，影响渣量最主要的也是烧结矿的 SiO_2 含量，因为烧结矿一般均占到入炉料的 70%以上，因此应该把高品位、低 SiO_2 生产技术与进一步改善高炉技术经济指标直接联系起来。

5.1.1　我国高品位、低 SiO_2 烧结生产的现状

我国宝钢、莱钢等企业高品位、低 SiO_2 烧结生产的情况列于表 5-2。

表 5-2　我国高品位、低 SiO_2 烧结生产的主要状况

企业名称	烧结机面积 /m^2	年份	料层厚度 /mm	利用系数 /t·$(m^2·t)^{-1}$	转鼓指数 (+6.3mm) /%	$\frac{CaO}{SiO_2}$	烧结矿主要化学成分/%				
							TFe	SiO_2	Al_2O_3	MgO	FeO
宝钢	450×3	2001	655	1.227	75.97①	1.81	59.14	4.44	1.48	1.58	7.47
		2002	644	1.215	77.74②	1.82	58.85	4.56	1.50	1.60	7.61
莱钢	105×2	2001	698	1.428	76.84	2.00	58.8	4.37	1.95	1.97	8.68
		2002	699	1.455	77.31	2.00	58.49	4.08	1.51	2.03	8.54
太钢	100×2	2002	700	1.590	78.34	1.55	56.22	5.71	1.30	2.50	8.43
	90×2	2003	700	1.329	73.58	1.83	60.11	4.53	1.10	2.30	9.30
济钢	90×2	2001	600	1.754	71.77	1.87	58.54	4.71	1.75	2.10	7.53
		2002	640	1.778	72.28	2.27	57.39	4.52	1.70	1.50	10.48
杭钢	28.2×2	2001	441	2.334	85.46	2.62	56.25	4.52	1.30	1.50	10.48
		2002	472	2.043	74.90	2.54	55.48	4.92	1.35	1.55	10.41
水钢	145×1	2001	538	1.591	67.13	1.89	55.87	5.06	1.30	3.60	7.64
	115×2	2002	545	1.645	67.10	1.91	56.69	4.59	1.20	3.70	7.84

① 宝钢 2001 年转鼓指数为+10mm；

② 宝钢 2002 年转鼓指数为 JIS 标准。

由表 5-2 可见，我国已有一些企业实现了高品位、低 SiO_2 烧结生产，近年受到铁矿石市场紧缺的影响，减慢了这一新技术的发展，但从长远看，这一技术有广阔的推广价值，值得炼铁烧结界重视和关注。到目前为止，烧结矿的高品位已有大于 60%，低 SiO_2 含量有接近 4.0% 的企业。

5.1.2 高品位、低 SiO_2 烧结生产技术

高铁低硅烧结矿的生产既有配矿的优化，又有生产工艺的优化。生产高铁低硅烧结矿，其效果无疑有利于高炉指标的改善和炼铁效益的提高。出现的问题是由于 SiO_2 降低黏结相减少，导致成品矿强度降低和成品率下降，因此高铁低硅烧结技术所要解决的问题在于增加黏结相量和提高黏结相的强度。理论研究和生产实践已经提出如下五个与高铁低硅烧结生产紧密相关的技术问题。

5.1.2.1 优化配矿结构，生产微孔厚壁高强度烧结

理论研究和生产实践均证明，矿种不同，铁矿粉的同化性、液相的流动性和铁酸钙的生成能力以及黏结相的强度都有不同的差别。总的都反映出烧结矿的产量和强度不同，因此应该根据各种铁矿粉的基础特性和烧结反应性优化配矿结构，合理配矿。通常经过研究和实验，综合不同配矿方案的利用系数、成品率、转鼓指数和固体燃耗选定配矿方案，达到实现合理配矿的目的。这包括化学成分、粒度组成和烧结反应性的选择和搭配，合理配矿、优化配矿是实现高品位低 SiO_2 烧结的重要一环。

5.1.2.2 优化熔剂结构，高配比生石灰烧结

实验研究和生产实践均已证明，白云石粉、轻烧白云石、生石灰和蛇纹石等各种熔剂的烧结特性也是不一样的，应加以选择和合理搭配，通过合理搭配达到提高黏结相数量及其强度的目的。研究和生产实践证明，采用蛇纹石作为熔剂，可以获得较高的结构强度和转鼓指数。

用蛇纹石替代石灰石和白云石的效果为：

（1）利用系数和成品率有明显提高。

（2）转鼓指数大幅度提高。

（3）固体燃耗有所降低。

蛇纹石的主要化学成分列于表 5-3，蛇纹石配比对烧结矿产质量的影响列于表 5-4，生石灰配比对烧结矿指标的影响列于表 5-5。

表 5-3　蛇纹石的化学成分（质量分数）　　（%）

FeO	CaO	MgO	Al_2O_3	S	P	SiO_2	MnO	LOI
7.98	2.21	36.64	1.36	0.035	—	36.65	—	14.6

表 5-4　蛇纹石对烧结矿产质量的影响

蛇纹石配比 /%	燃耗 /%	水分 /%	烧结速度 /%	转鼓强度 /%	成品率 /%	利用系数 /t·(m²·h)⁻¹
0	5.7	6.3	17.15	63.43	78.13	1.615
1.1	5.7	6.3	17.14	64.47	79.43	1.620
1.3	5.7	6.3	17.80	65.00	80.54	1.680

表 5-5　生石灰配比对烧结矿产质量的影响

生石灰配比 /%	燃耗/%	适宜水分/%	转鼓强度/%	利用系数 /t·(m²·h)⁻¹	成品率/%
1	6.2	6.5	61.76	1.893	82.03
3	6.2	6.5	64.70	1.726	82.26
5	6.2	7.0	65.15	1.886	82.15
6.7	6.2	8.3	66.31	1.735	82.67

5.1.2.3　低碳厚料层烧结

提高料层厚度是改善烧结生产指标的基础，厚料层烧结有利于降低燃耗，降低成品矿的 FeO，提高成品矿的强度和改善烧结矿的矿物组成。厚料层烧结也是高品位低 SiO_2 烧结的一个基础条件。

宝钢经生产实践和测定数据，得出了厚料层烧结的定量效果：

（1）料层每提高 10mm，压差升高 163Pa，吨矿风量下降 12.8m³。

（2）料层每提高 10mm，配 C 下降约 0.104kg/t，提高 100mm 料层，吨矿工序能耗降低 1.15kgce。

（3）料层每提高 10mm，成品矿 FeO 降低约 0.06%。

（4）料层每提高 10mm，成品矿转鼓强度约提高 0.23%。

（5）料层每提高 10mm，吨矿煤气用量下降 0.06m³。

厚料层烧结的特点：料层密实度升高，透气性下降，混合料水分下降，成品率明显升高，返矿量下降。中南大学研究的料层高度对烧结各项指标的影响列于表 5-6，太钢不同料层操作烧结各项指标列于表 5-7。

表 5-6　料层高度对烧结各项指标的影响

料高 /mm	燃耗 /%	混合料 水分/%	烧结速度 /mm·min⁻¹	转鼓强度 /%	成品率 /%	利用系数 /t·(m²·h)⁻¹	FeO /%
600	5.5	6.8	19.00	64.53	79.11	1.613	8.01
700	5.5	6.5	18.78	64.90	81.15	1.677	8.00
750	5.5	6.8	18.56	65.73	82.69	1.803	7.64

表 5-7 太钢二烧不同料层操作参数及指标

料层/mm	总管负压/kPa	台时产量/t·h⁻¹	FeO/%	FeO±1合格率/%	R±0.08合格率/%	返矿量/kg·t⁻¹	工序能耗/kgce·t⁻¹	固体燃耗/kg·t⁻¹
500	10.6	126.10	9.7	41.2	84.30	624	80.90	62.5
600	11.2	142.08	7.8	60.9	91.35	352	61.24	50.8
700	12.3	139.20	7.6	61.2	93.64	260	58.60	49.4

5.1.2.4 高碱度烧结

碱度是影响烧结矿矿物组成及其质量的一个基本因素，高碱度烧结是构成高铁酸钙含量的必要条件，也是高品位、低 SiO_2 烧结生成足够黏结相的必要条件。不同碱度对烧结矿产量质量的影响也不同，莱钢、太钢不同碱度烧结矿的矿物组成和冶金性能列于表 5-8~表 5-14。

表 5-8 莱钢不同 R 烧结矿矿物组成（质量分数） （%）

CaO/SiO₂	SFCA	Fe₃O₄	Fe₂O₃	2CaO·SiO₂	玻璃相	未矿化熔剂
1.35	10~12	50~55	7~10	3	20~25	1~2
1.80	25	45	7~10	6~8	10~12	1~2
1.90	35	40	5~7	5~7	7~8	3~5

表 5-9 莱钢不同碱度烧结矿的冶金性能

900℃还原性/%	低温还原粉化性($RDI_{+3.15}$)/%	荷重还原软化性能		
		开始软化温度/℃	软化终了温度/℃	软化区间/℃
70.1	71.8	1082	1245	163
79.4	85.3	1073	1214	141
88.1	86.7	1100	1236	136

表 5-10 太钢不同 R 烧结矿的矿物组成（质量分数） （%）

CaO/SiO₂	Fe₃O₄	Fe₂O₃	SFCA	玻璃相	2CaO·SiO₂	未矿化熔剂
1.31	50~55	7~10	10~15	20	3~5	1~2
1.78	30~35	10~15	35~40	3~5	10	2~3
1.96	25~30	15	40	2~3	10	1~2
2.15	30	7~10	45	1~2	15	3~5

表 5-11　太钢不同碱度烧结矿主要烧结生产指标对比

时　间	台时产量 /t	槽下筛分 (5~10mm)/%	槽下筛分 (<5mm)/%	返矿率/%	FeO 含量/%
生产高碱度烧结矿前 $R=1.30$	26.46	18.60	2.96	17.81	15.64
生产高碱度烧结矿后 $R=1.80$	28.08	12.20	2.30	12.27	11.51
比较	+1.62	-6.40	-0.66	-5.54	-4.13

表 5-12　太钢不同碱度烧结矿的物理性能实验结果

时　间	转鼓指数 (+6.3mm)/%	筛分指数 (-5mm)/%	抗磨指数 (-0.5mm)/%
生产高碱度烧结矿前 $R=1.30$	62.08	2.96	5.35
生产高碱度烧结矿后 $R=1.80$	68.57	2.30	4.67
YB/T 421—2005 一级品	≥68.0	<7.0	<7.0
标准二级品要求	≥65.0	<9.0	<8.0

表 5-13　太钢不同碱度烧结矿的粒度组成比较　　　　　　　（%）

时　间	>40mm	40~25mm	25~16mm	16~10mm	10~5mm	<5mm
生产高碱度烧结矿前	14.6	20.34	22.0	21.5	18.6	2.96
生产高碱度烧结矿后	18.9	20.7	24.1	21.8	12.2	2.3
比　较	+4.3	+0.36	+2.1	+0.3	-6.4	-0.66

表 5-14　不同碱度烧结矿高炉主要经济技术指标对比

时　间	利用系数 /t · (m³ · d)⁻¹	冶炼强度 /t · (m³ · d)⁻¹	入炉焦比 /kg · t⁻¹	折算焦比 /kg · t⁻¹	每月悬料次数 /次
生产高碱度烧结矿前	2.08	1.35	687	614	8
生产高碱度烧结矿后	2.42	1.38	635	565	5
比　较	+0.34	+0.03	-52	-49	-3

　　由以上理论研究和生产实践数据可证明：高碱度烧结矿（$R>1.80$）有利于提高 SFCA 的生成比例，有利于提高强度，有利于改善烧结矿的粒度组成，也有利于改善成品矿的冶金性能。高碱度烧结矿有利于高铁低硅烧结黏结相的形成和增加，有利于提高高铁低硅烧结矿的强度。

5.1.2.5　低 MgO 烧结

　　理论研究和生产实践均证明：不论在高 SiO_2 条件下，还是在低 SiO_2 条件下，

MgO 都有利于形成镁磁铁矿（$Fe_3O_4 \cdot MgO$），从而降低 SFCA 的生成比例、降低冷强度、降低成品率、降低还原性。高品位低 SiO₂烧结必须实现低 MgO 烧结，当然同时也必须低 Al₂O₃烧结，因为高 Al₂O₃不利于强度的提高，中南大学研究的 MgO 对烧结矿指标的影响列于表 5-15，北京科技大学和马钢研究的 MgO 对烧结矿冶金性能的影响列于表 5-16、表 5-17。

表 5-15 MgO 含量对烧结矿指标的影响

CaO/SiO₂	MgO 含量 /%	利用系数 /t·(m²·h)⁻¹	成品率 /%	燃耗 /kg·t⁻¹	转鼓指数 /%	SFCA /%	RI/%
1.8	2.0	1.448	71.34	70.98	63.33	26.24	77.12
	1.5	1.555	73.90	69.00	66.67	—	80.10
	1.0	1.473	72.69	68.79	68.67	28.29	80.75
1.9	2.0	1.474	74.02	68.13	65.20	30.08	79.12
	1.5	1.585	72.78	68.70	67.33	31.15	81.56
	1.0	1.608	75.71	66.04	68.40	32.94	85.51

表 5-16 MgO 对烧结矿冶金性能的影响

化学成分（质量分数）/%		CaO/SiO₂	900℃ 还原度 RI/%	500℃还原 粉化指数 $RDI_{+3.15}$/%	软熔性能			
MgO	FeO				T_{BS}/℃	ΔT_B/℃	T_s/℃	ΔT/℃
2.98	11.2	1.32	90.5	92.0	1155	120	1240	275
3.87	11.0	1.31	84.0	93.7	1175	110	1200	265
4.08	10.2	1.21	79.0	96.2	1185	130	1300	220
6.32	9.90	1.37	79.0	95.7	1190	130	1330	205

表 5-17 MgO 对烧结矿冶金性能的影响

化学成分（质量分数）/%		CaO/SiO₂	900℃ 还原度 RI/%	500℃还原 粉化指数 $RDI_{+3.15}$/%	软熔性能			
MgO	FeO				T_{BS}/℃	ΔT_B/℃	T_s/℃	ΔT/℃
2.03	7.75	1.82	81.9	57.4	1126	216	1342	168
2.10	8.56	1.88	78.1	59.6	1108	202	1310	170
2.30	8.73	1.88	74.1	61.8	1130	200	1330	175

烧结生产不加 MgO 的优点是显而易见的，但在炉料中 Al₂O₃含量高，适量在炉料中加入 MgO 是可以的。我们建议使用高 MgO 球团，或直接向高炉加入粒度 <8mm 的白云石是可行的。

5.1.3　国外高品位、低 SiO_2 烧结的状况及展望

5.1.3.1　国外高品位、低 SiO_2 烧结原料的状况

欧洲用于高品位、低 SiO_2 烧结生产的原料化学成分列于表5-18。

表 5-18　国外用于高品位、低 SiO_2 烧结的原料化学分析

原料名称	化学成分（质量分数）/%				
	TFe	CaO	MgO	SiO_2	Al_2O_3
MAF	70.6	0.2	0.43	0.8	0.3
CARAJAS	68	0.1	0.10	0.3	0.9
QCM	66.1	0.02	0.03	4.88	0.32
橄榄石	6.3	0.5	51.9	31.3	0.31
白云石	2.7	29.0	20.9	1.1	0.2
生石灰	0.3	90.2	4.10	1.2	0.5
石英	0.1	0.11	0.05	97	0.71
焦粉	0.7	0.26	1.17	5.57	2.96

由表5-18可见，欧洲用于高品位、低 SiO_2 烧结生产的原料具有含铁品位高、低 SiO_2、低 Al_2O_3、有效熔剂性高的特点，燃料也具有低 SiO_2、低 Al_2O_3 的特点。可见，高质量的原料是实现高品位、低 SiO_2 烧结的一个基础条件。

5.1.3.2　国外高品位、低 SiO_2 烧结矿质量状况

欧洲部分钢铁企业烧结矿成分，优化烧结矿的化学成分见表5-19、表5-20。

表 5-19　欧洲部分钢铁企业烧结矿成分

国家	厂家	化学成分（质量分数）/%					CaO/SiO_2
		TFe	FeO	SiO_2	MgO	Al_2O_3	
比利时	希德玛	59.8	4.56	4.98	1.82	1.14	1.44
芬兰	罗特洛基	60.4	7.80	4.20	2.11	0.99	1.66
荷兰	赫哥文	58.5	10.6	3.95	1.46	1.33	2.60
德国	斯维尔根	57.9	5.10	5.34	1.69	1.09	1.77
德国	迪林根	58.2	5.92	5.61	1.52	1.23	1.49
德国	博来门	58.8	6.48	4.97	1.62	1.22	1.68
德国	塞兹基特	58.8	4.80	4.77	0.33	1.30	2.05

表 5-20 欧洲优化烧结矿的化学成分

烧结矿	化学成分（质量分数）/%					
	TFe	FeO	CaO	MgO	SiO$_2$	Al$_2$O$_3$
HC	65.4	12.1	5.4	0.4	1.0	0.5
HM	64.9	17.3	2.8	1.8	2.3	0.5
HCD	65.7	14.2	4.4	0.5	1.9	0.4
HMD	66.0	12.8	3.6	1.0	1.6	0.5
CAR-60	65.4	12.8	4.5	0.6	1.4	0.9
QCM-20	64.7	16.8	5.7	0.4	1.9	0.5
瑞典（工厂）	60.6	12.9	7.1	1.7	4.4	0.7

5.1.3.3 高品位、低 SiO$_2$ 烧结的展望

尽管我国高品位、低 SiO$_2$ 烧结生产有了良好的开端，但我国高品位、低 SiO$_2$ 烧结技术还有较大的距离，高铁低硅烧结技术推广和发展与欧洲优化烧结矿的结果相比任重而道远。指导思想应是从提高炼铁综合效益出发，发挥国内和国外二种资源的优势，合理配矿，优化配矿，提高高品位、低 SiO$_2$ 烧结的技术水平，实现优化烧结矿品位、降低 SiO$_2$ 含量的目标，为进一步优化和创新高炉指标提供精料。

5.2 褐铁矿粉、高 Al$_2$O$_3$ 矿粉烧结

目前国内外对褐铁矿的应用做了大量的研究，在国外主要是日本、韩国比较领先，中国的宝钢、济钢等的研究和应用比较成功，从整个应用来看，褐铁矿有很大的应用前景，虽然它含有结晶水，在干燥带结晶水分解使矿石颗粒变小，破坏烧结料准颗粒，使烧结料层透气性下降；结晶水分解消耗过多的热量使燃耗增高，此外由于其结构疏松吸水性强和易形成低熔点化合物造成褐铁矿的"过熔性"和"过湿性"，降低烧结料层的热态透气性，影响烧结产量，以及矿石空隙率及脱除结晶水后形成的空隙，使烧结矿空隙率升高，导致成品率下降等的缺点。但是通过使用高碱度、厚料层，添加蛇纹石、粗颗粒熔剂及强化制粒等措施，褐铁矿的烧结性能明显好转。

在日本和韩国，褐铁矿的应用比例达到 40% 以上，而宝钢也高达到 30% 以上。

5.2.1 大量采用褐铁矿高 Al$_2$O$_3$ 矿背景

大量采用褐铁矿高 Al$_2$O$_3$ 矿背景为：

（1）国内铁矿石资源短缺，进口量大增（由 2001 年的 9231 万吨，增加到 2011 年的 68608 万吨）。

（2）进口铁矿石价格飞涨（由 2001 年的 27.11 美元/吨涨到 2011 年的 163.84 美元/吨）。

（3）低成本炼铁，降低采购成本，提高企业效益的需求。

（4）状况：宝钢烧结褐铁矿配比由 1997 年的 14% 增加到 2011 年的 45%，青钢配比 2011 年高于 40%，日钢配比由 2007 年的 48.2% 增加到 2011 年的 64.7%。烧结矿 Al_2O_3 含量，青钢 2011 年由原来的 2.8% 增加到 3.5%，石横钢铁由 2.1% 增加到 2.8%，日钢高碱度烧结矿 Al_2O_3 含量 3.18%，低碱度烧结矿 Al_2O_3 含量 4.51%。

5.2.2　褐铁矿配比对烧结指标的影响

褐铁矿配比对固体燃耗的影响，见表 5-21，碱度对高配比褐铁矿烧结指标的影响，见表 5-22，料层厚度对褐铁矿烧结指标的影响，见表 5-23。

表 5-21　褐铁矿配比对固体燃耗的影响

褐铁矿配比/%	成品率/%	转鼓指数/%	固体燃耗/kg·t^{-1}
40	80.26	65.67	50.78
50	78.14	64.33	52.16
60	74.88	62.33	54.43

表 5-22　碱度对高配比褐铁矿烧结指标的影响

碱度（CaO/SiO$_2$）	垂直烧结速度/mm·min^{-1}	成品率/%	转鼓指数/%	固体燃耗/kg·t^{-1}
1.80	22.99	77.33	62.67	53.09
1.90	23.12	77.41	64.67	52.65
2.00	24.63	79.16	66.00	51.94
2.10	25.21	80.12	65.33	51.87

表 5-23　料层厚度对高配比褐铁矿烧结指标的影响

料层厚度/mm	垂直烧结速度/mm·min^{-1}	成品率/%	转鼓指数/%	固体燃耗/kg·t^{-1}
550	23.12	77.14	64.10	52.16
700	20.20	78.19	64.17	50.11
850	17.15	81.11	66.10	47.17

5.2.3　褐铁矿粉烧结特性及应对举措

褐铁矿粉烧结特性及应对举措见表 5-24。

表 5-24 褐铁矿粉烧结特性及应对举措

序号	特 性	应 对 举 措
举措一	组织疏松,堆密度小;孔隙率高,吸水性强	大水制粒,混合料水分控制到 8.5%~9.5%。全生石灰做黏结剂,热水消化,强化制粒
举措二	混合料原始透气性好,烧结速度快	厚料层烧结,料层厚度大于750mm。优化布料,压实、克服边缘效应
举措三	烧结热耗大(5564kJ/kg)	低温点火((950±50)℃)。控制原始矿粉粒度(<8mm)。热风烧结(引入环冷废气做热风)
举措四	同化温度低,过湿带厚,烧结料层透气性差	低水烧结,采用热风预热混合料,热水消化生石灰,提高混合料温度
举措五	成品矿致密度低,粉末多,成品率低,强度低	低 MgO 烧结,MgO≤2%;低负压、低机速烧结。控制红火层≤150mm;降低成品矿冷却速度
效果	(1)吨矿固体单耗<53kg;(2)FeO<9%;(3)转鼓指数≥76%;(4)成品率≥85%	

5.2.4 高 Al_2O_3 矿粉烧结特性及应对举措

高 Al_2O_3 矿粉烧结特性及应对举措见表 5-25。

表 5-25 高 Al_2O_3 烧结特性及应对举措

序号	特 性	应 对 举 措
举措一	同化温度高,黏结相少、液相不足,成品率低	增加配 C(0.5%~1%),成品矿提高1%。优化配矿,降低混合矿同化温度,增加黏结相。适当提高点火温度(1100±50)℃
举措二	液相流动性差,成品矿强度低	优化配矿,提高液相流动性。蒸气预热,提高混合料温度。低水烧结,热风烧结
举措三	成品矿小粒级比例高,返矿量大	生石灰热水消化、强化制粒、改善烧结料层透气性。配矿保持适宜的铝硅比(Al_2O_3/SiO_2=0.1~0.4);高碱度厚料层低温烧结,延长高温下的停留时间。降低冷却速度,增加SFCA生成比例
举措四	成品矿冷强度低,*RDI*指数低	合理布料,均匀烧结,低温烧结控制玻璃相生成。加微量B_2O_3或$BaSO_4$,改善*RDI*指数。降低MgO含量,实行低MgO烧结
举措五	成品矿 Al_2O_3 高,影响高炉炉渣流动性和脱硫效果	适当提高渣碱度,保持炉缸较高的热容量。适当保持炉渣MnO含量(0.9%左右),改善炉渣流动性
效果	(1)成品矿 FeO<9.5%;(2)吨矿固体燃耗<54kg;(3)转鼓指数>76%;(4)成品率>83%	

5.3 宝钢褐铁矿高配比烧结生产措施

随着世界上的富矿资源越来越少,开发低价褐铁矿的烧结技术成为各大钢铁企业的共识。日本和韩国从 1992 年开始一直大力开发褐铁矿烧结技术，其配比已达 30% 以上。目前，国内使用的主要褐铁矿品种为澳大利亚的扬迪矿、罗布河矿和 FMG 矿。

5.3.1　褐铁矿主要特性

褐铁矿是含结晶水的三氧化二铁，无磁性，它可由其他铁矿石风化形成，化学式常用 $m\mathrm{Fe_2O_3} \cdot n\mathrm{H_2O}$ 来表示。按结晶水含量多少，褐铁矿的理论铁含量可从 55.2% 增加到 66.1%，其中大部分含铁矿物以 $2\mathrm{Fe_2O_3} \cdot 3\mathrm{H_2O}$ 形式存在。这种矿的脉石常为矿质黏土，矿石中 $\mathrm{SiO_2}$、$\mathrm{Al_2O_3}$ 及 S、P、As 等有害杂质含量较高。褐铁矿一般粒度较粗，疏松多孔，还原性好，熔化温度低，易同化，堆密度小。

一般企业配比在 10%~20%，比例进一步配高后，会出现烧结速度慢、烧结利用系数低、烧结饼结构疏松强度差、成品率低及燃耗高等情况。

5.3.2　褐铁矿对烧结生产的影响

褐铁矿对烧结生产的影响为：

（1）褐铁矿熔化温度低，易同化，液相流动性相当好，大大超过其他矿石。因此褐铁矿烧结时，增加了烧结料燃烧带的厚度，同时受其热爆裂性的影响，烧结时制粒小球很快就粉碎，原有的料层骨架完全被破坏，从而恶化了燃烧带的透气性，致使成品率下降。

（2）从褐铁矿烧结矿微观显微照片（见图 5-1）可以看出，由于褐铁矿中的结晶水的分解气化和褐铁矿的高同化性和流动性，造成烧结矿易形成薄壁大孔结构，使烧结矿整体变脆，强度和成品率降低。

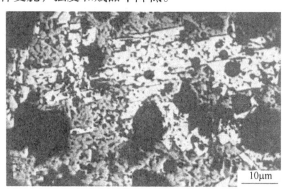

图 5-1　褐铁矿烧结矿微观显微照片

（3）褐铁矿的黏结相强度是最差的，褐铁矿的自身连晶能力最差，液相固结强度和连晶强度比赤铁矿低很多，所以褐铁矿的烧结矿强度低。

（4）褐铁矿与赤铁矿一样是靠再结晶连接，但是其结晶水的分解和黏土矿物的作用大大降低了褐铁矿的连晶能力，所以用褐铁矿烧结的烧结矿强度较差。

（5）褐铁矿生成铁酸钙能力最大，比其他矿石高 20%，这与褐铁矿同化性强有关，说明使用褐铁矿生产烧结矿有利于铁酸钙的生成，烧结矿的还原性好。

5.3.3 提高褐铁矿烧结比例的技术措施

宝钢在 1999 年经过多次工业实验，总结出了厚料层适宜机速下配入大比例低价褐铁矿的烧结技术。本烧结技术由以下各项技术组成：

（1）混合料水分控制技术。定义了褐铁矿高配时混合料实测水分率及一次、二次混合机添加水量的调整方向和调整幅度。

（2）点火保温炉热量投入控制技术。给出了褐铁矿高配时点火炉及保温炉热量投入的调整方法。

（3）固体燃料破碎控制技术。定义了褐铁矿高配时焦粉粒度的控制范围，制定了可行的棒磨机流量控制计划。

（4）固体燃料配比控制技术。阐述了褐铁矿高配时焦粉配比的调整原则及控制方法。

（5）"慢烧"过程控制技术。介绍了厚料层高机速下消除过湿层影响的方法，对褐铁矿高配时的烧结过程进行了重新设计，并给出了关键过程参数的控制范围。

上述 5 项技术相互独立，在烧结高褐铁矿配比烧结料时采用其中任何一项均可局部改善烧结矿质量。全部采用时可以承受高达 30% 以上的褐铁矿配比，且不会对烧结矿产质量指标产生重大影响。

5.3.3.1 混合料水分控制技术

A 总体概括

烧结高褐铁矿配比的混合料时，混合料的实测水分率要相应提高，一次混合机和二次混合机的添加水量比例要下降。

B 原因分析

褐铁矿的脉石成分主要是泥质矿物，其含铁矿物主要是针铁矿类型的胶状环带鲕粒结构矿物。它要求的造球适宜水分较高，造球性及成球指数处于中等水平。在制粒造球的过程中，其疏松多孔的结构要吸收较多的物理水。当添加足够的物理水后，褐铁矿中的泥质矿物将起到类似于黏结剂的作用，能很好地促进混合料的制粒效果。换句话说，当褐铁矿配比较高时，只要能掌握好一次混合机和二次混合机的添加水量，可以保证混合料的原始透气性指数满足烧结过程的要求。

C 原控制方式

以赤铁矿为主烧结时，混合料实测水分率控制在 6.2%~6.4%。一次混合机和二次混合机的添加水量比例控制在 4∶1 左右，即一次混合机占添加水量的 80%，二次混合机占 20%。根据产量的变化添加水量绝对值有变化，但混合料实测水分率及一次混合机和二次混合机的添加水量比例基本保持不变。

D　现水分率控制方式

褐铁矿配比小于 23% 时混合料实测水分率按原来标准控制；配比大于 23% 时混合料实测水分率增加 0.1%（6.5% 左右），以后褐铁矿配比每上升 3%，水分率增加 0.1%；当褐铁矿配比达到 30% 以上时，水分率增加速率应放慢，大体可控制在每上升 5%，水分率增加 0.1% 的水平。如果相邻两个匀矿堆之间的褐铁矿配比差异小于 3%，混合料水分控制值可保持不变，仅仅根据来料的情况做部分微调。

E　现添加比例控制方式

褐铁矿配比大于 23% 时，一次混合机和二次混合机的添加水量比例控制应由原来的 4∶1 左右调整为 3∶1 左右，即一次混合机占添加水量的 65%~70%，二次混合机占 30%~35%。褐铁矿配比越高，二次混合机的添加水量要增大，但最大量加水量不超过总量 35%。

5.3.3.2　点火保温炉热量控制技术

A　总体概括

烧结高褐铁矿配比的混合料时，点火炉的点火温度要降低，保温炉的热量投入要提高。

B　原因分析

褐铁矿是一种高结晶水、低熔点、结构疏松的铁矿石，当骤然承受高温时，其内含的大量结晶水激烈蒸发，引起体积急剧膨胀而导致料层内制粒小球产生爆裂粉碎，严重影响料层透气性，降低点火温度可部分缓解爆裂现象的影响。另外，过高的点火强度使低熔点的褐铁矿快速融化，而其疏松的结构和料层表面的过快冷却必然导致表层强度下降，最终引起产质量的下降。

C　原控制方式

点火炉采用强度控制方式，点火温度控制在 1150~1200℃ 之间，烧结料层表面有轻度的过熔现象出现为合适。保温炉的主要作用是提供 300℃ 左右的温度，防止表面急剧冷却形成玻璃相，投入的热量较少，使用 250m³/h 的煤气和 30000m³/h 的热废气。

D　现控制方式

在高褐铁矿配比条件下，为降低因褐铁矿同化性高导致表面过熔以及减少褐铁矿结晶水剧烈蒸发引起爆裂的影响，烧结料层表面点火温度要相应降低。点火炉热量投入的大小按褐铁矿配比的高低控制，配比越高，热量投入越小。点火温度控制的原则为：以表面点着即可，温度越低越好，不必追求高强度的表面质量。宝钢三烧结大体可以按以下范围进行控制：在抽风制度没有大的改变的条件下，褐铁矿配比在23%～26%时，点火温度控制在1100～1150℃；褐铁矿配比在26%～30%时，点火温度控制在1050～1100℃；褐铁矿配比大于30%时，点火温度控制在1020～1060℃。

在高褐铁矿配比条件下，保温炉的热量投入要加大，一是补充由于点火温度下降引起的热量损失；二是增加热废气的温度，利用保温炉较长的特点，使料层内褐铁矿的结晶水尽早地缓慢地蒸发，维持料层的透气性。具体做法是：

（1）提高保温炉的点火强度，把煤气流量提高到400m³/h。

（2）增加余热回收空气的用量，将保温炉第二段的热废气增加至50000m³/h。

5.3.3.3 固体燃料破碎控制技术

A 总体概括

烧结高褐铁矿配比的混合料时，固体燃料中大于2.83mm部分的比例要增加，固体燃料的平均粒度要适当提高。

B 原因分析

国内外烧结褐铁矿的实验室及工业生产经验表明，烧结高褐铁矿配比的混合料时料层下部热量明显不足，宝钢工业实验中对料层测温时也发现了同样的现象。实验中尝试了加大燃料粒度上限的做法，此现象有明显改善。当固体燃料的粒级达到能使部分燃料在料层下部形成自然偏析的程度时，下部料层热量不足的影响可大为减小。适当地增加固体燃料中大于2.83mm部分的比例，从而提高平均粒度。

C 原控制方法

焦粉粒度的控制主要靠控制棒磨机的流量，采取的方法是始终固定棒磨机的流量和棒磨机的存棒量，通过检测焦粉的平均粒度来判断棒磨机的存棒量是否要增减，将焦粉的平均粒度控制在1.3mm左右。

D 现控制方法

修改棒磨机（或辊式破碎机）的流量控制计划，以褐铁矿配比的高低来决定棒磨机的流量，再根据棒磨机要求的流量上限来决定棒磨机的存棒量。通过提高流量上限来增大固体燃料中大于2.83mm部分的比例，使平均粒度同时提高0.3mm左右。褐铁矿配比越高，棒磨机的流量越大。当流量已到设备能力上限时，则减少棒磨机的存棒量。棒磨机流量控制上限的原则以检测焦粉平均粒度为主，使焦粉平均粒度最高不超过1.9mm。

5.3.3.4 固体燃料配比控制技术

A 总体概括

褐铁矿高配条件下，应比褐铁矿低配时略为降低固体燃料配比，但不能大幅降低，总体保持中等偏上水平的配比控制（但由于成品率会适当下降，因此总体的焦粉单耗可能会略为增加或持平）。

B   原因分析

在宝钢使用的主要铁矿石中，两种褐铁矿（即扬迪矿和罗布河矿）以及纽曼山矿的同化性处于最好的水平，对于粗粒核矿石而言，其同化性主要是指它与CaO反应生成低熔点液相的能力。换句话说，褐铁矿在烧结料层内很容易生成流动性好的低熔点液相。料层内液相量过多将导致燃烧层变厚，从而恶化料层的热态透气性，严重甚至导致燃烧前沿熄火的现象产生。固体燃料在料层内燃烧放热是促进液相生成的主要原因，其配比越大，液相生成越多。因此，在褐铁矿高配条件下，固体燃料的配比不能太高，避免加厚燃烧层；同时，其配比又必须能产生足够的热量来满足料层总体热收入的需要，确保烧结矿能良好固结。

C   原控制方法

固体燃料的配比主要是依据成品烧结矿中的FeO含量来确定其配比，属反馈控制，而与混匀矿中的矿种组分关系不大。成品烧结矿中的FeO含量偏高时，则适当地降低固体燃料的配比，反之亦然。

D   现控制方法

基于褐铁矿的良好同化性，固体燃料的配比由反馈控制改为前馈控制，即按照褐铁矿在混匀矿中的配比来决定固体燃料配比的参考值，然后在实际生产中进行微调。一般而言，褐铁矿配比越高，固体燃料的配比相应越低。生产中其配比的掌握原则为：首先满足料层总体热收入的需要，其次达到良好的热态透气性（即减薄红火层的厚度）。在配碳上能实现以上两条可保证较理想的强度指标。这两条措施实现的好坏需要依靠经验在烧结机机尾判断，以机尾红火层厚度占料层的三分之一到五分之三、亮度略为刺眼为佳。

5.3.3.5   "慢烧"过程控制技术

A   总体概括

褐铁矿高配比条件下，烧结过程必须重新设计，一般而言，烧结时间要比褐铁矿低配时适当延长，过程的重点控制参数由温度改为压力。

B   原因分析

由于褐铁矿属于易熔、易过湿矿石，在烧结料层中易形成中部过熔、下部过湿现象，厚料层、高机速下尤为明显。在使用褐铁矿烧结时，以"露点消失迅速升温为标志"的过湿层前沿的迁移速度明显要小于以"1000℃出现为标志"的燃烧层前沿的迁移速度。褐铁矿配比越高，二者差距越大。过湿层与燃烧层的迁移速度差距变大造成的直接后果是：烧结机后半段二者发生"黏连"现象，即燃烧层下移到料层中下部时，过湿层还没有消失，二者叠加在一起，导致料层燃烧前沿遇水熄火，烧结过程中止。从实验中在机尾带料吊出的台车断面清晰地看出，在靠近台车底部的烧结料为稀泥状，在稀泥上部则是完全过熔的烧结矿，充分表明过湿层与高温层"黏连"现象的存在。这种现象是烧结高结晶水矿石的最难点，也是影响烧结矿产质量指标的关键所在。只要能在整个烧结过程中始终将过湿层与高温层隔离开，恢复固有的"五带"烧结过程，完全能承受高配比的高结晶水矿石。

C　原控制方法

为实现零压点火，烧结机 1~5 号风箱支管闸门一直是处于关闭状态，保温炉使用的热废气流量保持在每小时 30000m³ 左右。整个烧结过程基本上是：1~5 号风箱处进行点火和表层烧结矿保温固结，从 6 号风箱开始至 23 号风箱才进行真正意义上抽风烧结，过程控制的关键参数是大烟道的废气温度曲线，维持烧结终点（大烟道的废气温度的最高点，简称 BTP）在 21 号风箱位置。

D　现控制方法

本技术采取"慢烧"方法延长烧结过程，使过湿层提前 1~2 个风箱位置消失（烧结机共有 23 个风箱，1~2 个风箱位置折合烧结时间约 3min 左右），能有效地将过湿层与高温层隔离开，可明显改善中部过熔、下部过湿现象。具体做法是：打开并调节保温炉末端风箱支管闸门（宝钢三烧结为 5 号和 4 号风箱），其开度视褐铁矿配比高低决定，褐铁矿配比越高，其开度应越大；同时提高并调节余热空气的流量至每小时 50000m³ 左右，保持点火炉内炉压在零压水平。一般而言，指导性的开度为：5 号为 30%~60%，4 号为 15%~30%，5 号与 4 号的开度比例约为 2：1。"慢烧"过程控制的关键参数由大烟道的废气温度曲线改为大烟道内气体的平均压力（负压），必须保持在 16.5kPa 以下，负压越高，风箱支管闸门开度应越大。

5.3.4　宝钢采用以上五项技术后的效果及经济效益

5.3.4.1　效果

宝钢三烧结在 1999 年 8 月至 2000 年 3 月进行了低价褐铁矿高配的烧结工业实验，实验中以本技术为主进行工艺操作，各项经济技术指标均没有明显的变化，能够满足宝钢高炉高负荷生产的需要，完全达到了低成本、优质、高产烧结矿的目的。之后，三烧结一直采用 28% 左右的褐铁矿配比，一、二烧结褐铁矿配比也逐步提至 28%。截至 2000 年 8 月底，烧结分厂三台烧结机平均褐铁矿配比为 27%。

5.3.4.2　经济效益计算

使用褐铁矿主要是用来替代价格高的纽曼山矿和里奥多西矿两种赤铁矿。1998 年宝钢混匀矿中的褐铁矿配比为 17%，1999 年加上工业实验用矿为 20%，

2000 年的目标值为 29%。按宝钢 2000 年的标准价格，褐铁矿（罗布河矿和扬迪矿）的平均吨度铁单价为 345 元，而上述两种赤铁矿的平均吨度铁单价为 407 元，考虑价格波动的因素，褐铁矿与这两种赤铁矿的平均吨矿价格差约为 60 元。按吨烧结矿消耗 900kg 混匀矿及三台烧结机年产 1400 万吨烧结矿计算，混匀矿中每提高 1% 褐铁矿配比，成品烧结矿的吨矿成本可降低：$0.9 \times 1\% \times 60 = 0.54$ 元/吨，2000 年褐铁矿配比提高 9%，效益为：0.54 元/吨 $\times 9 \times 1400$ 万吨 = 6804 万元。若按 23% 以上计算（23% 以下为低配比）则为：0.54 元/吨 $\times 6 \times 1400$ 万吨 = 4536万元。

5.3.4.3　指标对经济效益的影响

表 5-26 列出了使用大配比褐铁矿时各能耗指标，从表中可以看出，使用大量褐铁矿时烧结机各能耗指标没有大的波动，因此，没有必要考虑指标对经济效益的影响。

表 5-26　使用大配比褐铁矿时各能耗指标

褐铁矿配比 /%	平均焦粉单耗 /kg·t^{-1}	焦炉煤气 /MJ·t^{-1}	平均成品率 /%	平均生产率 /t·(m^2·d)$^{-1}$	TI（ISO） /%
20	52.95	2.95	76.51	30.82	81.56
26	52.09	2.92	76.77	30.23	80.87
29	52.27	3.06	76.56	29.56	80.38
32	54.41①	3.03	76.24	30.58	80.30

① 32% 大堆生产期间，因粗焦不平衡，使用了大量无烟煤、头尾焦、落地焦粉等，致使焦粉总单耗明显上升。

5.3.4.4　效益在科研项目中的比例

褐铁矿项目中未增加任何工艺设备，而仅仅靠操作调整实现了高配比，因此，本技术应占整个课题效益的绝大部分。

5.4　影响烧结矿强度的因素及改善措施

烧结矿强度是烧结矿质量的重要指标之一，由于烧结矿强度（包括低温还原强度）是影响高炉上部顺行的限制性环节，故烧结矿强度是高炉炼铁对烧结矿质量的一项重要要求。且不同容积级别的高炉对烧结矿强度的要求不同，高炉有效容积越大，对烧结矿的强度指标要求越高。众所周知，烧结过程是一个及其复杂的物理化学变化过程，影响烧结矿强度的因素是多方面的，有矿种及烧结基础特性的影响、矿粉粒度组成和表面形态的影响、碱度及化学成分的因素，燃料和熔剂质量及粒度的影响、返矿粒度及数量的影响、料层厚度、配 C 配水、混合料透气性等烧结主要工艺参数的影响、矿物组成对强度的影响等。正因为影响烧结矿强度的因素有如此之多，要改善和提高烧结矿强度的技术措施也必然是多方面的、全方位的。

这里要澄清一个概念，对高碱度烧结矿而言，FeO 与强度不成正比，而往往成反比，因为 FeO 含量越高，低强度的 $CaO \cdot FeO \cdot SiO_2$ 和 $2FeO \cdot SiO_2$ 含量越高，而 FeO 含量越低，高强度的 SFCA 含量越高。因此在生产高碱度烧结矿的条件下，不能靠高配碳、高 FeO 去达到高强度的目的。

5.4.1 影响铁矿粉黏结相自身强度的因素

谈到烧结矿强度，我们不得不先充分认识一下铁矿粉自身强度的特性。在铁矿粉烧结过程中，熔化的矿粉在冷却过程中起着黏结周围未熔矿粉的作用，这一黏结相的自身强度是衡量烧结矿固结状况的重要指标之一。

"铁矿粉烧结基础特性"新概念中的同化性描述了铁矿粉在烧结过程中生成低熔点液相的能力；液相流动特性描述了铁矿粉在烧结过程中生成的液相的有效黏结范围。这两项指标的结合，可以全面、真切地反映出铁矿粉在烧结过程中对黏结相数量的贡献程度，足够的黏结相数量是烧结矿固结的基础。但是，不同种类的铁矿粉由于自身特性的不同，在烧结过程中生成的黏结相的自身强度特性也会有很大差异。铁矿粉的黏结相自身强度越高对提高烧结矿强度越有利。因此，烧结配矿中，在铁矿粉的同化性、液相流动性适宜的情况下，应当尽可能选择使用黏结相自身强度高的铁矿粉。

影响铁矿粉烧结黏结相自身强度的因素主要可分为两个方面，其一属于外因，其二是内因。前者有烧结温度、气氛、烧结矿二元碱度等；后者是生成黏结相的铁矿粉的自身特性，如铁矿粉的熔融特性、矿物学特性。

在先进的低温烧结工艺原则下，烧结温度和气氛应属于不能任意改变的因素，烧结矿二元碱度受高炉炉料结构的制约，但是在一定范围内可以调整，提高碱度可使 CaO 与铁氧化物的接触面积增大，有利于改善生成低熔点液相的反应热力学、动力学条件，CaO 的介入还能够削弱硅氧复合阴离子组成的网状结构，有助于降低液相的黏度，改善黏结相的结构；另外，烧结矿二元碱度的提高，有助于增加黏结相中复合铁酸钙矿物。这些因素均对黏结相强度的提高有积极作用。但是，碱度升高后若出现过度熔化或者液相黏度过低，会使烧结体形成薄壁大孔的脆弱结构，影响黏结相的自身强度。另外，CaO 的加入量过多，容易生成高熔化温度，且粉化倾向严重的硅酸二钙（C_2S），导致黏结相的自身强度下降。由此可见，二元碱度对铁矿粉黏结相自身强度的影响很复杂，它与铁矿粉的自身特性发生综合作用，故应该根据具体情况统筹考虑。

分析认为：烧结黏结相的数量主要受铁矿粉的熔融特性影响，而铁矿粉的矿物学特性决定黏结相的矿物组成、结构等黏结相质量。

（1）铁矿粉自身的矿物组成的影响。低温烧结的优质黏结相矿物组成主要为复合铁酸钙，它不仅具有良好的还原性，而且有较高的自身强度。铁矿粉类型对烧结黏结相矿物组成有重要影响。由于 Fe_3O_4 本身不能与 CaO 反应生成铁酸钙，故磁铁矿烧结时铁酸钙的产生是建立在大量的磁铁矿被氧化的基础上的。因此相对于赤铁矿而言，磁铁矿烧结时产生铁酸钙相要困难得多，从而影响黏结相的自身强度。

（2）铁矿粉的液相生成能力的影响。烧结过程的黏结相主要是黏附粉熔化后形成的。因此，在烧结配矿中选择能够获得低熔点液相，且液相黏度适宜的铁矿粉，可以为生成自身强度高的黏结相奠定基础。低熔点液相的生成与铁矿粉的同化特性有关；液相黏度则受铁矿粉液相流动特性的影响。一般而言，同化能力以及液相流动能力适宜的铁矿粉，其在烧结过程中易于生成高强度的黏结相。

（3）铁矿粉的复合铁酸钙相生成能力的影响。烧结黏结相中的主要矿物组成有两大类型：复合铁酸钙相（SFCA）和硅酸盐相，与后者相比，由于前者有较好的抗断裂韧性，故黏结相矿物组成中 SFCA 相较多、硅酸盐相较少时，有利于黏结相自身强度的提高。因此，SFCA 生成能力小的铁矿粉，不利于获得高强度的黏结相。

（4）铁矿粉的水化程度的影响。铁矿粉的水化程度是指其结晶水含量及热分解特征。一般而言，高结晶水含量的矿粉（如褐铁矿）以及热分解偏向较高温度区域的矿粉（如含三水铝矿物、致密结构的矿粉），容易使黏结相形成裂纹和内部残留气孔，这一脆弱的黏结相结构必然会导致其自身强度的降低。

应当指出，铁矿粉黏结相自身强度的影响因素是错综复杂的，既包含铁矿粉的常温特性（如化学成分、矿物组成），又涉及铁矿粉的高温特性（如同化性、液相流动性、SFCA 生成能力）。因此，目前还无法通过已知的参数定量获得铁矿粉的黏结相自身强度，必须通过实验的方法予以测定。

5.4.2　影响烧结矿强度的因素分析

5.4.2.1　铁矿粉矿种对烧结矿强度的影响

用于烧结生产的铁矿石的种类主要有磁铁矿、赤铁矿、褐铁矿和菱铁矿四种，四种不同铁矿粉用于烧结生产，其成品矿的强度是不同的。褐铁矿粉组织疏松、堆密度小，用于烧结生产成品率低、强度差；菱铁矿粉在烧结生产中 CO_2 被分解析出，体积收缩大，也使成品率低、强度差；磁铁矿粉分子式为 Fe_3O_4，在烧结过程中需要氧化气氛，氧化为 Fe_2O_3+FeO，比不上赤铁矿粉可以在一定化学成分和温度条件下生成铁酸钙（$CaO \cdot Fe_2O_3$）。不同矿种烧结成品矿强度的高低排序为：赤铁矿>磁铁矿>褐铁矿>菱铁矿。即便同样是赤铁矿由于 Fe_2O_3 含量不同，在烧结过程中生成 SFCA 的机率不同，也会导致成品矿的强度不同。巴西和南非的粉矿的 Fe_2O_3 含量均大于 85%，且有一定含量的 SiO_2，易与配入熔剂中的 CaO 反应生成铁酸钙，特别是南非的 0.25~1mm 的准颗粒比例低，制粒后混合料的透气性好，有利于成品矿的强度提高；而同为赤铁矿印度矿粉的 Fe_2O_3 含量比巴西和南非的低 10% 左右，在烧结过程中形成铁酸钙的机率低，因此印度粉不大可能烧出很好的烧结矿。

对澳大利亚矿而言，像纽曼和哈默斯利赤铁矿粉，它们的成品矿强度类同巴西和南非矿粉；而高、中水化程度的褐铁矿粉的烧结成品矿强度就低一些。褐铁矿配比对烧结矿成品率和强度的影响列于表 5-27。

表 5-27 褐铁矿配比对烧结矿成品率和转鼓指数的影响

褐铁矿配比/%	烧结矿成品率/%	转鼓指数 $TI_{+6.3}$/%	固体燃耗/kg·t^{-1}
40	80.26	65.67	50.78
50	78.14	64.33	52.16
60	74.88	62.33	54.43

铁矿粉的五项烧结基础特性均对烧结矿的强度有直接影响，铁矿粉同化温度的高低和液相流动性指数，影响成品烧结矿空隙壁的厚薄和结构强度的高低，实验证明不同矿种同化温度的高低排序为：赤铁矿>磁铁矿>褐铁矿>菱铁矿，而液相流动性指数刚好相反，褐铁矿粉的液相流动性最大，磁铁矿粉最小，实际上个别矿种会有特殊性。几种常见不同矿种的同化温度等烧结特性列于表 5-28。

表 5-28 几种不同矿种的烧结基础特性

铁矿粉名称	烧结基础特性				
	同化温度 LAT/℃	液相流动性指数 FI/倍	黏结相自身强度 SBP/N·cm^{-2}	生成铁酸钙能力 SFCA/%	固相反应能力 CCS/N·cm^{-2}
Hamersley 粉	1247	0.444	288	43.5	144
Hiy 粉	1135	3.127	245	75.0	508
Newman 粉	1233	0.60	490	37.5	325
MAC 粉	1217	1.767	255	24.5	343
WestAngelas	1238	0.372	314	—	353
Yandi 粉	1135	3.127	245	75.0	508
Roberiver 粉	1174	0.985	333	55.3	872
Carjas 粉	1288	0.188	863	4.0	696
BRASIL New 粉	1378	1.412	270	6.7	254
MBR 粉	1323	0.044	470	6.9	264
国产迁安精粉	1358	0.619	813	—	490

由表 5-28 的数据对比可见，不同矿种的烧结基础特性有较大的差别，它们对烧结成品矿的强度和质量有较大的影响，因此要十分重视不同矿种的烧结基础特性对强度的影响。

5.4.2.2　矿粉粒度组成及表面形态对烧结矿强度的影响

铁矿粉制粒对烧结矿的产质量有重大影响，也是影响烧结矿强度的一大重要因素。不同矿粉有不同的粒度组成，粒度组成影响制粒效果，对铁矿粉而言，大于 8mm 的粒级比例应小于 5%，超过 5% 会引起烧成质量变差，返矿比例升高；0.25~1.0mm 为准颗粒，其在制粒过程中既不能成核心，又不能黏附于核心的外围，是影响制粒效果和混合料透气性最大的粒级，铁矿粉烧结要求准颗粒比例越低越好，界限值为小于 20%；-0.25mm 粒级比例也不宜太高，一般要求小于 30%，细颗粒比例高会造成制粒困难，影响混合料的透气性，从而影响成品矿的强度；铁矿粉的表面形态也很大程度影响制粒和烧结矿的强度，例如呈片状的镜铁矿（依塔比拉矿）制粒效果很差，最高配比不宜大于 5%。

5.4.2.3　碱度和铁矿粉的化学成分对烧结矿强度的影响

A　碱度对烧结矿强度的影响

碱度是影响烧结矿质量的一个基本因素，碱度不同烧结矿的矿物组成不同，其强度和质量也不同，烧结矿随碱度提高其强度和质量显著提高，烧结矿的最佳碱度范围为 CaO/SiO_2（1.90~2.30），韶钢、石钢、邯钢、宣钢等企业烧结矿碱度与其强度的关系列于表 5-29~表 5-31。

表 5-29　韶钢、石钢、邯钢烧结矿碱度与成品矿强度关系

烧结矿 CaO/SiO_2	韶钢转鼓指数/%	石钢转鼓指数/%	邯钢转鼓指数/%
1.60	56.78	51.34	51.29
1.80	66.73	58.00	59.84
2.00	71.44	63.00	65.50

表 5-30　马钢烧结矿碱度对成品矿强度的影响

烧结矿碱度 CaO/SiO_2	化学成分（质量分数）/%				成品率 /%	转鼓指数 /%
	SiO_2	Al_2O_3	MgO	FeO		
1.67	5.09	1.54	2.11	7.96	76.42	65.39
1.84	5.09	1.46	2.10	8.44	77.01	66.37
1.98	5.04	1.58	2.07	7.46	78.17	67.88

表 5-31 宣钢烧结矿碱度对成品矿的影响

烧结矿碱度	化学成分（质量分数）/%			转鼓指数
CaO/SiO$_2$	SiO$_2$	Al$_2$O$_3$	MgO	TI$_{+6.3}$/%
1.82	4.92	2.69	3.24	74.33
1.97	4.89	2.67	3.23	76.16
2.08	4.97	2.62	3.66	78.54
2.12	5.03	2.68	3.65	79.45

由表 5-29~表 5-31 可见，以上所列几家不同企业在其生产条件和化学成分基本相同条件下，烧结矿强度随碱度提高而提高的规律是显而易见的。因此为保持烧结矿具有足够的强度，生产高碱度烧结矿是必须坚持的一个原则。

除了碱度外，SiO$_2$、FeO、MgO 和 Al$_2$O$_3$ 均不同程度影响烧结矿的强度。

B SiO$_2$ 和 FeO 对烧结矿强度的影响

烧结矿的固结机理是渣相连接，在烧结生产过程中，SiO$_2$、FeO 在低于1200℃的温度条件下生成液相，包裹未熔化的矿物，将散料变为块状成品矿。实验研究和生产实践证明：混合料的 SiO$_2$ 含量和烧结矿的 FeO 含量对成品矿的强度有较大的影响：当 SiO$_2$<4.8%，烧结矿因渣相不足，成品率和强度会显著下降；当 SiO$_2$>5.3% 时，烧结矿由于硅酸盐渣量增多，强度会有所改善，而冶金性能会相应变差。烧结生产应根据混合料的 SiO$_2$ 含量适当变更配 C 量，当 SiO$_2$<4.8% 时应适当多配 C，适当提高成品矿的 FeO 含量，以保持成品矿有足够的强度，当 SiO$_2$>5.3% 应相应降低配 C，降低成品矿 FeO 含量，掌控成品矿的强度。

马钢、鞍钢、唐钢等企业 SiO$_2$、FeO 对烧结矿强度的影响列于表 5-32 ~ 表 5-34。

表 5-32 马钢 SiO$_2$ 含量对烧结矿强度的影响

化学成分（质量分数）/%				CaO/SiO$_2$	成品率 /%	转鼓指数 /%
SiO$_2$	MgO	Al$_2$O$_3$	FeO			
4.81	2.10	1.55	8.56	1.88	76.22	64.80
5.00	2.30	1.56	8.73	1.88	76.87	65.67
5.15	2.03	1.50	7.75	1.82	77.38	67.70

表 5-33 鞍钢 SiO$_2$ 含量对烧结矿强度的影响

年份	化学成分（质量分数）/%			CaO/SiO$_2$	固体燃耗 /kg·t^{-1}	转鼓指数 /%
	SiO$_2$	FeO	TFe			
2000	8.62	9.74	51.80	1.76	41.70	80.19
2002	5.78	8.52	56.51	1.98	45.89	82.59

续表 5-33

年份	化学成分（质量分数）/%			CaO/SiO₂	固体燃耗 /kg·t⁻¹	转鼓指数 /%
	SiO₂	FeO	TFe			
2004	5.00	8.22	58.04	2.00	40.00	78.16
2006	4.80	7.91	57.96	2.09	37.79	80.87
2008	4.79	8.15	57.63	2.15	40.20	80.21
2010	5.04	8.02	56.85	2.08	49.80	80.85

表 5-34　唐钢烧结矿 FeO 对强度和冶金性能的影响

化学成分（质量分数）/%		CaO/SiO₂	转鼓指数 /%	<5mm/%	RI/%	RDI₊₃.₁₅/%
FeO	SiO₂					
10.84	5.46	1.80	68.54	13.19	72.9	91.6
9.42	5.33	1.80	66.65	15.25	78.9	90.3
8.48	5.35	1.80	65.39	17.18	82.08	86.4
7.18	5.22	1.80	62.76	23.06	84.01	84.0

表 5-32 数据说明，在马钢碱度、MgO、Al_2O_3 和 FeO 基本相同条件下，SiO_2 含量在 4.81%~5.15% 的范围内，随渣相 SiO_2 含量的增加，烧结矿成品率和转鼓指数提高的规律。

表 5-33 数据说明，在鞍钢条件下，随 SiO_2 的降低，烧结矿品位和碱度的提高，烧结矿转鼓指数、燃耗和 FeO 都有不同的变化规律。

表 5-34 数据说明，在唐钢烧结矿碱度和 SiO_2<5.5% 基本相同的条件下，烧结矿的强度随 FeO 的下降而降低，900℃还原性升高和 RDI 指数下降的规律。烧结矿的 FeO 含量与配 C 量直接相关，一般配 C 增加 1%，FeO 会升高 1%~2%，只有低配 C 才能实现低 FeO，高配 C 高 FeO 是造成烧结矿质量差的一大根源。烧结生产应追求低 SiO_2、高强度、低 FeO 的目标，例如在鞍钢条件下 4.80% 的 SiO_2，37.79kg/t 的燃耗，达到 80.87% 的转鼓指数和 7.91% 的 FeO 指标。

C　MgO 对烧结矿强度的影响

大量的实验研究和生产实践证明，MgO 有利于烧结矿低温还原粉化性能的改善，在高炉炉缸内，有利于炉渣流动性和脱硫效果的改善，故高炉炼铁都要求烧结矿具有一定含量的 MgO。但是由于 MgO 在烧结过程中易与 Fe_3O_4 反应生成镁磁铁矿（$MgO·Fe_3O_4$），从而阻碍 Fe_3O_4 在烧结过程中氧化为 Fe_2O_3，从而降低铁酸钙相的生成，造成成品烧结矿的冷强度和还原性降低。经验数据说明，烧结矿的 MgO 增加 1%，冷强度降低 3%，还原性降低 5%，MgO 为难熔矿物，其熔点为 2799℃，因此，高 MgO 烧结矿必然会导致燃耗高和强度低。梅山钢铁公司和马钢等企业 MgO 对烧结矿质量的影响列于表 5-35 和表 5-36。

表 5-35 梅钢 MgO 对烧结矿质量的影响

MgO 含量/%	CaO/SiO$_2$	固体燃耗 /kg·t^{-1}	成品率/%	转鼓指数/%	RI/%
2.00	1.80	70.98	71.34	63.33	77.12
1.50	1.80	69.00	73.90	66.67	80.10
1.00	1.80	68.79	72.69	68.67	80.75
2.00	1.90	68.13	74.02	65.20	79.12
1.50	1.90	68.70	72.78	67.33	81.56
1.00	1.90	66.04	75.71	68.40	85.51

表 5-36 马钢 MgO 对烧结矿强度的影响

成分（质量分数）/%				CaO/SiO$_2$	成品率/%	转鼓指数/%
MgO	SiO$_2$	FeO	Al$_2$O$_3$			
1.91	5.04	11.07	1.94	1.97	79.38	66.67
2.06	4.95	11.87	1.96	1.81	78.32	63.04
2.22	5.12	13.94	2.03	1.80	79.85	60.00
2.32	5.20	14.44	1.96	1.80	79.58	58.52

由表 5-35 和表 5-36 数据可见，无论是梅钢还是马钢，随烧结矿 MgO 含量的增加，固体燃耗增加，转鼓强度下降，还原性降低的规律是明显的。

D Al$_2$O$_3$ 对烧结矿强度的影响

Al$_2$O$_3$ 含量是影响烧结矿质量和强度的一个重要因素，因为一定的铝硅比（Al$_2$O$_3$/SiO$_2$ = 0.1~0.4）是生成铁酸钙的必要条件，碱度低于 2.3 的高碱度烧结矿，铁酸钙的分子式为 5CaO·2SiO$_2$·9(AlFe)$_2$O$_3$，这就要求烧结混合料合理的 Al$_2$O$_3$ 含量为 1.5% 左右，1%~2% 的 Al$_2$O$_3$ 含量为正常值，超过了 2% 的含量，由于 Al$_2$O$_3$ 的熔点为 2042℃，在烧结过程中熔化不了，只能在玻璃相中析出，降低渣相的破裂韧性，严重影响成品矿的冷强度和还原粉化指数，因此，Al$_2$O$_3$ 含量既是形成烧结矿高强度的必要条件，又是影响烧结矿冷强度的重要因素。杭钢高铝烧结矿对成品矿强度和 RDI 指数的影响列于表 5-37。

表 5-37 Al$_2$O$_3$ 含量对杭钢烧结矿强度的影响

成分（质量分数）/%				CaO/SiO$_2$	转鼓指数 /%	RDI$_{+3.15}$ /%	铝硅比
Al$_2$O$_3$	SiO$_2$	MgO	FeO				
1.95	6.14	3.01	8.32	1.87	77.94	79.5	0.318
2.45	6.46	2.99	8.68	1.84	75.69	78.5	0.380

成分（质量分数）/%				CaO/SiO₂	转鼓指数 /%	$RDI_{+3.15}$ /%	铝硅比
Al₂O₃	SiO₂	MgO	FeO				
2.60	6.92	2.90	8.73	1.86	76.24	77.3	0.376
2.80	6.58	3.08	8.39	1.86	74.06	—	0.425
3.21	6.71	3.05	8.62	1.86	73.29	—	0.479

由表 5-37 可见，在杭钢烧结矿化学成分和碱度基本相同的条件下，随着 Al₂O₃ 含量的升高，成品烧结矿的转鼓指数呈明显下降趋势，Al₂O₃ 升高 1%，成品矿的转鼓指数平均下降 3.72%，低温还原粉化指数也相应呈下降趋势。

5.4.2.4　燃料和熔剂质量及粒度对烧结矿强度的影响

燃料的质量是指燃料的种类、固定碳含量和粒度。昆钢、首钢等企业的研究和生产实践证明，燃料的固定碳含量高、灰分含量低有利于降低燃耗，也有利于改善烧结矿的强度指标。燃料在粒度组成上小于 3mm 粒级的比例应大于 90%，大于 3mm 比例高，容易产生偏析，不利于均匀烧结，往往会影响成品率和烧结矿强度；燃料小于 0.5mm 粒级比例应低，否则会因燃料颗粒细，烧结层高温保温时间短而影响铁酸钙的生成比例和成品矿的强度。

熔剂的质量主要是指生石灰和石灰石、白云石含 CaO 的比例。质量好的生石灰应含 CaO 大于 80%，生石灰和石灰石、白云石小于 3mm 的粒级比例应大于 90%，粒度大分解和消化速度慢，会影响混合料的制粒及烧结过程的透气性，采用生石灰替代石灰石做熔剂，生石灰消化后为极细的胶体颗粒，平均比表面积达 30m²/g，与石灰石相比大 60 倍，生石灰制成的胶体颗粒混合料：（1）不容易在布料和烧结过程中被破碎；（2）使 0.25~0.7mm 的准颗粒也易于被黏附到核心的周围，有利于改善混合料的透气性；（3）使这种胶体颗粒具有较大的活性度，易与混合料中的其他组分接触产生各种固液相反应，不利于游离态的 CaO 和 2CaO·SiO₂ 生成，从而改善烧结矿的质量和提高成品矿的强度。

提高混合料的生石灰配比有利于改善烧结矿的质量和强度，适宜的生石灰配比为 5% 左右。东北大学和河北理工大学已有的研究证明，生石灰的活性度低，不利于烧结过程生成 SFCA，但活性度也不是越高越好，大于 300mL 后生成 SFCA 的比例反而有下降，合理的活性度是 250~300mL 为最佳。

5.4.2.5　返矿粒度和数量对烧结矿强度的影响

研究和生产实践证明，热返矿的粒度和数量对烧结矿的强度和粒度组成有显著的影响，在烧结生产中这是一个常常容易被忽视但又不能被忽视的一个因素。热返矿的粒度大和数量多均会起到混合料的水分波动和制粒效果下降，从而影响成品矿的强度和粒度变小。柳钢的生产实践证明，热返矿的粒度小于 3mm，热返矿的数量小于8%时，有利于提高烧结矿的强度和优化烧结矿的粒度组成。现在很多企业取消了热矿筛，也就没有热返矿了，这个影响因素就转换成烧结返矿和高炉返矿的粒度和数量，只要返矿粒度小于5mm，返矿的总数量不超过30%，就不至于造成对成品矿强度的不利影响。

5.4.2.6 烧结主要工艺操作参数对成品矿强度的影响

烧结生产的主要工艺参数有料层厚度、配C配水、制粒和布料、点火操作、抽风负压、机速和冷却速度等因素，它们的相互关系为：料层厚度是基础，水碳是保证，混合料的透气性是关键，混合料的透气性与制粒、布料、点火和抽风操作等环节相关。

A 料层厚度对烧结矿强度的影响

研究和生产实践证明，料层厚度与烧结产质量直接相关，料层厚度直接影响烧结的固体燃耗和成品矿的强度。宝钢的烧结生产实践证明，混合料厚度每提高100mm，烧结配C降低1.04kg/t，FeO降低0.6%，转鼓指数提高2.3%，煤气消耗降低0.64kg/t。莱钢和宝钢等企业不同料层厚度的烧结生产指标分别列于表5-38和表5-39，目前我国烧结生产多数企业的料层厚度为700mm，有些已超过800mm，天津荣程联合钢铁公司的烧结料层最高已到达1000mm的厚料层。

表 5-38 莱钢料层厚度对烧结矿强度及质量指标的影响

料层厚度/mm	转鼓指数/%	固体燃耗/kg·t⁻¹	CaO/SiO₂	成分（质量分数）/%	
				SiO_2	FeO
500	74.30	64.00	1.81	4.08	10.7
600	77.80	54.00	1.88	4.37	8.90
700	78.42	48.42	1.98	4.98	8.24
800	76.84	48.86	1.91	6.39	8.21

表 5-39 宝钢料层厚度对烧结矿强度及质量指标的影响

料层厚度/mm	转鼓指数/%	固体燃耗/kg·t⁻¹	CaO/SiO₂	成分（质量分数）/%	
				SiO_2	FeO
606	75.8	46.67	1.82	4.80	6.48
681	75.6	43.44	2.02	4.73	7.60
714	81.4	42.64	1.89	4.83	8.13
752	82.7	40.40	1.93	4.71	8.10

由表5-38、表5-39可见，在莱钢、宝钢条件下，烧结矿随料层厚度的增加，固体燃耗下降，烧结矿强度升高。因此烧结生产应遵循不断强化制粒、改善混合料的透气性、挖掘料层厚度的潜力，追求厚料层、低燃耗、高强度、低FeO的目标。

B　配 C、配水对烧结矿强度的影响

烧结生产实践证明，合理的配 C 配水是搞好烧结生产的保证，烧结生产在常规条件下，增加 1% 的配 C，FeO 提高 1.8%~2.0%，高配碳必然高 FeO，高温型烧结得不到质量优的烧结矿。对于高碱度烧结矿而言，FeO 在铁酸钙矿物相中并不单独存在，在最佳碱度范围内，铁酸钙的分子式为 $5CaO \cdot 2SiO_2 \cdot 9(AlFe)_2O_3$，因此提高 FeO 含量对于烧结矿强度没有直接关系，配 C、烧结温度、FeO、烧结矿强度的关系列于表 5-40。

表 5-40　配 C、FeO 与烧结矿强度的关系

配 C/%	2.8	3.3	3.3	4.0	4.2	5.0
烧结温度/℃	1225	1265	1290	1315	1340	1360
FeO/%	5.26	6.39	6.85	8.24	10.40	11.08
转鼓指数/%	54.23	69.17	72.85	73.52	75.58	72.37

由表 5-40 可见，虽然随配 C 的增加、FeO 升高、烧结矿强度是不断提高的，但当配 C 量超过 4.0% 时，烧结温度已超过了 1300℃，达到 1315℃，进入了高温型烧结，烧结矿的质量开始下降。因此在正常情况下，配 C、FeO 和强度的最佳值是配 C 在 3.3%~4.0%，FeO 含量在 6.85%~8.24% 的范围内，不是强度最高时的配 C 和 FeO 为烧结最佳条件。

混合料水分对烧结矿产量、质量的影响是一个十分重要十分敏感的因素，因为混合料水分直接影响 FeO 含量和固体燃耗的变化，进而影响烧结矿强度和粒度组成等烧结矿的质量指标。生产实践证明，混合料水分随料层厚度增加应该下降，其规律是厚料层、低 C 低水才能低 FeO，柳钢混合料水分对成品矿 FeO 和强度的影响列于表 5-41。

表 5-41　柳钢混合料水分对成品矿 FeO 和强度的影响

混合料水分/%	CaO/SiO₂	料层厚度/mm	FeO 含量/%	转鼓指数/%	返矿率/%
8.74	1.73	619	8.58	67.00	15.0
7.27	1.73	619	7.11	71.97	11.9
6.69	1.71	620	6.25	69.25	12.0

由表 5-41 可见，混合料水分在碱度和料层厚度相同的条件下，对成品矿的 FeO 和转鼓指数有明显的影响，准确而又及时控制混合料的水分，是获得低 FeO、高强度成品矿的一个重要条件。

C　点火操作对烧结矿强度的影响

点好火是提高烧结生产的一个重要环节，点好火的操作时要把握好点火温度、点火负压和点火强度三要素。点火温度的高低与烧结所用矿种有关，对于一

般赤铁矿和磁铁矿粉烧结，点火温度控制在（1050±50）℃为合适；对于高水化程度的褐铁矿粉烧结，因为热爆裂严重，适宜的点火温度为（950±50）℃；对于高 Al_2O_3 矿粉烧结，要适当提高点火温度，适宜的点火温度为（1100±50）℃。要掌握一个适宜的点火温度：点火温度过低，台车表层温度不足，影响表层的成品矿和强度；点火温度过高，造成台车表层熔结块，增大烧结阻力，导致成品率和强度下降。点火负压正常情况下为烧结抽风负压的 50%~70% 为宜，即一般为 6~8kPa，点火负压过高或过低都会给烧结生产造成严重的影响。过高的点火负压会破坏原始料层的透气性，降低垂直烧结速度，延缓烧结终点，严重影响烧结矿的产量和强度，还会大幅度增加烧结的电耗；过低的点火负压会阻碍点火后烧结带往下延伸，拖延烧结速度和烧结终点，进而影响烧结的成品率和成品矿强度。

点火强度是指单位烧结面积供给的热量，正常的点火热强度由于气体燃料不同有较大不同。点火强度过低或过高，也会影响烧结的成品率和成品矿强度。

D　混合料透气性对烧结矿强度的影响

工艺参数对烧结产质量的影响，混合料的透气性是关键，烧结料层的透气性是由混合料的粒度及其粒度组成、混合料适宜的水分及抽风负压和机速等因素所决定的，在这些因素中，混合料的粒度及其组成是基础，适宜的水分是保证条件，抽风负压和机速起着主导作用。莱钢抽风负压和机速对烧结矿强度及质量的影响列于表 5-42。

表 5-42　莱钢烧结抽风负压和机速对强度及质量的影响

台车面积/m²	料层厚度/mm	抽风负压/kPa	垂烧速度/mm·min⁻¹	FeO含量/%	转鼓指数/%	利用系数/t·(m²·h)⁻¹	固体燃耗/kg·t⁻¹	返矿率/%
105	500	13.3	20.2	10.7	74.30	1.46	66.0	35.0
105	600	14.6	20.0	8.86	78.14	1.45	57.0	27.2

由表 5-42 可见，料层增高后，抽风负压会增大，此时放慢机速，结果产量基本不变，但烧结矿的强度和质量得到了显著提高。

在烧结生产中，提高抽风负压，会增加通过料层的风量，加快垂直烧结速度，提高烧结矿产质量，但当抽风负压过高后，垂直烧结速度过快，产量会进一步提高，成品矿的强度明显下降。因此在混合料透气性一定的条件下，有一个与料层透气性相适应的抽风负压，烧结生产应掌握适当的抽风负压，抽风负压不是越高越好，低负压操作有利于固体燃耗的下降，成品率和转鼓强度的提高。

机速和抽风负压对烧结矿的强度和质量的影响是相对立和统一的矛盾。在烧结生产中，为追求产量，就需要提高抽风负压和机速；为追求成品矿的强度和质量，就需要降低抽风负压和机速。产量和质量（包括强度）在一定的原料、设备条件下应掌控到一个统一的最佳数值，片面追求产量就得不到高强度、高质量的成品矿，合理的操作应在保证一定强度和质量的前提下，探索提高产量的举措。宝钢 450m² 烧结机不同抽风负压和机速对成品矿强度和质量的影响列于表 5-43。

表 5-43　宝钢烧结机不同抽风负压和机速对成品矿强度和质量的影响

料层厚度 /mm	抽风负压 /kPa	机速 /m·min⁻¹	垂烧速度 /mm·min⁻¹	转鼓指数 /%	利用系数 /t·(m²·h)⁻¹	固体燃耗 /kg·t⁻¹	返矿率 /%
500	12.918	3.22	18.26	73.90	1.36	46.30	29.7
561	14.435	2.87	18.15	—	1.38	—	26.5
606	15.063	2.41	16.45	75.78	1.27	46.67	27.0

5.4.3　矿物组成对烧结矿强度的影响

研究和生产实践证明，不同矿种、不同碱度、不同配 C 和工艺操作参数、成品矿的矿物组成是各不相同的，同一种烧结混合料，由于配 C 和烧结温度不同，其矿物组成的变化列于表 5-44，不同企业不同碱度烧结矿的矿物组成列于表 5-45。

表 5-44　不同温度水平烧结矿的矿物组成　　　　　　　　（%）

烧结温度/℃		1225	1265	1285	1315	1340	1360
矿物组成 (质量分数)	CaO·Fe₂O₃	19.5	24.0	27.2	22.5	18.1	12.8
	Fe₂O₃	23.2	20.1	17.4	16.2	15.4	14.3
	Fe₃O₄	25.1	28.2	29.1	31.6	35.7	38.1
	2CaO·SiO₂	13.2	10.8	7.6	8.1	7.8	7.1
玻璃相		8.2	8.6	9.2	13.2	14.8	18.4
孔隙率		10.7	9.2	9.4	8.5	8.2	8.6

表 5-45　莱钢、太钢、首钢不同碱度烧结矿的矿物组成　　　　　（%）

企业及矿物	CaO/SiO₂	CaO·Fe₂O₃	Fe₂O₃	Fe₃O₄	2CaO·SiO₂	玻璃相	未矿化溶剂
莱钢 烧结矿	1.35	10~12	7~10	50~55	3	20~25	1~2
	1.60	15	7~10	50	6~8	15~17	2~3
	1.80	25	7~10	45	6~8	10~12	1~2
	2.10	35	5~7	40	5~7	7~8	3~5
太钢 烧结矿	1.31	10~15	7~10	50~55	3~5	20	—
	1.78	35~40	10~15	30~35	10	3~5	3
	1.96	40	15	25~30	10	2~3	3~5
	2.15	45	7~10	30	10~15	1~2	3~5

续表 5-45

企业及矿物	CaO/SiO$_2$	CaO·Fe$_2$O$_3$	Fe$_2$O$_3$	Fe$_3$O$_4$	2CaO·SiO$_2$	玻璃相	未矿化溶剂
	1.61	25	1~2	60~55	1~3	5~7	1~2 配 C=5.6
首钢	1.80	30	7~10	55~50	2~3	2~3	3 配 C=5.6
烧结矿	1.80	30~35	8~10	40~45	3~5	2~3	5~7 配 C=5.2
	2.00	30	4~8	55	1~3	3~5	3 配 C=5.2

不同矿物组成烧结矿的强度不同，因此，烧结生产应掌控各种因素和操作参数，得到合理的矿物组成，达到掌控成品矿强度和质量的目标。不同矿物组成的强度指数列于表5-46。

表 5-46 不同矿物组成的强度指数

矿物	CaO·Fe$_2$O$_3$	Fe$_2$O$_3$	Fe$_3$O$_4$	2FeO·SiO$_2$	CaO·FeOSiO$_2$	2CaO·Fe$_2$O$_3$
强度指数 /N·cm^{-2}	37.0	26.7	36.9	20.26	23.3	14.2

由表5-46可见，铁酸钙（CaO·Fe$_2$O$_3$）的强度指数最高，其次是Fe$_3$O$_4$，第三是Fe$_2$O$_3$。但由于Fe$_3$O$_4$还原性差，故在烧结过程中，并不希望增加Fe$_3$O$_4$相，而是希望更多生成CaO·Fe$_2$O$_3$和Fe$_2$O$_3$。

5.4.4 提高和改善烧结矿强度的举措

通过全面分析影响烧结矿强度的各种因素和工艺参数，从中可以总结出提高和改善烧结矿强度的技术举措：

（1）优化配矿。对不同矿种的烧结特性合理搭配，做到在同化温度和液相流动性指数高低搭配的情况下，争取多用黏结相自身强度高、生成铁酸钙能力强、固相反应能力强的矿种。

（2）坚持高品位、低SiO$_2$的精料方针。根据SiO$_2$的含量合理掌控成品矿FeO的水平，保持一定黏结相量来获得高强度的烧结矿。

（3）坚持高碱度、厚料层、低碳、低FeO的低温烧结操作下的高强度方向。

（4）坚持低MgO、低Al$_2$O$_3$烧结的原则。要实现高强度的烧结质量目标，必须坚持低MgO、低Al$_2$O$_3$的原则。要实现低成本、低燃料比炼铁的目标也必须坚持低MgO、低Al$_2$O$_3$烧结，只有坚持低MgO、低Al$_2$O$_3$烧结才能实现低成本、低燃料比炼铁的目标。

（5）要实现高强度、高还原性、低FeO的烧结目标，必须优化烧结工艺参数操作，包括厚料层、低碳、低水、强化制粒、布好料、点好火，低负压、慢机速的均匀烧结。

影响烧结矿强度的因素是多方面的，烧结科技工作者只要充分认识其复杂性和其内在联系的规律性，通过认真分析，抓住主要因素，规范操作，一定能烧出高强度、高质量的烧结矿。

参考文献

[1] 许满兴. 高品位、低 SiO_2 烧结生产技术 [C]. 低成本、低燃料比炼铁新技术文集，2016：75~81.

[2] 许满兴. 褐铁矿粉、高 Al_2O_3 矿粉烧结特性及应对举措 [C]. 低成本、低燃料比炼铁新技术文集，2016：88~90.

[3] 许满兴. 影响烧结矿强度的因素分析及其改善措施 [C]. 低成本、低燃料比炼铁新技术文集，2016：107~114.

[4] 吴胜利，杜建新，等. 铁矿粉烧结黏结相自身强度特性 [J]. 北京科技大学学报，2005，27（2）.

6 铁矿烧结、球团发展与降本增效

【本章提要】

本章主要讲述我国烧结、球团发展现状和展望，对降本增效提出切实可行的方针和策略，特别对低 MgO/SiO_2、低燃料比等提出要求，同时打好降本增效组合拳。

6.1 我国烧结技术发展现状与展望

跨入 21 世纪以来，我国烧结生产技术和质量取得了巨大的发展和长足进步，在不断提高生产力、烧结机大型化、低碳、厚料层烧结、优化配矿、节约能耗、降低成本、烧结烟气净化、余热利用和改善环保及烧结矿质量诸方面均取得了快速发展和较大的进步。2000~2015 年全国重点企业烧结生产主要技术经济指标和烧结矿质量列于表 6-1。

表 6-1 2000~2015 年我国重点企业烧结生产主要技术经济指标

项目 年份	烧结面积 /m^2	利用系数 /t·(m^2·h)$^{-1}$	料层厚度 /mm	成品率/%	含粉率/%	返矿率/%	电耗 /kW·h·t^{-1}	固体燃耗 /kg·t^{-1}	工序能耗 /kgce·t^{-1}	转鼓指数/%	化学成分（质量分数）/%			$\dfrac{CaO}{Si_2O}$
											TFe	FeO	Si_2O	
2000	76.0	1.45	482.8	—	11.3	—	34.71	58.00	69.87	65.81	55.65	10.17	—	1.70
2001	76.0	1.47	499.0	—	10.5	—	33.89	59.00	70.77	74.19	55.95	10.32	5.99	1.76
2002	76.0	1.48	528.2	—	9.26	—	35.27	57.00	71.85	83.72	56.60	9.87	5.74	1.83
2003	80.0	1.48	535.9	82.05	8.53	19.02	34.74	55.00	67.92	71.83	56.90	9.28	3.31	1.94
2004	80.0	1.48	546.2	81.71	7.72	19.98	35.98	54.00	68.10	73.24	56.00	9.33	5.58	1.93
2005	94.6	1.48	575.9	82.68	7.76	21.43	39.41	53.00	65.70	83.78	55.91	9.16	5.65	1.94
2006	98.3	1.43	602.6	83.27	7.36	18.89	39.32	54.00	57.50	75.75	55.85	9.15	5.73	1.95
2007	117.1	1.42	614.4	82.24	6.44	18.82	40.22	54.00	59.37	76.02	55.65	8.84	5.50	1.88
2008	126.5	1.36	636.0	83.31	7.15	18.65	40.49	53.31	56.52	76.59	55.39	8.84	5.70	1.96

续表 6-1

项目 年份	烧结 面积 /m^2	利用 系数 /t · (m^2 · h)$^{-1}$	料层 厚度 /mm	成品 率/%	含粉率 /%	返矿率 /%	电耗 /kW · h t^{-1}	固体 燃耗 /kg · t^{-1}	工序 能耗 /kgce · t^{-1}	转鼓 指数 /%	化学成分 （质量分数）/%			$\dfrac{CaO}{Si_2O}$
											TFe	FeO	Si_2O	
2009	146.3	1.34	642.2	81.30	7.07	19.20	41.06	55.00	57.28	77.44	55.97	8.50	5.20	1.834
2010	165.9	1.32	666.1	83.50	7.18	22.29	43.87	54.00	56.71	78.77	55.53	8.35	5.35	1.914
2011	182.2	1.31	661.4	82.99	6.86	19.18	43.22	54.00	55.35	78.72	55.13	8.58	5.69	1.877
2012	202.9	1.28	666.0	84.18	6.49	19.09	43.01	53.00	52.97	80.48	54.81	8.51	5.91	1.887
2013	222.7	1.25	688.9	85.46	6.75	18.35	44.49	44.77	51.39	79.69	54.38	8.29	6.21	1.938
2014	229.3	1.28	710.4	86.82	6.62	17.56	45.39	44.20	51.05	77.58	54.76	8.49	6.11	1.956
2015	235.7	1.26	688.5	83.34	8.79	16.81	44.41	47.38	49.50	78.73	54.31	8.70	5.90	1.888

6.1.1　烧结机大型化，提高生产力取得显著进步

　　我国烧结机在 1970 年以前，能设计的最大面积是 90m^2，1970 年以后才能设计 130m^2烧结机，1985 年宝钢从新日铁引进的 450m^2大型烧结机投产，使我国烧结工作者感受到了大型烧结机的投资省、产量高、质量好、作业率和劳动生产率高，且环保也有很大的改善。1989 年中冶长天承担了对宝钢 1 号 450m^2烧结机的技术改造设计，不仅将料层厚度由 500mm 提高到 600mm，对烧结机的密封、给料、布料等装置也做了改进，取得了提高产量、改善质量、降低能耗等多方面的效果。此后我国烧结机的大型化就逐步走上了一条快速发展的道路，特别是进入 21 世纪以来，我国烧结机的大型化发展迅速，据统计 2008 年和 2009 年每年不小于 360m^2的烧结机分别达到 25 台和 28 台，到 2015 年我国不小于 360m^2大型烧结已经超过 100 台，全国重点企业 284 条烧结生产线，烧结机的平均面积已经由2001 年 76m^2提高到 2015 年的 240m^2以上。烧结机面积的大型化不仅仅是设计的进步，它包括机械装备、控制技术、工艺技术，仪器仪表、环境保护等全方位的进步。1991 年我国自行设计的宝钢 2 号 450m^2烧结机投入生产，标志我国烧结设计制造工艺已经达到了世界先进水平，为 21 世纪以来烧结生产技术和质量进步打下了良好的基础。

6.1.2　低碳厚料层烧结取得显著进步

　　低碳厚料层烧结始终是烧结生产技术的方向，进入 21 世纪以来，我国烧结生产在低碳厚料层方面取得了显著进步，由表 6-1 可知，全国 284 条生产线平均料层厚度由 2000 年的 482.8mm 提高到 2015 年的 688.5mm，年平均提高接近15mm。目前我国大多数企业的烧结料层超过 700mm，部分企业已超过 750mm，

马钢三烧 2 台 360m² 烧结机料层厚度已达到 900mm。固体燃耗由 2000 年的 58.00kg/t 降低到 2015 年的 47.38kg/t，年平均降低约 1kg/t，近几年每年全国生产烧结矿约 9 亿吨，即每年降低固体燃耗约 90 万吨，每年约降低 CO_2 排放 $3.3 \times 10^6 m^3$，这对节能降耗和改善环保都是一项巨大的贡献。

混合料层的厚度是改善烧结产量和节能降耗的基础，据统计我国 1978 年烧结料层平均仅为 269mm，1980 年由武钢烧结厂开始由 340mm 逐年提高烧结料层的厚度，1999 年武钢在 435m² 大型烧结机上实现了 630mm 的厚料层烧结。宝钢烧结生产实践证明，烧结料层每提高 100mm，能降低煤气消耗 $0.64m^3/t$，降低配碳 1.04kg/t，降低成品矿 FeO 含量 0.6%，提高成品矿转鼓指数 2.3%。

总结厚料层烧结的价值，它对改善烧结产质量和节能降耗具有以下五个方面的作用和效果：

（1）厚料层烧结降低了机速和垂直烧结速度，延长了烧结料层在高温下的保温时间，有利于针状复合铁酸钙相（SFCA）的生成，从而有利于提高成品矿的强度和成品率，改善成品矿的质量。

（2）厚料层烧结降低了配碳，抑制了烧结料层的过烧和欠烧等不均匀烧结现象，促进了低温烧结技术的发展，提高了烧结料层的均匀性。

（3）厚料层烧结由于低配碳，提高了烧结料层的氧化气氛，有利于降低成品矿的 FeO 和提高还原性。

（4）厚料层烧结使强度低的表层和质量优的铺底料数量相对减少，有利于提高烧结成品率和入炉烧结矿的比例。

（5）厚料层烧结由于料层的自动蓄热作用，提高了烧结下层的余热，降低固体燃耗和煤气消耗，有利于烧结烟气的净化。

正因为厚料层烧结具有上述作用和效果，故烧结生产应千方百计地强化制粒和偏析布料，改善烧结料层的透气性，实现低碳厚料层烧结。

6.1.3 烧结工艺技术取得长足进步

烧结工艺技术的进步主要包括优化配矿、强化制粒、合理操作、烧结机和环冷机的密封节能等方面。

6.1.3.1 烧结优化配矿技术的进步与发展

烧结优化配矿技术是烧结工艺技术的一项关键技术，在 20 世纪 80~90 年代由于我国烧结生产多数以国产矿为主，配矿方法主要通过烧结杯实验进行探索性的配矿，多数企业烧结配矿依据铁矿粉、熔剂、燃料的化学成分，通过简易配矿计算满足烧结矿碱度和主要化学成分的要求。1985 年自宝钢引进日本新日铁的配矿方法，根据进口铁矿粉的化学成分和烧结性能，将不同进口铁矿粉分为 A、B、C 三类，我国才开始对进口铁矿粉的不同烧结特性进行关注和研究。

　　跨入 21 世纪后，随着我国钢铁工业的快速发展，烧结生产配用进口矿的比例快速增长，铁矿资源随矿石质量的劣化，铁矿价格的飞涨，促使我国优化配矿技术的提高和发展。由 20 世纪主要建立在铁矿粉常温性能基础上，按烧结机利用系数和成品矿机械强度为一对指数，高、中、低合理搭配的烧结反应性配矿方法，以及巴西淡水河谷公司研发部通过对世界主要二十七种矿粉大量烧结杯实验数据统计得出的按铁矿粉晶体颗粒大小、水化程度和 Al_2O_3 含量高、中、低合理搭配的配矿方法，创新发展并提出了按铁矿粉五项烧结基础特性（同化性、液相流动性、黏结相强度、生成铁酸钙能力、连晶固结强度）和铁矿石成矿能力（包括固相反应能力、液相生成特性及冷凝结晶特性）进行优化配矿方法。

　　烧结优化配矿需要微观和宏观的结合，理论与实践的统一。优化配矿技术的目标是高产量、高质量、低能耗和低成本，它需要数学模型、专家系统（人工智能）和最优化计算的结合。中冶长天国际工程有限责任公司提出优化配矿需综合运用专家理论、优化控制理论、人工智能理论、科学管理方法及数据挖掘等多学科知识，开发出烧结综合控制专家系统，这些科技创新使我国烧结优化配矿技术得到了不断提高和发展。

6.1.3.2　强化制粒技术取得长足进步

　　强化制粒是厚料层烧结改善混合料透气性的关键技术。正因为如此，进入 21 世纪以来，为了适应料层不断提高的需要，全国钢铁企业和科研院所进行了烧结混合料强化制粒的大量实验研究，以及与其相关的一系列技术问题的研发，诸如原燃料的粒度与粒度组成、黏结剂的选择与用量，圆筒混合机的工艺参数与内衬材质，混合料水分配加位置与方式问题等。

　　（1）原燃料的粒度及粒度组成是影响强化制粒的基础因素。经大量的研究提出不同粒级成球性指数的概念：

$$GI_x = 1 - M_x/W_x \qquad (6\text{-}1)$$

式中　M_x——混合料制粒后 x 粒级的百分数，%；

　　　　W_x——混合前原料中 x 粒级的百分数，%。

　　得出小于 0.25mm 颗粒的成球性指数达到 98%，0.25~0.5mm 颗粒有 80% 进入 1mm 以上的混合料中参加制粒；0.5~1.0mm 颗粒的成球性指数达到 60% 以上；成球性指数最低的是 1.0~3.0mm 颗粒，但这部分可以成为制粒过程的粒核，即使不成粒核，因颗粒较粗，对混合料的透气性也不会造成多大影响。

　　研究得出 0.25~1.0mm 单颗粒称为中间颗粒，所占比例是影响制粒效果的主要颗粒。

　　（2）黏结剂的质量和数量是影响混合料制粒的重要因素。国内外的实验研究和生产实践证明，烧结混合料添加生石灰，不仅能强化制粒，改善混合料的透气性，有利于提高料层厚度的同时还会加快垂直烧结速度。黏结剂的质量主要指生石灰的 CaO 含量和活性度，研究和生产实践证明，厚料层烧结要求生石灰的 CaO 含量不低于 80%，活性度 180~300 是适宜的，生石灰的添加量 3%~5% 是适宜的，超过 5%，其效果将明显递减。马钢 900mm 超厚料层的生产实践证明，将生石灰配比设定在 2.6%~3.0%，经过消化的生石灰将粉料固结于假颗粒的小球中，它可以改变位于 900mm 料层下部的机械强度，以改善厚料层的透气性。

（3）圆筒混合机的工艺参数和内衬材质是强化制粒的重要保证。圆筒混合机制粒的主要工艺参数是指其直径（D）、长度（L）和转速（n），国内外烧结生产的实验研究和生产实践证明，增加混合机的长度和延长混合时间是改善混合机关键工艺参数，大型烧结机混合机的长度由原来的 6~9m 增加到 17~22m，制粒时间由原来的 3min 增加到 7~9min，并提出了三个工艺参数的合理计算公式：

$$D = 0.0857 \left(\frac{P_{max} \cdot \sin\theta 0.4}{\phi\gamma\alpha} NFr^{0.2} \right)$$

$$L = \gamma 72.62 \left(\frac{P_{max}}{\phi\gamma} \right) \cdot \frac{\alpha 0.8}{\sin\theta} NFr0.4T \qquad (6\text{-}2)$$

$$N = 640.92 \frac{\phi\gamma\alpha 0.2}{P_{max} \cdot \sin\theta} \cdot NFr0.6$$

式中　NFr——弗劳德数，$NFr = Dn^2/g$；

　　　　γ——混合料堆密度，t/m^3；

　　　　α——混合机倾角，（°）；

　　　　θ——原料安息角，（°）；

　　　　P_{max}——最大生产率，t/m^3。

混合料在圆筒混合机内的最佳充填率为 11%~14%，混合料在圆筒内的最佳运动状态应以滚动为主，辅之以少量泄落状态。

混合机内衬材质也是影响制粒效果的重要条件，强化制粒对内衬材质的质量基本要求是耐磨、既不粘料又不滑料，目前生产中提出衬板结构形式也是一个重要因素。近年来河北同业冶金科技有限公司研发了混合机衬板材质和制粒造球形式的多项技术，效果显著。

（4）合理的加水位置和加水方式是影响烧结混合料制粒、改善透气性的重要因素。21 世纪以来的实验研究和生产实践证明，混合料混匀之前不宜加水，加水后难以混匀，因此进入一混后的 5m 内不宜加水，5m 后加水应遵循粉状料制粒的规律，即"滴水成球，雾水长大，水小球小，水大球大"，在一混内加水应加喷淋水，不宜加雾水，进入二混应加雾水，不宜加喷淋水。很多企业已采用红外线测水，实现加水量的自动控制。

为了使混合料在加水前充分混匀，宝钢四烧在一混前已加了卧式强力混合机。实践证明，采用"爱立许"立式强力混合机效果会更好。

6.1.3.3　烧结生产节能减排、余热利用、烟气净化取得显著进步

由表 6-1 数据可见，全国重点企业烧结固体燃耗由 2000 年的平均 58.0kg/t 逐年降低到 2015 年的 47.38kg/t，工序能耗全国重点企业平均由 2000 年的 69.87kgce/t，降低到 2015 年的 49.50kgce/t，十五年降低的幅度分别为接近 25%。先进企业的这两个指标降低幅度均超过全国重点企业平均值的 50%，我国近几年每年生产 9 亿吨左右烧结矿，节能减排的效果显著。

烧结的余热利用主要包括烧结机的废气余热、含 C 元素的利用和烧结矿显热（即环冷的废气余热）利用。近几年由于钢铁处于"困境时期"，降低成本的压力促使钢铁企业大大加快了二次能源的开发利用，主要有余热燃烧、烟气循环烧结、余热发电和余热蒸汽锅炉的应用，烟气循环烧结的比例可达 18%~35%。宁波钢铁经验数据显示，烟气循环利用 18.5% 的效果可降低固体燃耗 2.0~2.3kg/t；沙钢等企业通过技术改造，改善 360m² 烧结机环冷机密封，提高废气温度，从而使余热蒸汽量达到 41t/h。武钢四烧 450m² 烧结机余热发电的年发电量通过技术改造已达到 4.457×10^7 kW·h，二次能源的利用创造了巨大的经济效益。

同样，烧结烟气的净化和治理近几年取得了很大的进展，目前全国烧结烟气基本上实现了脱硫工序，达到了国家废气排放标准，太钢、宁钢和永钢等企业采用活性焦对烧结烟气进行净化处理，实现烧结烟气脱硫、脱硝和脱二恶英一体化净化，达到国家烧结烟气排放标准。近期在全国采用烟气循环技术，减少烟气量和污染物排放，经高效电除尘后，再采用脱硫、脱硝一体化净化技术，对烧结烟气进行深度处理，正在全国得到推广和应用。

6.1.3.4　烧结矿质量得到了不断提高和改善

烧结矿质量是烧结生产的一项主要和重要目标，也是炼铁工作者极为关注的一项指标。烧结矿的质量反应在品位和 SiO_2 含量、碱度和 FeO 含量，还有 MgO、Al_2O_3 和有害元素的含量。跨入 21 世纪以来，由于铁矿粉短缺，价格飞涨，造成 2014 年全国烧结矿成本和 SiO_2 含量的平均值不仅没有下降，反而提高了一些，这是可以理解的。但进入 21 世纪以来，广大烧结和炼铁工作者对品位的价值和 SiO_2 含量的影响有了新的认识。2015 年进口铁矿粉 62% 品位的价格已经跌破 60 美元的大关，预计今年往后，我国烧结矿的品位会得到一定幅度的提高，SiO_2 含量会得到一定幅度的下降。从高炉低成本、低燃料比炼铁出发，烧结矿的含铁品位应高于 57% 的水平，SiO_2 最佳含量应在 4.6%~5.3% 的范围。宝钢、梅山钢铁烧结矿多年来品位一直保持在 57%~59% 的水平，SiO_2 含量一直保持在 4.7%~5.1% 的水平，为两企业高炉炼铁指标的优化提供了重要条件。

碱度是烧结矿质量的基础，实验研究和生产实践均证明，烧结矿的最佳碱度范围是 1.9~2.3，由表 6-1 可见，进入 21 世纪以来，我国重点企业烧结矿的平均碱度自 2003 年起一直保持在 1.9~2.0 或接近 1.9 的水平，这是我国 21 世纪以来，高炉指标不断优化炉料质量的一个基本条件。FeO 也是烧结矿质量的重要因素，2007 年修订《烧结厂设计规范》（GB 50408—2007）规定：烧结矿的 FeO ≤ 9%，高 FeO 的烧结矿不仅会造成烧结生产多消耗能源，还会降低烧结矿的还原性和恶化高炉内的透气性，提高 1% 的 FeO 会影响高炉燃料比和产量各 1.0% ~ 1.5%；由表 6-1 可见，2008 年以前，烧结矿的 FeO 含量年平均高于 8.5%，此后烧结矿 FeO 含量均稳定在 8.5% 左右，比 2008 年以前和 20 世纪 90 年代明显进步。

MgO 和 Al_2O_3 含量也是烧结矿质量的重要成分，由于统计报表中缺少该两成分的数据造成难以评述，但烧结矿的质量应力求降低 MgO 含量，有利于烧结矿的还原性改善和转鼓指数的提高。由韩国、日本和我国有些钢铁企业的研究和生产实践证明，高炉炉渣的 MgO/Al_2O_3 由 0.6 降低到 0.5 是可行的。

6.1.4 对我国烧结生产技术和质量的展望

进入 21 世纪以来，我国烧结生产技术与质量取得了显著进步，但与世界先进水平相比，我国还存在不少方面的差距，期望在今后生产中取得更大的进步。

（1）继续推进烧结大型化，淘汰落后小型烧结机。目前我国小于 $180m^2$ 的小烧结机数量还相当大，它存在着生产率低、能耗高，成品矿质量差、自动化水平和环保水平低等问题，因此应继续推进烧结机大型化、自动化、绿色化（新能源烧结）、低能耗烧结。

（2）重视生石灰消化对强化制粒的重要作用。厚料层烧结的一个薄弱环节是强化制粒改善混合料的透气性，其中生石灰的消化和混合制粒的可视技术是薄弱环节，烧结生产要改变生石灰不消化进入混合料制粒的状况，要通过在主控室建立混合料制粒的可视视频画面，优化混合制粒过程，提高制粒效果。

（3）优化配矿是烧结生产的首道工序，也是关系到烧结产质量和成本的首道工序。可以说没有优化配矿，就不会有烧结的高产质量和低成本。做好优化配矿，企业一要建立长期稳定的主矿体系；二要建立铁矿粉综合品位计算法，先算账再采购、配矿；三要掌控铁矿粉的高温烧结特性，关注特性互补；四要建立配矿数据库和专家系统，五要运用快捷和准确的配料计算方法。

（4）"点好火"是烧结生产确保产质量的关键操作。所谓"点好火"即掌握好 50% ~ 60% 的总管负压的低负压点火；掌控好 1050 ~ 1150℃ 的点火温度和 60s 左右的点火时间；主控室建立合理的风箱负压和温度分布棒态图，实现低负压烧结和控制好烧结终点；通过风箱负压和温度分布棒态图去监控制粒和布料。

（5）坚持生产高品位、低 SiO_2、高碱度、低 FeO、低 MgO/Al_2O_3 的高质量烧结矿。在低矿价的新常态下，烧结矿的品位应不小于 57%，SiO_2 保持 4.6% ~ 5.3% 的范围，1.90 ~ 2.30 的高碱度，FeO < 9.0% 的水平及 0.5 左右的 MgO/Al_2O_3 水平。

6.2　我国球团生产技术现状及发展趋势

跨入 21 世纪以来，我国钢铁工业进入快速发展的轨道，球团矿作为高炉炼铁的一种主要含铁炉料发展的速度超过了高炉炼铁年增长的速度。我国生铁年产量由 2001 年的 14541 万吨增长到 2016 年 70073 万吨；球团矿年产量由 2001 年的 1784 万吨增长到 2016 年 15200 万吨。近几年来，受矿价、成本、质量和理念的影响，我国球团矿的年产量降低了不少。2001~2016 年我国生铁和球团年产量增长情况列于表 6-2；2001~2015 年我国球团矿生产主要技术经济指标见表 6-3~表 6-5。

表 6-2　2001~2015 年我国生铁和球团矿年产量增长情况

年　份	2001	2002	2003	2004	2005	2006	2007	2008
生铁年产量/万吨	14541	16765	20235	25166	33741	40751	46945	47067
同比增长/%	18.7	15.3	20.7	24.4	34.1	20.8	15.2	0.26
球团年产量/万吨	1784	2620	3484	4628	5828	8500	9934	12000
同比增长/%	30.7	41.62	32.98	32.84	25.93	45.85	16.87	20.80
占炉料比例/%	6.95	9.29	10.38	11.14	10.69	12.72	12.77	15.45
年　份	2009	2010	2011	2012	2013	2014	2015	2016
生铁年产量/万吨	54375	59022	62969	65790	70897	71614	69141	70073
同比增长/%	15.5	8.55	6.7	4.48	7.76	1.01	-3.45	1.35
球团年产量/万吨	17500	19810	20410	16660	14410	12000	12800	15200
同比增长/%	45.83	13.2	3.03	-18.37	-13.51	-16.72	6.67	18.75
占炉料比例/%	18.73	19.74	19.07	15.43	12.32	10.21	14.90	15.63

表 6-3　2001~2015 年全国链箅机-回转窑球团生产主要技术经济指标

年份	链箅机利用系数 /t·(m²·h)⁻¹	单球抗压强度 /N	转鼓指数 /%	膨润土用量 /kg·t⁻¹	精矿粉用量 /kg·t⁻¹	煤气用量 /m³·t⁻¹	电耗 /kW·h·t⁻¹	工序能耗 /kgce·t⁻¹	质量分数/% TFe	质量分数/% FeO	质量分数/% SiO₂
2001	0.646	2000	90.88	37.43	992.00	1506.16	37.70	65.35	62.87	0.68	—
2002	0.962	2082	91.73	36.10	982.00	1256.75	38.84	47.70	63.27	1.92	—
2003	0.960	2030	91.07	24.09	1014.0	1199.08	37.92	49.30	63.67	2.65	—
2004	0.900	2092	91.23	30.32	989.40	1461.55	39.93	42.49	64.40	1.20	—

年份	链箅机利用系数 /t·(m²·h)⁻¹	单球抗压强度 /N	转鼓指数 /%	膨润土用量 /kg·t⁻¹	精矿粉用量 /kg·t⁻¹	煤气用量 /m³·t⁻¹	电耗 /kW·h·t⁻¹	工序能耗 /kgce·t⁻¹	质量分数/%		
									TFe	FeO	SiO₂
2005	0.979	2283	92.78	36.15	1022.8	1109.50	36.08	32.16	64.62	1.16	—
2006	1.075	2423	93.77	27.21	977.50	1771.20	34.37	31.80	64.74	0.71	—
2007	1.070	2501	94.60	21.65	1014.2	858.58	32.34	28.95	63.73	0.69	5.43
2008	1.053	2482	95.00	18.69	998.50	768.35	31.76	27.61	63.46	0.65	5.98
2009	1.066	2535	94.46	20.00	987.20	782.86	30.40	31.50	62.70	1.09	5.64
2010	1.135	2524	95.07	19.27	1001.9	705.88	29.80	24.92	63.55	0.74	5.72
2011	1.272	2726	94.58	19.53	999.60	752.00	31.50	27.42	63.49	0.95	5.40
2012	1.713	2725	94.02	20.65	980.20	651.17	29.75	24.45	63.55	1.10	5.42
2013	1.613	2567	94.30	19.00	993.40	462.33	29.43	24.45	63.42	1.09	6.36
2014	1.674	2553	95.02	19.00	985.06	505.96	31.03	25.91	61.88	1.09	6.68
2015	—	2692	94.77	18.72	994.82	220.90	29.77	29.03	62.01	1.52	5.82

表6-4 2001~2015年全国竖炉球团生产主要技术经济指标

年份	利用系数 /t·(m²·h)⁻¹	单球抗压强度/N	转鼓指数 /%	膨润土用量 /kg·t⁻¹	精矿粉用量 /kg·t⁻¹	煤气用量 /m³·t⁻¹	电耗 /kW·h·t⁻¹	工序能耗 /kgce·t⁻¹	质量分数/%		
									TFe	FeO	SiO₂
2001	5.718	2615	90.97	35.05	1061.2	218.1	33.53	42.84	62.54	0.86	—
2002	5.891	2426	89.41	32.27	1049.0	207.8	31.95	41.20	62.48	0.74	—
2003	6.238	2551	90.36	31.45	1050.0	208.8	33.39	41.65	63.08	0.68	—
2004	6.349	2412	90.91	29.08	1059.5	209.6	32.40	42.68	63.37	0.66	—
2005	6.457	2463	91.45	26.04	1030.2	213.1	32.99	44.18	62.45	0.64	—
2006	6.697	2604	91.99	23.85	1033.2	207.3	33.81	36.66	62.91	0.71	—
2007	6.880	2525	92.03	22.35	1019.1	206.6	33.41	37.12	62.34	0.75	—
2008	6.872	2549	92.20	21.17	1019.1	194.5	34.63	35.07	62.01	0.69	—
2009	7.092	2519	91.64	20.74	1016.3	183.5	34.88	35.69	62.23	0.64	6.62
2010	7.244	2454	91.35	21.77	1011.2	181.1	33.22	31.90	62.06	1.01	6.68
2011	7.230	2494	91.30	21.04	1006.1	182.0	33.76	31.73	61.81	0.75	6.20
2012	7.210	2393	91.46	20.72	1008.8	169.2	34.20	30.98	61.92	1.004	6.44
2013	7.300	2433	89.75	19.88	1003.3	166.5	32.99	31.53	61.10	0.84	6.97
2014	7.170	2394	90.15	18.06	991.45	157.7	36.78	30.25	61.32	0.67	6.29
2015	6.600	2453	90.84	18.10	1038.7	199.7	32.86	26.63	62.67	0.67	5.98

表 6-5　2001~2015 年全国带式焙烧机球团生产技术经济指标

年份	利用系数/t·(m²·h)⁻¹	单球抗压强度/N	转鼓指数/%	膨润土用量/kg·t⁻¹	精矿粉用量/kg·t⁻¹	煤气用量/m³·t⁻¹	电耗/kW·h·t⁻¹	工序能耗/kgce·t⁻¹	质量分数/%		
									TFe	FeO	SiO₂
2001	0.892	2260	93.04	—	1060	243.9	55.63	53.25	62.92	1.27	—
2002	0.922	2425	91.34	10.84	1049	224.3	56.45	49.46	64.07	1.16	—
2003	0.863	2426	91.10	15.77	1050	238.4	54.09	48.72	64.20	1.45	—
2004	0.891	2545	89.85	19.27	1053.8	235.8	57.06	51.22	63.39	2.96	—
2005	0.870	2821	90.65	14.00	1038.7	215.7	55.49	48.42	63.36	3.05	7.10
2006	0.880	2786	91.86	20.50	1026.5	198.8	57.44	37.57	63.95	2.30	6.39
2007	0.860	2820	92.91	13.00	1025.2	213.4	64.13	40.60	64.30	1.95	5.79
2008	0.840	2724	92.57	12.00	1023.0	216.5	60.03	36.41	64.48	2.25	5.65
2009	0.830	2675	92.14	11.00	990.0	216.7	54.75	38.97	64.59	2.20	6.01
2010	0.812	3103	92.36	17.40	1014.9	215.6	44.15	34.29	65.13	1.36	4.52
2011	0.760	2927	94.07	15.58	1007.5	127.9	49.78	26.99	64.41	1.48	4.40
2012	0.650	2858	93.70	15.30	1008.6	127.4	39.79	24.64	65.10	1.57	4.15
2013	—	2741	93.57	11.65	989.7	123.7	36.27	23.06	65.00	1.76	4.46
2014	0.890	2588	93.25	10.89	987.7	130.5	37.80	23.76	64.63	1.60	4.28
2015	0.875	2557	94.86	11.93	981.5	133.9	37.82	24.14	64.89	0.40	4.48

6.2.1　我国球团矿生产技术的现状

由表 6-2~表 6-5 可见，我国球团矿生产技术具有以下特征：

（1）球团矿发展速度快。跨入 21 世纪以来，我国球团矿的年产能提高很快，2011 年产量达到了 20410 万吨（年增幅达到 18%），球团矿占炉料结构比例已经接近 20%，但近几年受烧结粉与铁精粉的差价和成本理念的影响，球团矿年产量一路下降，2015 年的年产量约为 12800 万吨，下降了 7600 万吨。目前随矿价进入低价的新常态，我国球团矿的产量会很快得到新的发展。

（2）我国球团矿的质量指标。链箅机-回转窑球团矿的含铁品位曾上升到高于 64.5%，随着矿价的急剧上涨，2011 年又降低到低于 63.50%；竖炉球团一直处于 62%~63% 的水平，球团矿 SiO₂ 含量在 2007 年前报表无数据，近几年链箅机-回转窑 SiO₂ 含量不断升高，2014 高至 6.68% 的程度，竖炉球团 SiO₂ 含量高于 6.20%。链箅机-回转窑球团的转鼓指数达到 95.0%，竖炉球团矿为 90%~91%。近几年首钢和鞍钢的链箅机-回转窑球团矿的含铁品位保持在 65.50% 以上，接近巴西进口球团矿的水平；武钢程潮链箅机-回转窑球团矿的 SiO₂ 含量低达 3.75%

的优良水平。邯钢球团厂成品球的转鼓指数达到 97.0% 的水平。

（3）我国生产球团矿的原材料消耗。钢铁生产节省原材料是资源循环实现可持续发展的一项重要举措。吨球精矿粉消耗回转窑球团矿已基本稳定在 1000kg 之内；竖炉球团矿精矿粉消耗也由 2001 年的 1060kg，下降到接近 1000kg 的水平。球团矿生产的黏结剂用量，回转窑吨球膨润土用量已由 2001 年的 37.43kg 逐年下降到 2015 年 18.72kg 的水平，竖炉球团膨润土用量也已由 2001 年的 35.05kg 逐年下降到 2015 年的 18.10kg。国外球团生产膨润土的用量为 4~8kg/t，因此我国球团生产膨润土用量还有一个较大的改善空间。我国首钢和鞍钢弓矿球团矿生产的膨润土用量近几年下降到了 10~11kg/t，已经接近国外先进水平。扬州泰富公司年产 300 万吨的链算机-回转窑生产线 2015 年工业实验，采用北京科技大学的国家发明专利产品富铁复合黏结剂用量，吨球已降低到 4.57kg/t 的世界先进水平。

（4）我国球团矿生产的工序能耗。回转窑球团由 2001 年的 65.35kgce/t 下降到 2015 年的 29.03kgce/t；竖炉工序能耗由 2001 年的 42.84kgce/t 下降到 2015 年的 26.63kgce/t；带式焙烧机球团的工序能耗由 2001 年的 53.25kgce/t 下降到 2015 年的 24.14kgce/t。由表 6-5 可见近十年来带式焙烧机球团的工序能耗是最低的，其中首钢京唐公司带式焙烧机的这一指标最优。

带式焙烧机是球团矿生产的一种装备和生产新工艺，几十年来我国仅鞍钢和包钢两条生产线，2010 年京唐钢铁公司建设和投产了一条年产 400 万吨（面积 504m²）的大型带式焙烧机，经过短短几年的运行，取得了良好的效果，其主要生产技术经济指标列于表 6-6。

表 6-6 首钢京唐公司带式焙烧机的主要生产技术指标

年份	利用系数 /t · (m² · h)⁻¹	膨润土 /%	精矿粉用量 /kg · t⁻¹	煤气用量 /MJ · t⁻¹	电耗 /kW · h · t⁻¹	工序能耗 /kgce · t⁻¹	单球抗压强度 /N	转鼓指数 /%	质量分数/%		
									TFe	FeO	SiO₂
2011	0.687	17.54	989.69	25.00	27.23	19.44	3131	97.59	65.88	0.40	3.51
2012	0.887	17.60	994.30	26.90	27.62	20.72	2946	96.75	65.65	0.68	3.20
2013	1.016	12.78	985.38	26.50	22.91	19.97	2695	95.90	65.24	0.47	2.85
2014	0.948	13.31	991.41	26.70	24.22	19.47	2827	96.74	65.52	0.41	2.96
2015	1.025	13.86	973.06	28.32	21.57	20.17	2595	96.25	64.91	0.52	2.85

6.2.2 目前我国球团矿突出的质量问题

由表 6-2~表 6-6 及以上分析可见，我国目前球团矿生产存在几个突出的质量问题。

6.2.2.1　品位低、SiO₂含量高对高炉的严重影响

近几年我国球团矿生产除了京唐公司、首钢迁安公司等少数几个球团厂生产的球团矿品位高于65%，SiO₂低于4.5%以外，大多数企业生产出来的球团矿，含铁品位低于63%，SiO₂含量高于6%，有的甚至高达9%的程度。球团矿是高炉的精料，它在与高碱度烧结矿搭配的炉料结构中需发挥高品位、低渣量的优势，理论研究和生产实践均证明，只有高品位、低SiO₂的球团矿在高炉内才能发挥低阻力损失改善透气性的作用，但球团矿的SiO₂含量只要超过5%，在高炉内的透气性会显著变差，起不到改善高炉透气性的作用。球团矿品位、SiO₂含量与其熔滴性能的关系列于表6-7。

表 6-7　球团矿品位、SiO₂含量与其熔滴性能的关系

球团矿名称	质量分数/%		熔滴性能				
	TFe	SiO₂	T_s/℃	T_d/℃	ΔT/℃	Δp_{max}/kPa	S 值/kPa·℃
CVRD 球团	66.70	2.04	1375	1380	5	0.86	1.86
Aust 球团	64.85	2.63	1345	1360	15	1.19	10.44
SamarCo 球团	66.45	2.32	1410	1463	53	2.43	102.84
首承球团	63.52	4.67	1285	1387	102	2.90	245.90
乌克兰球团	64.76	6.03	1360	1492	132	2.69	283.30
沙钢 1 号球团	62.89	7.50	1168	1378	210	3.25	580.36
唐钢青龙球团	62.80	7.55	1281	1456	175	3.82	583.10
沙钢 2 号球团	62.47	8.35	1134	1391	257	4.03	909.21
沙钢 3 号球团	61.91	9.22	1111	1320	209	7.91	1550.50

由表6-7可见，要发挥球团矿在炉料结构和高炉冶炼的作用，品位必需大于65%，SiO₂含量必需小于4.5%。

6.2.2.2　粒度大、表面粗糙对焙烧和高炉燃料比的严重影响

近几年来，我国多数企业生产的球团矿粒度大，表面粗糙不圆，只有京唐公司和首钢球团厂等少数企业生产的球团矿粒度小而匀，表面也较光滑。曾测定过我国东北某大型球团厂的平均粒度大于18mm，迁安地区某企业的球团矿粒度平均大于22mm，26~28mm的粒级约占20%以上，且表面粗糙有裂纹。调研显示，过多家民营企业竖炉生产的球团矿，多数粒度大，表面颜色呈黄褐色，没有烧熟，表面黄褐色的球团矿抗压强度低于1500N，入炉后粉尘量大，给煤气净化造成困难。德国鲁奇公司曾做过测定，焙烧15mm粒径的球团要比焙烧9mm粒径的能耗高33.4%，且产量低。缩小粒度对降低高炉燃料比有直接作用，据统计，

首钢实验高炉入炉矿粒度由 8~45mm 缩小为 8~30mm，焦比降低 8.6%；日本入炉矿粒度由 8~30mm 改为 8~25mm，吨铁降低焦比 5~7kg/t；法国索里梅福斯厂一座 2843m³ 高炉，通过 11 个月的工业实验，入炉矿粒度大于 25mm 的由 23% 降低到 17%，5~10mm 粒径由 30% 上升到 34%，平均粒度由 15.5mm 降低到 13mm，渣铁比 305kg，风温 1250℃，创造了 439kg 入炉焦比的世界纪录。可见降低球团矿的粒级，对发挥球团矿在高炉低燃料比炼铁中的作用具有很大的价值。

6.2.3 我国高炉炼铁大力发展球团矿的价值

6.2.3.1 发展球团矿是高炉炼铁节能减排最重要的工艺技术

烧结矿和球团矿是我国高炉炼铁的主要原料，烧结矿与球团矿相比，不论是它们自身生产的节能减排，还是对高炉炼铁的节能减排，以及环境保护和加工成本，球团矿比烧结矿都具有很大的优势。所以说，提高球团矿在炼铁炉料比例是高炉炼铁技术发展的大方向。

球团矿的工序能耗与烧结矿相比，有很大的优势，据近几年的统计均在 50%~54% 之间，见表 6-8。

表 6-8 2011~2015 年球团矿与烧结矿能耗比较

年 份	矿 种	固体燃耗 /kg·t⁻¹	煤气消耗 /m³·t⁻¹	电耗 /kW·h·t⁻¹	工序能耗 /kgce·t⁻¹	球团矿与烧结矿比值/%
2011	烧结矿	54.00		43.22	55.35	51.87
	球团矿		353.95	38.35	28.71	
2012	烧结矿	53.00		43.01	52.97	50.22
	球团矿		273.46	34.58	26.60	
2013	烧结矿	44.77		44.49	51.39	51.27
	球团矿		250.84	32.90	26.53	
2014	烧结矿	44.20		45.39	51.05	52.18
	球团矿		264.80	35.21	26.64	
2015	烧结矿	47.20		44.41	49.50	53.74
	球团矿		184.83	33.41	26.60	
	带式机球团		133.90	37.82	24.14	48.76

带式焙烧球团矿的能耗历年比烧结矿低 50%，2015 年为 48.76%，说明球团矿生产在能源消耗上比烧结矿有很大的优势。

6.2.3.2 发展球团矿可以改善高炉技术经济指标

球团矿由于含铁品位比烧结矿高出 8%~10%，对高炉炼铁降低燃料比和提高产量是显而易见的，目前欧洲和北美国家的高炉炼铁主要炉料不是烧结矿，而是球团矿，以球团矿为主的高炉炼铁入炉矿品位高、渣铁比低，燃料比低，效率高。由以球团矿为主炉料的高炉炼铁技术经济指标（见表 6-9）不难看出，以球团矿作为高炉炼铁主要原料的优势和球团矿对高炉指标改善的价值。

表 6-9　以球团矿为主炉料的高炉炼铁技术经济指标

企　业	炉料结构/%			利用系数/t· $(m^3 \cdot d)^{-1}$	高炉技术经济指标/kg·t^{-1}				
	球团矿	烧结矿	块矿		入炉品位/%	渣铁比	焦比	煤比	燃料比
瑞典瑞钢	97.2	0.5	2.3	3.50	66.50	146	—	—	457
瑞典 SSAB3 号	92.05	0.95	7.0	2.60	65.69	160	300	150	450
瑞典 SSAB4 号	88.56	1.27	10.17	2.91	65.26	153	352	90	442
（加）窦伐斯科	100			3.20	65.10	194	480		
美国米塔尔 7 号	80	20		2.366	63.33	275	335	120	455
美钢联 14 号	80	20		2.377	61.89	250	300	160	460

6.2.3.3　发展球团矿可以改善高炉炼铁的环境保护

球团矿作为高炉炼铁的主要原料，对改善环境保护具有三个方面的积极作用：

（1）球团矿生产比烧结矿节约能耗。球团矿的工序能耗为烧结矿的 50%左右，而且带式焙烧机的能耗低于 50%，这对炼铁系统而言，节能减排的数额巨大，对改善环保无疑也是一项巨大的贡献。

（2）球团矿有利于低燃料比炼铁。因为品位高、渣铁比低，会促使燃料比低，有利于高炉的节能减排，由表 6-9 与我国高炉炼铁的燃料比相比，吨铁相差至少有几十千克的差别，这也是对改善环保的特大贡献。

（3）球团矿有利于改善环保。球团生产主要燃料为煤气、烟气的净化要比烧结烟气的净化简单得多。球团矿烟气净化主要是脱硫，烧结产生的 SO_2 气体占钢铁生产 SO_2 排放量的 75%，球团工艺产生的 SO_2 仅占 10%左右，且烧结烟气净化除了脱硫外，还有难以脱除的氮氧化物（NO_x）和二噁英，这需要大量的投入。

6.2.3.4　发展球团矿有利于降低炼铁成本

球团矿生产工艺比烧结工艺简单，加工费约为烧结生产的一半，发展球团矿生产有利于降低生铁成本。球团矿生产工艺没有像烧结那样复杂的配料和原料堆场，不需要一混二混强化制粒，也不需要偏析布料和治理台车漏风工艺设备和操作，也不需要庞大的环冷系统，球团矿的工艺设备简单，不仅省去了大量建设投资，也降低了生产管理费用，据统计近几年吨球的加工费约为烧结加工费的一半，因此发展球团矿生产有利于降低炼铁成本。

6.2.4 大力发展球团矿生产的展望

我国铁矿资源为经过多道细磨选矿后的铁精粉，适当再经细磨后作为生产高品位球团矿是合适的，但近半个世纪以来我国受前苏联的影响，走错了矿物加工的路，一直以生产烧结矿为主，这是不正常和不合理的状态。

6.2.4.1 发展球团矿生产的目标

2006~2020 年中国钢铁工业科学与技术发展指南（下称发展指南）指出，"中国高炉炉料中球团比约 12%，从当前优化炉料结构发展趋势看，中国应大力发展球团生产，并全面提高球团生产水平。"《发展指南》提出，球团技术的发展目标要"实现装备大型化，形成以不小于 200 万吨年产量的链箅机回转窑为主体的球团生产工艺与装备，加快淘汰小竖炉球团工艺装备"。2015 年我国宝钢湛江基地年产 500 万吨的球团投产；扬州泰富公司 300 万吨球团投入正常生产，2016 年包钢新建的我国第二条大型带式焙烧机即将投入生产。

球团生产工艺的关键技术为：要求铁精粉的粒度小于 $75\mu m$（−200 目）高于 85%，含铁品位不低于 68%；要求提高造球效率和生球质量的技术；进行球团用添加剂的研发和应用技术（包括研发新型高效不含 K、Na 的球团添加剂）；大幅度降低各种球团焙烧能耗的技术；实现球团烟气脱 SO_x、NO_x 及降低生产过程 CO_2 产生量的技术。实现 2020 年以上目标，球团界还有较大的差距和大量工作要做，特别是降低各种球团焙烧的能耗和改善环保差距很大，球团矿生产过程的烟气脱硫实施，以及加大力度解决烟气的净化问题。

6.2.4.2 发展球团矿生产的价值和前景

低碱度和自熔性烧结矿由于其强度和冶金性能不良，不适合作为高炉炼铁的主要炉料，高碱度烧结矿由于其具有优良的冶金性能，多年来已成为我国高炉炼铁的主要炉料，正因如此，球团矿也就成了我国高炉炼铁与高碱度烧结矿搭配的一种主要炉料。25%~30%球团矿的配入可提高入炉矿品位 15%以上，同时可降低 1.5 的渣量，总体可降低焦比 4%，提高产量 5.5%，故球团矿生产对改善高炉技术经济指标起着十分重要的作用。由表 6-2 可知，我国球团矿的年产量已达到 2 亿吨，占高炉炉料的比例已接近 20%。但距离 25%~30%的配比，还有 5000 万~10000 万吨的发展空间，所以我国球团矿生产有着广阔的发展前景。

6.2.4.3 发展球团矿生产对节能减排的意义

球团矿生产对高炉炼铁节能减排应包括球团矿生产自身的节能减排；球团矿质量的节能减排；球团矿搭配高碱度烧结炉料结构的节能减排几个方面。

（1）球团矿生产的节能减排。据 2015 年数据统计，链箅机-回转窑的工序能耗为 29.03kgce/t，竖炉球团的工序能耗为 26.63kgce/t，而同期全国重点钢铁企业烧结矿的工序能耗为 49.5kgce/t，可见发展球团矿生产对节能减排，改善环保有着无可比拟的优越性。

（2）球团矿质量的节能减排。国外球团矿的含铁品位普遍高于 65.0%，SiO_2 含量低于 3%，我国链箅机-回转窑球团的含铁品位已达到 63.5% 的水平，SiO_2 含量低于 6%，比烧结矿的品位高出 5%，渣量普遍低于 40% 的程度，从公认的统计数据看，燃料比会降低 13% 以上，这足以说明发展球团矿生产对高炉炼铁的节能减排具有重大意义，若球团矿的品位和 SiO_2 含量达到或接近国际水平，则所起作用会进一步提升。

（3）球团矿与高碱度烧结矿合理搭配的节能减排。球团矿作为高炉炼铁的搭配炉料，对高炉炼铁节能减排的作用（每提高 1.5% 的品位，降到 15% 的渣量）已描述过，今后球团矿不仅仅是一般的酸性球团矿，它将是 MgO 质的酸性球团矿，球团矿产能进一步提高后，还会发展一定数量的熔剂性球团矿，这两类球团矿的发展及其冶金性能的改善对高炉炼铁的节能减排将会发挥更大的作用。

6.2.5　我国球团矿生产发展面临的问题和对策

综合近几年对全国球团生产发展所面临的问题的分析，总结出以下五个方面的问题需要加以探讨和商榷：

（1）焙烧球团矿的设备工艺问题。

（2）球团生产的资源配置问题。

（3）提高设备配置质量，有效降低球团能耗问题。

（4）探索回转窑结圈原因和解决结圈办法。

（5）提高造球水平，全方位改造焙烧球团矿的设备工艺问题。

到目前为止，年产 2 亿吨球团矿。带式焙烧机工艺因受能源、耐热件制作和建设周期等问题仅有 3 条生产线，年产 700 万吨成品球团，仅占产能的 3.5%，今后的发展与新建的首钢京唐公司 504m^2 年产 400 万吨的带式焙烧机相关，视其生产效果会较大程度影响这类工艺今后的发展；竖炉球团目前有大小不同 200 多座在生产，占产量将近 40%，但因产能、质量和环保诸问题，圆形土竖炉、小于 8m^2 的矩形竖炉在不久的将来会被淘汰，10~12m^2 及以上矩形竖炉在一定的时期内还会存在；今后大中型链箅机-回转窑工艺为我国球团矿生产的主要工艺设备，建设年产 200 万吨以上、具有贮存仓、烘干窑、强力混合机、高压辊磨机、大型造球机、链箅机-回转窑-环冷机完善的设备工艺应当成为发展的主流。

6.2.5.1　球团矿生产的资源配置问题

磁铁精矿是我国球团生产的主要资源，但随着我国球团矿生产的快速发展，资源已严重短缺，解决球团生产资源短缺问题，应采取多方面的措施：首先要抓好精矿资源的结构调整，逐步做到细精矿用于球团生产，不再用于烧结生产，短缺部分采用外购赤铁矿粉生产。广东粤裕丰公司球团生产就是采用适当配比赤铁精粉取得成功的例子，该公司自筹建 2×120 万吨球团生产线起，就从实验室研究到工业生产进行了系统的赤铁矿粉球团生产的研究，针对赤铁矿粉成球难，采用高压辊磨，改变赤铁矿粉的外部形貌、增加比表面积等手段，证明赤铁精粉用于球团生产是可行的。赤铁矿粉用于球团生产的效率和能耗问题，应列题开展专项研究，取得成功后推广应用。

6.2.5.2　提高设备配置质量，有效降低球团生产能耗问题

已有的统计数据说明，球团生产的工序能耗仅为烧结工艺的 43%，即使这样我国链算机-回转窑能耗最低的首钢球团厂 17.58kgce/t 的热耗尚比世界领先水平高一倍以上，这与用于球团生产的工艺设备的制作精度和保温材料的质量相关，强化高温设备的密封技术和保温技术的研究和推广，对标挖潜、缩小与世界先进水平的差距。

6.2.5.3　探索回转窑结圈原因，解决回转窑结圈问题

据不完全统计，我国目前已建有 90 条大小不同的链算机-回转窑生产线，回转窑结圈是普遍存在的一个问题。每次到球团生产现场，都能看到排除结圈时清出的大块，有的在回转窑窑尾可见到火红的大块在回转窑内翻转，不同程度影响着生产。为了清理排除结圈，每次停窑检修过程还会有上百吨的欠烧的粉色球在现场堆放，这无论对链算机-回转窑工艺的产率和能耗都是一个很大的损失。

结圈的原因主要是粉末和局部高温，产生粉末和局部高温的原因很多，但归根到底是链算机-回转窑工艺尚未达到数字控制的时代，急需完善工艺技术和检测手段，使生产的各个环节进入数字控制的水平，及早解决回转窑结圈的问题。

6.2.5.4　提高造球水平，全方位改进球团质量

我国球团生产近十几年来发展速度很快，但质量提高不大，与国外球团矿质量相比存在着含铁品位低、SiO_2 含量高、膨润土配比大、粒度粗（8~16mm 粒级低于 85%）、表面粗糙不光滑、酸性球团 MgO 含量低、冶金性能差等问题。总的来说，我国生产的球团矿质量不高，全方位改进球团的质量，应着重解决以下问题：

（1）提高造球水平，球团生产技术首先要造好球，做到粒度均匀，表面光滑无裂缝。

（2）膨润土配加量高于 20kg/t，比国外先进指标 4~8kg/t 高出一倍以上，应采取有机黏结剂或复合黏结剂，大幅度降低膨润土配加量，达到低于 10kg/t 水平。

（3）提倡大力发展 MgO 质酸性球团和熔剂性球团，改善球团矿的冶金性能，为高炉降低燃料比创造条件。

（4）继续贯彻精料方针，提倡生产高品位（TFe≥65%）低硅（SiO_2≤4%）和高镁（MgO≥1.5%）的优质球团。

6.2.6　小结

（1）钢铁生产从节能、环保和低成本出发，对烧结和球团生产做全面的经济分析，不能只看表观吨矿的价格，要从北欧和北美国家高炉炉料结构的发展趋势把握我国球团矿生产的发展方向。

（2）大力提高我国造好球、烧好球的技术操作水平，全面提高球团矿的质量，把品位从 62% 左右提高到 65% 以上，SiO_2 从 5.8% 的水平降低到低于 4.5%。把目前造大球（>18mm），表面质量差的球团质量扭转过来，将球团矿的粒度控制在 9~13mm 的合理范围。这要提高我国选矿技术水平，科学评价高品位铁精粉的性价比。

（3）提高现有大型链箅机-回转窑和大型竖炉的操作水平，解决回转窑结圈和大型竖炉气流合理分布的问题，近几年来，沙钢年产 240 万吨链箅机-回转窑解决了结圈问题，建议通过调研加以推广。

（4）关于球团矿生产的资源配置问题，在铁矿石价格进入低价的新常态下，目前我国国产铁精粉的价格已低于同品位的进口矿价，巴西的 SamarCo 公司和澳大利亚的 Ceip 公司都有大量的磁铁精粉可供应我国市场，还有南美的智利、秘鲁和北美的加拿大也都有一定量的磁铁精粉可供我国球团生产，因此我国的球团矿生产资源应该不是一个问题。

（5）优先发展带式焙烧机球团矿，带式焙烧机球团有着良好的发展前景。首钢京唐公司年产 400 万吨的带式焙烧机建成投产近五年来，生产稳定、质量优良，由表 6-6 的数据对比可见，工序能耗等多项指标优于链箅机-回转窑，且没有结圈和气流分布的卡壳问题，具有良好的推广应用价值，建议我国发展球团矿生产应优先发展带式焙烧机，已停产的平烧也可技术改造为带式焙烧机生产球团矿。

6.3　优化镁铝比，提高炉内操作和成本竞争力

保持高炉炉况稳定顺行是高炉实现低成本、低燃料比炼铁的先决条件，而高炉炉况的稳定顺行是靠炉料质量和良好的炉内操作实现的。炉内操作通常通过优化装料制度、送风制度、热制度和造渣制度得到保障的。现代高炉操作装料制度的优化是通过多环布料使用一定的档位，调整形成"平台+小漏斗"的炉喉煤气分布状态；现代高炉操作送风制度的优化是使风量和风速形成煤气流在燃烧带的合理分布，达到炉腹煤气量指数与炉料质量相适应，保持高炉下部顺行；现代高炉操作的热制度需要炉缸有足够的热量使炉缸既不凉又不过热的适宜温度，保持炉缸稳定的热状态；现代高炉操作的造渣制度需要做到既要适应原燃料条件和生

铁质量的要求，又要做到当炉渣成分和炉温波动时，保持炉渣具有良好的化学稳定性和物理稳定性，实现炼好铁首先要炼好渣。在高炉炉内操作四大制度中，造渣制度可以说是最重要的炉内操作制度。

20 世纪 50~60 年代高炉炼铁盛传："高炉要炼好铁，关键在炼好渣"。前苏联也曾出版过"高炉稳定渣冶炼"方面专著。

高炉炼铁造渣制度的优化主要是通过控制炉渣碱度和炉渣成分在一个适宜的范围内保持炉渣具有良好的流动性和脱硫脱碱效果，而炉渣的流动性和脱硫脱碱效果均与 MgO/Al_2O_3 直接相关。因此探索研究炉渣的 MgO/Al_2O_3 对搞好炉内操作和保持高炉长期稳定顺行具有重要价值。

6.3.1 国外炼铁 MgO/Al_2O_3 的现状

国内外炼铁工作者为了实现低成本高效益炼铁，都非常重视高炉渣的 MgO/Al_2O_3，十年前国外高炉渣的 MgO/Al_2O_3 状况见表 6-10。

表 6-10 国外高炉渣 MgO/Al_2O_3 的状况

炉 别	质量分数/%		CaO/SiO_2	MgO/Al_2O_3
	Al_2O_3	MgO		
韩国光阳 4 号高炉	15.7	5.0	1.18	0.32
韩国浦项 4 号高炉	15.5	3.2	1.20	0.22
印度 Durgapur 3 号高炉	21.2	9.5	1.06	0.45
印度 Durgapur 4 号高炉	21.3	8.9	1.00	0.42
印度 Bokaro 2 号高炉	20.1	9.8	1.12	0.49

由表 6-10 可见，国外的几座高炉炉渣成分 MgO/Al_2O_3 均低于 0.5，国外浦项大高炉 MgO/Al_2O_3 甚至低至 0.22。

6.3.2 我国高炉炼铁 MgO/Al_2O_3 的现状

北京科技大学许满兴教授对 2015 年我国大小不同容积 275 座高炉的主要操作指标做了一个较详细的统计，其中包括不同炉容低 MgO/Al_2O_3 的状况（见表 6-11）。

表 6-11 2015 年我国高炉低 MgO/Al_2O_3 炼铁的状况

企业名称	炉容 /m³	高炉炉渣成分/%		MgO/Al_2O_3	R (CaO/SiO_2)	渣铁比 /kg·t⁻¹	烧结矿成分/%	
		Al_2O_3	MgO				Al_2O_3	MgO
安阳钢铁	500	15.05	6.58	0.437	1.30	327	—	—
（黑）建龙	530	15.05	6.58	0.437	1.09		—	—

企业名称	炉容 /m³	高炉炉渣成分/%		MgO/Al₂O₃	R (CaO/SiO₂)	渣铁比 /kg·t⁻¹	烧结矿成分/%	
		Al₂O₃	MgO				Al₂O₃	MgO
沙钢	480	15.88	7.82	0.492	1.24	—	—	—
沙钢	480	15.75	7.71	0.489	1.26	—	—	—
沙钢	480	15.85	7.77	0.489	1.24	—	—	—
沙钢	480	15.92	7.76	0.487	1.23	—	—	—
淮钢	450	14.95	7.11	0.476	1.20	355	1.93	1.55
淮钢	450	14.72	7.15	0.486	1.20	355	1.93	1.55
淮钢	580	14.86	7.10	0.478	1.21	355	1.93	1.55
淮钢	580	14.92	7.05	0.473	1.21	355	1.93	1.55
宝钢不锈	750	15.59	7.16	0.459	1.21	318	1.97	1.61
衡管	1080	16.04	7.08	0.441	1.16	—	2.16	1.86
湘钢	1080	15.52	7.69	0.495	1.19	364	—	—
长钢	1080	15.36	5.79	0.377	1.20	372	—	—
长钢	1080	15.52	5.83	0.376	1.20	372	—	—
安阳钢铁	2200	15.08	6.23	0.413	1.31	353	—	—
邯钢	2000	15.75	7.28	0.462	1.27	328	—	—
邯钢	2000	15.77	7.32	0.464	1.27	333	—	—
湘钢	1800	15.52	7.44	0.479	1.20	365	—	—
湘钢	1800	15.63	7.50	0.480	1.21	367	1.86	1.86
莱钢	1880	15.36	5.04	0.328	1.20	410	2.17	1.06
莱钢	1880	15.19	4.92	0.324	1.22	413	2.17	1.06
武钢	2200	14.87	7.29	0.490	1.18	333	1.78	1.77
宁波钢铁	2500	15.90	7.15	0.450	1.24	298	1.71	1.53
宁波钢铁	2500	15.75	7.18	0.456	1.25	297	1.72	1.53
宝钢不锈	2500	15.69	6.60	0.421	1.12	322	1.96	1.63
沙钢宏发	2500	15.30	7.34	0.480	1.25	310	1.76	1.60
沙钢宏发	2500	15.12	7.26	0.480	1.24	308	1.76	1.60
沙钢宏发	2500	15.18	7.29	0.480	1.24	309	1.76	1.60
梅山钢铁	3200	15.69	7.54	0.481	1.20	305	1.86	1.65
邯钢	3200	15.59	7.39	0.474	1.27	339	—	—
莱钢	3200	15.44	4.75	0.308	1.23	410	2.15	0.99
安阳钢铁	4800	15.60	6.74	0.432	1.23	297	—	—
梅山钢铁	4070	15.75	7.26	0.461	1.21	303	1.86	1.64

早在 2005 年，我国武钢、福建三明、三安钢铁公司等少数几座高炉实现了低 MgO/Al_2O_3 操作，如武钢 6 号高炉炉渣的 Al_2O_3 高达 17.0%，将 MgO/Al_2O_3 降到低于 0.60 的水平；三明钢铁公司 5 号高炉、三安钢铁公司 1 号、2 号高炉率先将 MgO/Al_2O_3 降低到 0.41 和小于 0.20 的水平。到 2015 年我国不完全统计有 40 多座高炉实现了 MgO/Al_2O_3 低于 0.5 操作，有梅山钢铁、安阳钢铁等大高炉 MgO/Al_2O_3 低于 0.5，三安和鑫汇中小高炉的 MgO/Al_2O_3 低于 0.30 的，即高炉不分大小，都有可能实现低 MgO/Al_2O_3 炼铁。

降低炉渣的 MgO/Al_2O_3 要从降低烧结矿的 MgO 含量入手，烧结生产实践证明，MgO 不是烧结矿质量的正能量，它恰恰是烧结矿质量的负能量，提高烧结矿的 MgO 含量，不仅会降低其品位、还会降低其冷强度和还原性，从烧结矿的产质量和低成本出发，生产自然 MgO 烧结矿为佳。但这对高炉炼铁来说不那么简单，降低了烧结矿的 MgO，也就降低了炉渣的 MgO，炉渣的 MgO 降低了即降低 MgO/Al_2O_3，会影响炉渣的流动性和脱硫脱碱效果，所以一般高炉操作工不轻易降低炉渣的 MgO/Al_2O_3。高炉炉内操作要实现低 MgO/Al_2O_3，需要在理论上搞清楚炉渣的性能与 MgO/Al_2O_3 的关系。

6.3.3 高炉渣的稳定性与其镁铝比（MgO/Al_2O_3）关系

6.3.3.1 炉渣的稳定性

炉渣的稳定性是炉渣的综合性能，当炉缸温度或炉渣成分波动时保持炉渣的熔化性温度和黏度稳定的能力。高炉渣的稳定性又可分为热稳定性和化学稳定性两种性能，当炉缸温度正常范围内波动时，炉渣黏度不会进入长渣向短渣转折区或熔化性温度不发生明显变化的，称为炉渣的热稳定性；当炉渣成分波动时能保持上述特征稳定的能力称为炉渣的化学稳定性。因此，广大炼铁工作者都十分重视高炉渣的性能，公认的炼好铁必须炼好渣，保持炉渣的热稳定性和化学稳定性。

6.3.3.2 炉渣稳定性与 MgO/Al_2O_3 的关系

大量的研究和生产实践证明，高炉炉渣的稳定性与 MgO/Al_2O_3 比相关。随着铁矿资源的开发利用，铁矿石的 Al_2O_3 含量有不断升高的趋势，造成高炉渣中的 Al_2O_3 含量不断上升，有些企业炉渣的 Al_2O_3 含量高达 15%~17%，Al_2O_3 含量的升高会影响炉渣的流动性即渣黏度要增大，而炉渣黏度对高炉冶炼进程有很大的影响，黏稠的初渣和中渣会阻碍料柱中焦炭孔隙的气流通道，妨碍高炉下部顺行和强化冶炼，容易引起高炉难行和下部悬料；黏稠的终渣容易造成炉缸堆积，烧坏风口和渣铁不分等，影响高炉正常生产。解决高炉渣黏稠的问题，炼铁工作者的经验往往是提高炉渣 MgO 的含量，因为 MgO 可以改善炉渣的流动性，故炉渣的 MgO/Al_2O_3 比是一个有价值的数据。通常，当冶炼制钢生铁高炉渣的 Al_2O_3 为 8%~

15%时，MgO 为 5%~10%，MgO/Al_2O_3 的值相当 0.625~0.667，这个比值是否合理，能否优化，这不仅对把握好炉渣性能，对高炉顺行有利，同时也会有利于烧结和炼铁成本的降低。

6.3.3.3　优化高炉炼铁 MgO/Al_2O_3 的理论分析

炉渣的熔化温度和黏度与炉渣的四元系相图密切相关，高炉渣的低熔化温度和低黏度区为黄长石和镁蔷薇辉石区域。高炉渣的四元系渣相状态图如图 6-1 所示，当渣碱度（CaO/SiO_2）为 0.7~1.3 时，是炉渣熔化温度最低的区域，渣碱度低于或高于该区域，炉渣的熔化温度都会升高。当 Al_2O_3 为 15% 和 20% 时，四元系等熔化和等黏度曲线如图 6-2~图 6-4 所示。

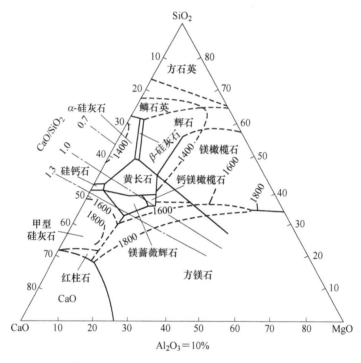

图 6-1　$CaO\text{-}MgO\text{-}SiO_2\text{-}Al_2O_3$ 四元系渣相图

当 Al_2O_3 的含量由 10% 升高到 15%~20% 时，碱度升高对熔化温度的影响减小了，由图 6-2 可见，低熔化温度区扩展了，因此炉渣的 Al_2O_3 含量升高，不会造成低熔化温度区缩小。

高炉渣的正常黏度范围在 0.5~2.0Pa·s 之间，由图 6-3 的四元系黏度曲线可见，高炉渣的黏度适宜区与熔化温度适宜区比较是基本一致的，炉渣黏度随其温度升高而下降，故保持炉缸温度大于 1400℃ 是确保炉渣低熔化和低黏度的重要

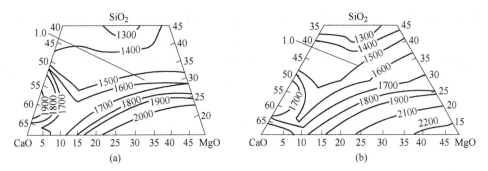

图 6-2　四元系炉渣的等熔化温度图

（a）$Al_2O_3 = 15\%$；（b）$Al_2O_3 = 20\%$

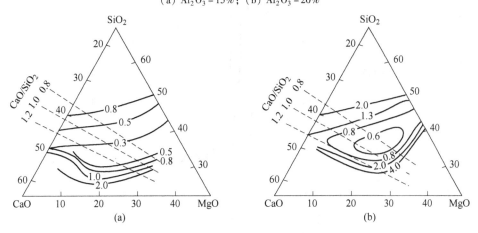

图 6-3　Al_2O_3 含量为 15% 四元系等黏度图

（a）1500℃；（b）1400℃

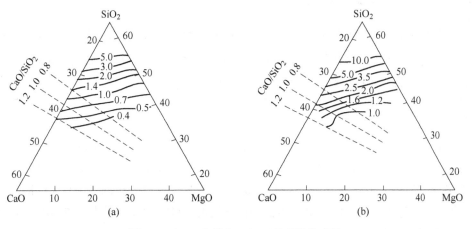

图 6-4　Al_2O_3 含量为 20% 四元系等黏度图

（a）1500℃；（b）1400℃

条件。炉渣的 MgO 含量对其黏度有很大影响，当炉渣二元碱度在 0.8~1.25 的范围内，MgO 含量在 5%左右时可以使 CaO<35%的低碱度渣黏度明显下降，而且熔化温度也明显降低；当 MgO 含量大于 10%时，可以使低黏度区明显扩大，但黏度特征明显出现由"长渣变短渣"的转折点，且此时熔化温度也开始升高，说明在适宜的碱度范围内，提高 MgO 含量对改善炉渣的性能既有有利的因素，也有不利的影响。这就是为什么国内外不少企业实行低 MgO、高 Al$_2$O$_3$，即合理的 MgO/Al$_2$O$_3$高炉炼铁理论的根据和道理所在。MgO 含量对黏度曲线的影响如图 6-5 所示。

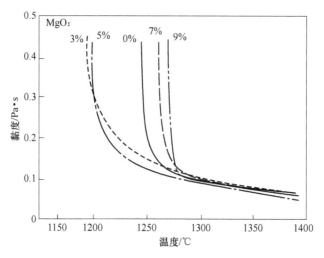

图 6-5　MgO 含量对黏度曲线的影响

6.3.4　优化高炉炼铁 MgO/Al$_2$O$_3$的价值

随着铁矿资源的开发，铁矿石的 Al$_2$O$_3$含量有不断升高的趋势，引起炉渣 Al$_2$O$_3$的含量升高，保持炉渣的 MgO/Al$_2$O$_3$值，必然要提高烧结矿的 MgO 含量，提高烧结矿的 MgO 含量，会降低烧结矿的还原性和转鼓指数。国内外公认数据是，烧结矿每提高 1%的 MgO 含量，会降低 5%的 900℃还原性和 3%的转鼓指数。为了提高烧结矿 MgO 含量，要加入白云石之类的含 MgO 矿物，会降低烧结矿的含铁品位，烧结矿每提高 1%的 MgO 含量，会降低 1.36%的品位，增加 40kg 渣量，在 60 美元/吨的矿价下，烧结矿的成本将会上升 40 元（人民币）以上，为实现低成本、低燃料比为中心的炼铁方针，不能随铁矿粉的 Al$_2$O$_3$含量提高而不断增加 MgO 含量，而是要适当控制高炉渣的 MgO/Al$_2$O$_3$。当炉渣的 Al$_2$O$_3$含量不高于 17.0%的条件下，MgO/Al$_2$O$_3$可控制在 0.45 左右的水平，炉渣的 MgO 可控制在不高于 8.0%的水平；当炉渣的 Al$_2$O$_3$含量不高于 15.0%的条件下，炉渣的

MgO 可控制在不高于7%的水平，相应地烧结矿 MgO 含量可控制在不高于1.6%~1.8%的水平，这样优化高炉炼铁的 MgO/Al_2O_3，既可以提高炉内操作水平，也有利于提高企业炼铁的低成本竞争力。

6.3.5 小结

通过以上论述和分析可以得出以下结论性意见：

（1）高炉炼铁要保持稳定顺行，应十分重视炉渣的稳定性，高炉渣的稳定性与渣的 MgO/Al_2O_3 有关。

（2）高炉渣适宜的二元碱度在0.8~1.25范围，由四元渣相图可以看出，黄长石和镁蔷薇辉石是高炉渣低熔化温度和低黏度区域，当炉渣 Al_2O_3 含量由10%提高到15%~20%时，低熔化温度区扩展了，5%左右 MgO 含量有利于降低炉渣的黏度和熔化温度；当 MgO 含量大于10%，低黏结区会明显扩大，但炉渣"短渣"的转折点明显出现，且熔化温度也开始升高。

（3）当炉渣的 Al_2O_3 含量不超过15%和17%时和炉缸温度不低于1460℃的条件下，可相应地控制炉渣 MgO 含量在不高于7%和8%的水平，烧结矿的 MgO 可控制在1.6%~1.8%的水平。

（4）国内外大中小型各类高炉炉渣均有采用低 MgO/Al_2O_3 冶炼操作的范例，低 MgO/Al_2O_3 有利于提高炉内操作水平，有利于改善烧结矿的质量，降低渣量和燃料比有利于降低生铁成本，提高企业成本竞争力。

6.3.6 案例：山东莱钢1880m³高炉低 MgO 操作实践

莱钢现有两座1880m³高炉，2014年前，渣中（MgO）保持在9%，MgO/Al_2O_3保持在0.65左右，高炉炉况保持稳定顺行，主要技术经济指标保持在较好水平。2014年后，为降低成本，高炉开始尝试低（MgO）操作，从9%下调到5%左右，MgO/Al_2O_3从0.65下调到0.30~0.35，实现了低（MgO）操作，效益巨大。并成功摸索出一套实用的操作经验。

6.3.6.1 提高炉渣温度，调剂高炉炉渣黏度

在高炉正常生产时炉缸温度条件下，高炉渣的适宜黏度是0.5~2.0Pa·s之间。通过分析不同温度下炉渣的黏度变化情况（见表6-12），炉渣黏度要保持小于2.0Pa·s，炉渣温度必须由之前（MgO）9.02%时的1520℃以上，相应地提高到（MgO）5.09%时的1540℃以上。一般来讲，炉渣温度相对铁水温度要高50~100℃。针对大高炉而言，1540℃以上的炉渣温度，需要保持铁水温度基本在1440~1490℃。因此，从高炉实际可操作黏度出发，降低 MgO 含量只要保证铁水温度在1490℃以上，炉渣黏度的变化对炉前渣铁的排放基本没有影响。

表 6-12 不同温度下的炉渣黏度   (Pa·s)

温度/℃	炉 渣 黏 度	
	MgO 5.09%	MgO 9.02%
1510	2.456	2.114
1520	2.323	2.002
1530	2.199	1.898
1540	2.082	1.800
1550	1.973	1.708
1560	1.871	1.622
1570	1.775	1.541
1580	1.685	1.465
1590	1.600	1.394
1600	1.521	1.334

6.3.6.2 改善烧结矿质量，为高炉稳定操作创造前提条件

在烧结矿降镁操作过程中，为确保烧结矿质量不降低，首先，建立配料模型，优化配矿。利用高硅料（巴粗等）增加烧结矿液相含量，改善烧结矿冶金性能，增加了单烧冶金性能较好的国内精粉配加比例。其次，优化原料参数控制，调整烧结布料、压料等环节，保证厚料层、低水分，控制终点温度的操作制度，保证烧结矿质量合格。第三，对烧结台车进行多层布料，降低烧结矿铺底料厚度，使用 8~15mm 粒级烧结矿作为铺底料，从而增加 10~20mm 粒级烧结矿比例。经过两年的操作实践，目前烧结矿中 MgO 降低至 1% 左右的情况下，烧结矿的主要性能保持稳定。

6.3.6.3 稳定焦粉质量，确保炉况顺行

稳定焦炭质量是保证高炉稳定顺行的基础。莱钢 1880m³ 高炉采取的是粒煤喷吹工艺，且煤比长期保持在 150~170kg/t，因此，在大煤比的条件下焦炭作为料柱的骨架料作用就更加明显。以往我们对焦炭冶金性能关注的点主要是焦炭的热强度（CSR 和 CRI），在低镁操作过程中，要求焦炭的热强度在 65% 以上的同时，对焦炭的冷强度同样非常关注，要求 M40≥87%，M10≤6.5%。

6.3.6.4 强化高炉操作和日常管理

强化高炉操作和日常管理主要包括：

（1）大矿批。随着煤比的增加，焦比逐步降低，而焦比的大小对炉喉及炉腰处焦层厚度影响极大，因此，煤比高时，有焦层下限的问题。为保证下限焦层厚度，要求相应的扩大矿批。莱钢 1880m³ 高炉采用大矿批操作，近年来经过不断地摸索与实践，选择与风量相匹配的原则，即将矿批/风量控制在 0.0167~0.017 之间

为适宜。这样可以保证焦窗厚度与面积，减少两矿层接触的机会，避免下料不规则的发生，目前 1880m³ 高炉的矿批基本在 60~65t，最小焦比保证在 10t 以上。

（2）提高风温。高风温可以提高风口前的实际风速、鼓风动能和煤粉燃烧率，使气流的穿透能力加强，到达炉缸中心的煤气量增加，可以提高铁水温度，改善高炉下部热制度，提升煤比。操作上配合大矿批操作，以稳定炉况为主，为高风温的使用创造条件。目前 1880m³ 高炉风温保证在 1200~1215℃。

（3）高焦丁比和高渣比相结合。1880m³ 高炉长期使用经济炉料，入炉炉料理论渣比长期保持在 350~420kg/t。在高渣比操作条件下，保证炉况长期稳定顺行的一个重要措施就是高渣比和高焦丁相结合。焦丁不但能够改善矿石软熔后的透气性，而且由于和矿石直接混在一起，从熔化至滴落前增大了矿石的直接还原，有利于降低焦比，保证充足的渣铁温度。因此，在操作上，使用粒度 15~30mm 小焦，使用上尽量使焦丁和烧结矿混匀，焦丁的平铺率在 35%~50%。此外布料上严格关注小焦在皮带料流上的位置，通过不断优化焦丁的布料位置来处理不同的炉况。目前，1880m³ 高炉的焦丁比基本在 55kg/t。

（4）适当提高炉渣二元碱度。MgO 含量降低后，在同样二元碱度的情况下，实际渣样玻璃渣居多，热量不足，主铁沟内渣壳难化，带来炉温波动大，炉渣脱硫能力降低，渣铁排放困难等问题。其主要原因是，MgO 含量降低后，相应的炉渣三元和四元碱度下降，炉渣的熔化性温度升高，稳定性降低，相应的脱硫能力下降，造成了铁水温度的不足。

为改善炉渣性能，保证炉渣的脱硫能力，炉渣碱度由 1.21 逐步提高至 1.24，三元碱度控制在 1.38 左右。调整后，虽然硫偏差较高，但［S］基本受控，平均值在 0.023% 左右。

（5）保证充足的渣铁热量。在低 MgO 冶炼期间，规定［Si］控制在 0.40%~0.55%，严格控制铁水温度，并规定铁口堵口前铁水温度的下限为 1510℃。此温度符合使用 FactSage 软件计算的炉渣黏度在 2.0Pa·s 以内的要求，炉渣温度在 1540℃ 以上，对应的铁水温度在 1490℃ 以上。实际操作中，从出铁主铁钩观察，只要出铁后期铁水温度在 1510℃ 以上，主铁钩内的渣壳基本能够完全被加热融化；而低于 1500℃ 时，铸铁沟中间部位就会有部分结壳现象。因此，低 MgO 操作要求铁水温度要保证在 1510℃ 以上。当铁水温度低于 1510℃ 时，操作上必须有相应的调整措施。要注意控制风口前理论燃烧温度变化，对煤比、风温及喷吹煤的种类、成分、配比变化等，要有一个统筹的调剂；操作中还要根据昼夜大气湿度变化情况，掌握好防止白班炉温向热，中班炉温向凉的趋势，保证炉温的相对稳定，同时配合合理的炉渣碱度，实现热制度的稳定，同时配合合理的炉渣碱度，实现热制度的稳定，保证渣铁温度在规定的范围内。

（6）强化出铁管理及时排尽渣铁。日常操作中，炉前渣铁的排放是否及时，直接关系到炉况的顺行和技术经济指标的提升。因此，降低 MgO 过程中，高炉对炉前渣铁的及时排放要求更加严格。对炉前实行相应的劳动竞赛，主要考核指标是控制铁间间隔率，保证在 20min 之内打开铁口；同时，对炉前控制的其他操作进行量化管理，如对铁口深度合格率、打泥量稳定率、出铁时间、钻头大小、两个铁口出铁均匀性等指标进行量化考核。保证炉前渣铁出净，高炉不因憋铁造成减风慢风，杜绝炉前跑泥及减风堵风现象。

6.3.6.5 高炉冶炼实绩

2014 年 2 月，1880m³ 高炉同时逐步减少烧结矿中白云石的配加量。2014 年 9 月，烧结矿中完全停配白云石，烧结中 MgO 降低至 1% 左右，MgO 含量由之前的 9% 左右逐步降低至目前的 5% 左右。在这期间，高炉出现过波动，但在操作上从来没有因为炉况出现波动而终止降低 MgO 的过程。经过近两年的操作实践，MgO 保持 5%、MgO/Al₂O₃ 保持 0.3~0.35 的情况下（见表 6-13），高炉依然能保持稳定顺行，主要技术经济指标不下降。

表 6-13　莱钢烧结矿和炉渣的成分（质量分数）　　　　　　（%）

年　份	烧　结　矿			炉　渣	
	TFe	Al₂O₃	MgO	Al₂O₃	MgO
2013	54.02	2.45	2.34	15.31	9.33
2014	53.25	2.56	1.38	15.38	5.94
2015	54.42	2.17	1.08	15.29	4.94

上述案例可总结出以下两点：

（1）烧结过程停止配加含镁的熔剂，对低品位原料的使用量增大，配料更加灵活。而实现低镁烧结后，烧结的固体燃耗下降 3~5kg/t，烧结矿的转鼓强度并没有明显下降，化学性能没有降低，降低原料成本的空间巨大。通过烧结工艺控制，实现低镁烧结以来，烧结矿的主要技术指标并没有降低，这为高炉实现低镁操作创造了条件。

（2）在保持高炉炉况长期稳定顺行的基础上，以提高炉渣二元碱度、保证充足的渣铁温度为主要，使 1880m³ 高炉 MgO 含量长期保持 5% 左右的低镁冶炼成为现实，并取得较好的经济效益。

6.4　打好降本增效"组合拳"，炼铁向烧结要效益

烧结矿一直是我国高炉炼铁的主要原料，占高炉炉料的 75% 左右，占高炉炼铁成本的 70% 以上。烧结能耗占吨钢能耗约 10%，仅次于炼铁，是钢铁生产的第二能耗大户。烧结矿的质量很大程度决定着高炉技术经济指标，因此抓好烧结矿

的质量，与节能减排和高炉炼铁的降本增效息息相关。

影响烧结矿的因素是多方面的，既有原燃料采购和优化配矿的影响，又有烧结生产料层厚度、配碳配水、混合料透气性、台车速度等各工艺参数的影响，还有烧结准确配料、强化制粒、偏析布料和低负压点火等操作的影响，更有烧结矿碱度，TFe、SiO_2、MgO 和 Al_2O_3 等化学成分和矿物组成的影响，总之，影响烧结矿质量的因素是多方面，因此提高烧结生产工艺技术，改善烧结矿质量和提高烧结余热回收利用降低烧结生产成本的关系密切，可以说是全方位的。

烧结生产的能耗主要包括固体燃耗、煤气消耗和电耗三个方面，还有少量的蒸汽、压缩空气和水消耗，其中固体燃耗占 80%，电力消耗约占 15%，煤气消耗约占 5%，故降低烧结能耗主要抓降低固体燃料的消耗。烧结生产安装有大功率的抽风机和冷却风机，每吨烧结矿要消耗 $600m^3$ 的风量和排放约 $2000m^3$ 的烟气，是耗电大户。烧结机漏风严重，一般都有 40%~60% 的漏风率，因此节电也是降低烧结成本的重要组成部分。而且从全国的情况看，烧结工序能耗高的和低的相差超过 2.5 倍，所以烧结节能降本的潜力很大。

已有的研究表明，烧结机的主烟道烟气余热约占烧结工序能耗的 13%~23%，环冷机废气余热（烧结矿的湿热）约占烧结工序能耗的 19%~35%，两者之和高达烧结工序能耗的 50%，因此，充分利用烧结生产的余热潜力也是烧结节能降本值得重视的组成部分。

综上所述，进一步抓好烧结生产的工艺技术，改善烧结矿质量，降低烧结生产的能源消耗和充分利用烧结余热回收，是钢铁企业处于困境时期，打好降本增效的"组合拳"，是高炉炼铁向烧结生产要效益的当务之急。

6.4.1 优化烧结主要工艺技术，向烧结工艺技术要效益

烧结主要工艺参数之间的关系中，料层厚度是基础，水、碳是保证，混合料透气性是关键。科学认识和控制好它们之间相互关系，会给烧结生产不断创造新的效益。烧结生产由准确配料、强化制粒、偏析布料和低负压点火操作四大部分工艺技术组成。企业向烧结生产要效益，就应该从这四大工艺技术入手，进行降本增效挖潜和讨论分析。

6.4.1.1 不断提高料层厚度，向超厚料层要综合效益

料层厚度是烧结节能降耗、改善质量的基础，宝钢烧结料层从 450mm 提高到 600mm，其效果经过回归分析得出，料层厚度每提高 10mm，烧结矿强度转鼓指数提高 0.23%，FeO 降低 0.06%，固体燃耗降低 0.104kg/t，煤气消耗降低 $0.064m^3/t$。一台 $450m^2$ 烧结机，一年节约标准煤 5500t，降低成本 112 万元。宝钢 2 号 $495m^2$ 烧结机，料层厚度由 500mm 提高到 630mm，工序能耗由 72.14kgce/t 降低到 55.3kgce/t。首钢京唐公司 $550m^2$ 烧结机，料层厚度由 750mm 提高到

800mm，转鼓指数提高了 0.12%，FeO 降低了 0.37%，成品率提高了 1.6%，焦粉消耗降低 1.05kg/t，煤气消耗降低 1.51m³/t，电耗降低 7.82kW·h/t，折合吨烧结矿取得 7.61 元的效益。

由宝钢和首钢京唐公司提高料层的效果，可以充分说明经济效果是十分明显的，目前全国烧结机平均料层高度已超过 710mm，有些企业已超过 750mm 甚至达到 850mm，但相关的工艺技术如强化制粒、配碳、配水、偏析布料和低负压点火操作没跟上，效果不如宝钢和京唐公司那么明显。目前企业打降本增效的"组合拳"，就是要把厚料层低温烧结的相关工艺技术跟上，充分发挥出厚料层低温烧结的作用，对已经取得较好效果的烧结机，应继续创造条件提高料层厚度，向超厚料层要效益。

6.4.1.2　强化配料、制粒、布料和点火操作四部分工艺技术，向改善操作要效益

烧结生产在准确配料、强化制粒、偏析布料和低负压点火操作四大工艺技术方面存在的问题相当普遍，诸如：

（1）用于配料和制粒的混合料不少企业不做粒度分析。

（2）厚料层是依靠富矿粉烧结。

（3）对加入的生石灰在混料和制粒前不消化，不仅影响了制粒状态也影响混合料的温度，实践证明配加 2%~3% 的生石灰消化混合料温度可提高 4℃，固体燃耗可降低 2~3kg/t。

（4）对一混、二混的加水不规范，有的甚至用橡胶管直接往圆筒混合机内灌水。

（5）对混合料在混合机内的制粒状态不了解，不分析，基本上处于黑箱操作状态。

（6）不少偏析布料器工作状态不正常，有的甚至与偏析布料器工作效果刚好反向。

（7）多数企业对低负压点火不重视，结果形成高负压操作，造成电耗高、烧得慢、质量不均匀。

（8）烧结机机头、机尾、滑道和环冷机漏风严重造成烧结生产电耗高、生产力不高。日本新日铁大分厂 2 号烧结机采取降低漏风率措施后，漏风率降低 12.5%，电耗降低了 1.96kW·h/t，相当于降低 10% 的漏风率，电耗降低 1.56kW·h/t，我国梅山钢铁烧结厂漏风率从 71.14% 降到 42.99%，电耗降低了 4.325kW·h/t，相当于降低 10% 的漏风率，电耗降低 1.54kW·h/t。

凡此种种，在烧结生产工艺技术存在众多问题，不仅影响了烧结的产量和质量，也严重影响了烧结生产的能耗和成本。相关企业对烧结生产存在的以上种种问题，应一一加以疏导后提出改进措施，向烧结操作要效益。特别应关注低负压点火操作，保持原始料层透气性，大型烧结机可取得降低 3kPa 的全程负压，经测算，1 台 360m² 烧结机，24 小时可节电 5000kW·h。

6.4.1.3 采取燃料分加，改善燃烧状态，降低固体燃耗，向改善燃料燃烧要效益

实现强化制粒后，传统的燃料添加方式（即全部内配）造成矿粉包裹燃料，恶化了燃料在烧结带的燃烧条件，提高了烧结配碳和固体燃耗，由于固体燃耗占烧结工序能耗的 80%，所以采取燃料分加，改善燃料在混合料的燃烧条件，对降低固体燃耗有积极意义。燃料分加即在一混前内配 50% 的燃料，另 50% 在二混制粒后配入，形成一半的燃料可直接与空气接触，优化了这部分燃料燃烧的条件。日本新日铁釜石铁制铁所 170m² 烧结机采用燃料分加后，焦粉消耗由原来的 60kg/t 降至 56.3kg/t。我国太钢在 660m² 烧结机上增设了燃料分加系统，实施 -3mm 粗粒焦粉内配和 -1mm 细粒焦粉外配的工艺技术，取得了降低固体燃耗 1.7kg/t 的节能效果。

6.4.2 全面改善烧结矿质量，向成品烧结矿质量要效益

6.4.2.1 稳定烧结矿碱度，向稳定碱度要效益

碱度是烧结矿质量的基础，实验研究和生产实践都证明了烧结矿的最佳碱度范围为 1.90~2.30，在影响高炉炼铁燃料比的 20 个因素中，碱度对燃料比的影响最为显著，碱度低于 1.80 后每降低 0.1 的碱度将影响燃料比和产量各 3.5%，而在生产实践中，通过典型事例调查，降低碱度对燃料比的影响远高于 3.5% 达到 4.7% 的水平。近几年就全国的情况看，烧结矿碱度低于 1.85 的不多了，平均值几乎都在 1.90 以上，但烧结矿碱度的波动却普遍存在，特别是没有中和混匀料场的企业，烧结矿碱度的波动范围很大，有的一天内碱度低时 1.60 高时达 2.30，对高炉的稳定造成很大的影响。2014 年全国烧结球团信息网登录的 59 家企业，烧结矿碱度 $R \pm 0.05$ 的稳定率应不低于 90%，但其中 9 家企业未填数字（空白），12 家企业低于 80%，4 家企业低于 70%，稳定率最低的一家仅为 57.13%，这些数字充分说明了烧结矿碱度不稳定的严重情况。碱度是烧结矿矿物组成的决定因素，不同的碱度矿物组成差别很大，它不仅影响强度和粒度，更影响冶金性能。因此钢铁企业在打出降本增效"组合拳"时，应严格掌控烧结矿碱度的波动，向稳定烧结矿碱度要效益。

6.4.2.2 提高烧结矿的品位和降低 SiO_2 含量，向高品位低 SiO_2 要效益

精料的经验数据告诉我们，入炉矿品位下降 1%，会影响燃料比 1.5%，影响产量 2.0%~2.5%。2014 年全国烧结矿的平均品位为 54.76%，SiO_2 含量为 6.11%，品位最高的达 57.89%，SiO_2 含量最低的为 4.55%；2015 年铁矿石已进入低矿价的新常态，此时企业再采购低品质矿，在成本上就得不偿失了。在低矿

价的新常态下，烧结矿的品位应不低于 57%，SiO_2 含量控制在 4.6%~5.3% 是最优的。企业应彻底消除高矿价时代低品质矿冶炼的影响，恢复高炉吃精料，向烧结矿质量要效益。算算账，入炉矿品位低 1%，吨铁损失燃耗比 1.5%（折合 7.8kg），1000m³ 高炉一昼夜少生产生铁约 85t，损失 1.7 万元，燃料比和少产铁的损失和约 3.3 万元，而目前 1000m³ 高炉日产 3300t 铁，提高 1% 的入炉矿品位，一昼夜消耗矿价值仅需 2.66 万元，即在低矿价下，采用高品位矿入炉有利于降本增效。

6.4.2.3　优化烧结、炼铁 MgO/Al_2O_3，向降低镁铝比要效益

高炉炼铁以往的经典数据，渣的 MgO/Al_2O_3 要保持在 0.65 的水平，才有利于高炉顺行和脱硫的需求，近几年来，高炉炼铁技术的发展，日本新日铁公司、韩国浦项和光阳公司、我国三明钢铁、三安钢铁、武钢和武安市的鑫汇冶金公司等企业的生产实践均证明了，只要高炉渣的 Al_2O_3 含量不超过 17%，炉缸温度高于 1400℃ 的条件下，高炉渣的 MgO/Al_2O_3 保持在 0.35 的水平，高炉渣能保持在等熔化温度和低黏度区域，高炉保持长期顺行和稳定是可行的；这样推算到烧结矿的 MgO 和 Al_2O_3 含量，合理的数值 $Al_2O_3 \leqslant 2.2\%$，MgO 含量保持 1.0%~1.5% 的水平是可行的；烧结矿降低 1.0% MgO 含量，在目前原燃料价格条件下，吨铁可取得不低于 29.50 元的效益，年产 500 万吨生铁的企业，年降本增效可达 1.5 亿元的价值。

6.4.2.4　降低烧结矿 FeO 水平，向低 FeO 要效益

高料层、高强度、高还原性、低 C、低 FeO，这三高两低始终是烧结生产追求的目标。对烧结生产而言，在满足成品烧结矿强度要求的前提下，尽可能实现低配碳、低 FeO 操作。2014 年全国烧结矿的 FeO 平均值为 8.49%，最低的为 6.22%，最高值达 11.00%。1.0% 的 FeO，会影响 1.5% 的燃料比和产量，这最低值与平均值低了 2.27%，比最高值低了 4.78%，对燃料比和产量的影响，无论对哪一个企业都是极大的数字。烧结生产通过高配 C、高 FeO 追求高强度是一个很大的浪费，个别企业炼铁厂长提出烧结矿的 FeO 不得低于 9.5%，是不科学和不合理的。烧结矿 FeO 的高低水平是衡量一个企业烧结技术水平高低的重要标志，在烧结生产技术上，厚料层烧结，只有低配 C、低水分才能实现低 FeO。用于烧结生产的粉矿，FeO 含量也是影响成品矿 FeO 含量的一个重要因素，成品矿的 FeO 与原矿中的 FeO 之比（P）称为"烧结过程宏观气氛评定指数"，配矿时应控制 P 值小于 1 的范围。烧结生产应通过上述厚料层、低配 C、低配水，改善混合料透气性和配矿等因素控制低 FeO 生产，向烧结低 FeO 要效益。

6.4.2.5　缩小烧结矿粒度，降低返矿率，向小粒级要效益

缩小烧结矿的粒度，小而均匀的成品烧结矿入炉，有利于提高煤气利用率，对于 500~2500m³ 的中小高炉，正常的入炉矿粒度应以 10~25mm 为主，不需要

扩大入炉矿粒度，以扩大入炉矿粒度改善块状带透气性的理念，不利于提高煤气利用率和降低燃料比。然而在生产中，$1000m^3$ 级高炉也希望适当提高入炉矿粒度，这实际上是以牺牲燃料比为代价的。法国索里梅公司 $2813m^3$ 高炉，入炉烧结矿的粒度从 15mm 缩小 13mm，$5\sim10mm$ 粒度从 30% 增加到 34%，大于 25mm 的粒级从 23% 降到 17%，该高炉渣铁比 305kg，风温 1250℃，由于缩小入炉烧结矿粒度，创造了 439kg/t 燃料比的世界纪录。烧结生产要缩小烧结矿的粒度，可通过配矿降低烧结矿 SiO_2 含量，同时又适当降低 FeO 含量去实施，高 SiO_2 同时高 FeO 烧结，势必造成烧结矿结大块，形成相反的结果。缩小烧结矿粒度，可提高高炉冶炼的煤气利用率，提高 1% 的煤气利用率，吨铁即可取得降低 5kg 燃料比的效果，吨铁即可向烧结矿取得 3 元人民币的效益。实施烧结矿粒度缩小到 4mm 入炉，可降低返矿率 5% 以上，有利于降低烧结生产成本。研究表明，每烧结 1t 返矿需消耗 35kg 固定碳，即要多消耗 46kg 焦粉，目前要增加 23 元成本。年产 500 万吨生铁，日产 1.85 万吨烧结矿，每降低 1% 的返矿即降低 185 吨返矿，降低成本 4255 元，一年可降低成本 150 万元，降低 5% 的返矿即可降低成本 750 万元。

6.4.2.6 厚料层烧结，台车布料后加设松料器，向改善透气性要效益

厚料层烧结，由于料层厚，燃料气体通过料层的阻力增大，影响垂直烧结速度，从而影响产量和固体燃耗，为了改善厚料层烧结的透气性，北京科技大学曾与福建三明和太钢合作进行过在台车上安装不锈钢的支架、支板、支柱等，起到改善混合料透气性和提高产量、降低燃耗的作用，但在生产中由于操作不便，没有推广应用。据维普资讯报道田发起等学者的改善高料层烧结过程透气性的新技术研究，加设方便的垂直料面松料器，通过料层的有效风量提高 $30\%\sim45\%$，烧结速度提高 $14.5\%\sim23.6\%$，成品矿转鼓指数提高 1.17%，固体燃耗 0.5kg/t，具有较大的推广价值，实现厚料层烧结向改善透气性要效益。

6.4.3 提高烧结烟气和环冷机废气余热利用，向余热发电和废气余热利用要效益

烧结生产的余热利用包括烧结烟气的余热和热烧结矿显热（即环冷机废气余热）两部分，两部分之和约占烧结工序能耗的 50%，故烧结生产的余热回收利用具有很大的价值。

6.4.3.1 提高烧结烟气的余热回收利用，向烟气要效益

烧结烟气的余热回收利用可以有两种方式设计，一种是选择双压余热锅炉和低压补气凝气式汽轮发电机机组构成的余热发电系统，其中余热锅炉为双通道双压无补燃自然循环锅炉。这个系统高温烟气经部分高于受热面换热，低温烟气经部分低压受热面换热，高温烟气降至与低温烟气相当后，两股烟气混合后再与其余的受热面换热，充分利用烟气的不同品质，实现烟气热能的梯级利用。这种汽

轮机组可提高发电效率，增加发电量 20%，这种发电系统余热锅炉的尾气还可以采用循环风机送到环冷机，实现烟气余热的循环利用，这样不仅提高了锅炉的进口烟温，还可大幅度减少烟尘的排放。

另一种方式是烧结烟气余热的循环利用，高温烟气用于余热发电，机头和机尾的低温烟气返回烧结，预热助燃风或返回烧结机头的保温段，实现热风烧结、降低固体燃耗和降低烟尘的排放量，提高烟气净化的效率和降低烟气净化的能耗。

以上两种方式虽都有充分利用烟气余热的理念，显然后一种方式更科学合理向烟气要效益。

6.4.3.2　充分利用环冷机废气余热蒸汽发电工程

环冷机废气余热蒸汽发电工程不消耗任何燃料，回收热量大，可以节约大量能耗，太钢 400m² 和 660m² 两套环冷机的余热发电工程，每年供热总量达到 2.1775×10^6 GJ，每年可节约标准煤 7.03 万吨，且发电产生的有一定温度呈碱性的锅炉污水还可用于混料机添加水循环利用，经除尘器和预热锅炉沉淀收集的灰渣通过链斗机排放到皮带机上用于配料。这样不仅不排放污染物，而且减少了温室气体和酸性气体的排放，每年减少 CO_2 排放总量 10.28 万吨，减少 SO_2 排放总量 1539t，减少粉尘总量排放 4152t，是一项改善环境保护工程，具有突出的环保节能效益。大小不同的烧结机可以仿效太钢的这一模式去实施，取得向烧结烟气和冷却废气要效益的效果。

6.4.4　小结

通过以上论述和讨论，可以得出如下结论性意见：

（1）烧结生产是一个反应多变、技术密集和工艺技术复杂的系统工程，其每个环节都蕴藏着大量的潜能，等待我们去开发利用，向降本增效要效果。

（2）烧结生产由准确配料、强化制粒、偏析布料和低负压点火操作四大部分工艺技术组成，抓好每一部分都会产生降本增效的效果，准确配料可稳定烧结矿碱度和质量，起到稳定高炉操作和提高冶炼的效果；强化制粒可以提高料层、提高垂直烧结速度，从而取得提高产量、降低能耗的效果；偏析布料可以克服台车边缘效应，实现均质烧结，改善烧结矿质量的效果；低负压点火操作可以取得降低烧结总管负压，节约电耗，提高烧结产质量的效果。

（3）优化烧结生产的主要工艺参数，可以取得降低燃耗、改善烧结质量的效果，其中料层厚度是基础，提高料层厚度，可以取得降低能耗和全面改善烧结技术经济指标的效果；优化配碳配水，可以取得强化制粒和降低 FeO 的效果；采用强化制粒和料面松料器可以取得改善混合料透气性，提高产量和降低能耗的效果。

（4）全面改善烧结矿质量，主要通过提高成品矿碱度的稳定性，生产高品位、低 SiO_2 烧结矿，降低烧结矿的 MgO 和 FeO 含量，适当缩小烧结矿的粒度，取得降本增效的显著效果。

（5）提高烧结烟气和环冷机废气的余热回收利用，可以取得回收能量，相应降低成本和能耗、改善环保的综合效益。

总之，企业打出降本增效的"组合拳"，炼铁向烧结要效益大有作为。

6.5 低成本、低燃料比高炉炼铁实施举措

在当前原燃料价格不低，产品市场疲软的"困境"时期，钢铁企业如何降低成本，提高效益和竞争力是钢铁企业在这一时期生存和发展的战略问题。炼铁的成本和能耗占钢铁联合企业成本的70%，故钢铁企业降低成本主要抓炼铁系统的成本，即"铁前抓成本"。钢铁企业提高效益主要在于钢的品种和质量，即"钢后抓品种"。

在炼铁系统内，含铁原料的成本占70%，燃料和能源占成本的30%以上，因此在当前钢铁企业降低成本中，主要抓降低采购成本与优化配矿，抓降低燃料与能源消耗两大战略举措。

6.5.1 低成本炼铁的战略举措

实施低成本炼铁的创新理念是：采取降低含铁原料采购成本、优化配矿和烧结应对技术，不降低入炉料的质量。降低采购成本不是采购劣质矿，也不是采购化学成分不稳定、负价成分和有害元素超标的矿种，而是采购化学成分和价格稳定的大矿业公司的铁矿石。这项战略举措即是优化采购、配矿和用矿战略。

6.5.1.1 降低采购成本、优化配矿、不降低入炉料质量的实施方案

选择一种高品位、低 SiO_2 的优质赤铁矿（TFe≥66%，SiO_2≤2.0%）和两种水化程度高、中的褐铁矿（TFe 58%~60%，LOI 值为 8%~10% 和 5%~7%）作为主矿，这三种主矿的配比分别为 20%~30%，其余用矿选择性价比合理的和本公司资源循环利用的含铁粉料（例如钢渣和尘泥等）。

作为主矿的两种褐铁矿，要求扣除 LOI 后，含铁品位不低于 63.5%，SiO_2≤5.5%，Al_2O_3≤2.5%，S、P、K_2O 等有害元素不超标。经测算目前褐铁矿价格上有 15 美元/吨以上的优势，吨烧结矿会降低 45 元（人民币）以上的成本。表 6-14 列出了 2012 年炼铁原燃料采购成本对标挖潜对比表。

表 6-14　2012 年炼铁原燃料采购成本对标挖潜对比

项　目	国产精粉	进口粉矿	喷吹煤	冶金焦
每吨平均采购成本/元	875.77	931.85	1058.55	1692.05
每吨采购价最低前 5 家/元	675.40	817.18	718.10	1510.41
每吨低于平均采购成本/元	200.37	114.67	340.46	181.63
每吨采购价最高前 5 家/元	1125.29	1254.63	1231.85	1915.92
每吨高于平均采购成本/元	249.53	322.78	173.30	223.88
每吨高低采购成本相差/元	449.90	437.75	513.76	405.51
每吨高低采购成本相差幅度/%	39.98	34.87	41.71	21.17

注：1. 对标挖潜数据 59 家企业占中钢协会员企业钢产量的 80%，具有一定的普遍性和代表性；
　　2. 原燃料采购成本为到厂不含税成本，即入库成本，包含国内运费、装卸费、保险费、港口存储费，并且扣除途耗。数据为加权平均数（即已扣除品质和级别的差值）。

6.5.1.2　从降低 SiO_2 和提高碱度入手，优化高炉炉料结构的低成本实施方案

目前有些企业烧结矿的 SiO_2 为 6.5% 左右，碱度（CaO/SiO_2）还有低于 1.80 的状况，不适应低成本炼铁的要求，为了提高烧结矿的碱度，首先要降低烧结矿的 SiO_2 的含量（降低至（5±0.2）%），将烧结矿的碱度提高到最佳碱度 CaO/SiO_2 范围（1.9~2.3），目前的炉料结构为 80% 左右的烧结矿+20% 的酸性炉料，这样的炉料结构烧结矿的碱度低于 1.80 的程度，这种烧结矿的质量肯定是比较差的，当烧结矿碱度提高后，酸性炉料不足，建议炉料结构优化为 70% 烧结矿+30%（球团矿+褐铁块矿），这样的炉料结构优化了烧结矿的质量，同时使用了一定配比的褐铁块矿，吨铁成本将降低 20 元以上（经测算新的炉料结构燃料比吨铁将下降 10kg 以上，高炉利用系数将提高 0.15t/（$m^3 \cdot d$）以上，效率的提高使成本下降，褐铁块矿价低有利于降低成本）。

6.5.1.3　采用褐铁块矿做烧结铺底料，提高烧结的产量，降低烧结生产成本

采用褐铁块矿作为铺底料，这在烧结生产上是一项科技创新，它不仅可增加最佳质量和粒度的成品烧结矿入炉，提高烧结的产量和降低烧结成本，同时可有效利用烧结过程的自动蓄热作用，预热褐铁块矿及去除其结晶水，降低褐铁块矿的热裂并改善其还原性，可以取得一举多得的综合经济效益，这项创新技术，可以提高烧结产量 20% 以上，吨烧结矿成本和吨铁燃料比得到明显下降，综合效益吨铁成本将会下降 40 元以上。

6.5.2　低燃料比炼铁的战略举措

高炉炼铁的燃料和能源消耗占炼铁成本的 30%~40%，降低高炉炼铁的燃料比，低碳炼铁不仅降低了炼铁成本，在目前条件下，吨铁降低 50kg 燃料比可以降低炼铁成本 60 元以上，同时取得低燃料比低碳炼铁的巨大社会效益。根据计算高炉炼铁每降低 1t 碳的消耗，可减少 $3.66m^3$ 的 CO_2 气体排放。争取利用一到两年的时间将燃料比由目前的吨铁 560kg 降低到 500kg 以下，这样年产 1000 万吨生铁，年降低燃料可达到 60 万吨，每年可减少 CO_2 排放量 60 万吨×$3.66m^3$ = 219.6 万立方米，为改善环保做出巨大的社会贡献。每年可降低生产成本 60 万× 1200 元 = 720000000 元 = 7.2 亿元。为实现这一战略举措和目标，将采取以下 8 个方案来具体实施。

6.5.2.1　高比例采购、配用褐铁矿，不降低入炉料质量的实施方案

烧结生产和高炉冶炼选定的三种主矿，实践褐铁矿粉烧结特性与应对举措的烧结技术，高配比褐铁矿粉（40%～60%）烧结成品矿达到优质铁矿粉烧结生产的质量目标：成品率≥85%，转鼓指数≥76%，固体燃耗≤53kg/t，FeO≤9%。本方案举措的实现，除了有效降低吨铁成本达到 65 元以外，在燃料和能源消耗方面也能取得显著的效果，已有的企业生产实践数据为吨铁燃料比下降 20kg 以上。

6.5.2.2　优化炉料结构，全面改善烧结矿质量，降低高炉冶炼燃料比的实施方案

（1）优化炉料结构的原则：

1）高品位、低渣量（入炉矿品位≥58%，SiO_2<5.5%，渣量低于 320kg）。

2）以高碱度烧结矿为主（CaO/SiO_2 为 1.90±0.05）。

3）低 MgO、低 Al_2O_3（高炉渣 MgO 为 8%～9%，Al_2O_3 为 15%～18%；烧结矿 MgO 为 1.8%±0.2%，Al_2O_3 为 2.3%±0.2%）。

4）低成本原则（吨铁成本较正常情况低 100 元以上）。

（2）全面改善烧结矿质量指标。

1）控制烧结矿的化学成分：TFe≥57%，SiO_2 5.0%±0.2%，CaO/SiO_2 1.90± 0.05，FeO 8%±0.5%，MgO 1.8%±0.2%，Al_2O_3 2.3%±0.2%。

2）改善烧结矿冶金性能质量指标。900℃还原性 RI≥85%；500℃低温还原粉化指数 $RDI_{+3.15}$≥75%；随着烧结矿 RI 的改善，$RDI_{+3.15}$ 指标会大幅度下降，这将会严重影响高炉上部块状带的透气性和高炉顺行，建议对烧结矿做复合剂喷洒处理，以获得理想的 $RDI_{+3.15}$ 指标，吨烧结矿投入 1.5 元的成本，即可降低燃料 10kg 以上和提高高炉产量 2%～3% 的效果。荷重还原软化性能：T_{BS}<1100 ℃，ΔT_B<150℃。综合炉料熔滴性能总特性值 S 值≤40kPa·℃。球团矿的还原膨胀指数 RSI<20%。

（3）提高烧结矿、球团矿化学成分和冶金性能的稳定性，重点提高烧结矿的碱度稳定性，SiO_2 和 FeO 的稳定性。

（4）全面改善烧结矿、球团矿冶金性能和焦炭热态性能，当企业技术部门无条件测试的情况下，可考虑与大专院校合作，每月送有关试样进行检测实验。分阶段推进，用 1~2 年的时间逐步达到和实现低成本、低燃料比、低碳炼铁的目标（具体质量目标 $R = 1.90$，$RI \geqslant 85\%$，$RDI_{+3.15} \geqslant 75\%$，综合炉料的 S 值 $\leqslant 40$ kPa·℃）。

6.5.2.3　重视焦炭热态性能（1100℃反应性和反应后强度），改善焦炭热态性能的实施方案

目前一般自产焦炭的热态性能按国家标准对照处于 1~2 级的水平，但实际生产中，高炉对焦炭的热态性能要高于国家行业标准的要求，1000m³ 的高炉要求 $CRI \leqslant 28\%$，$CSR \geqslant 58\%$，自产焦炭尚不能满足高炉要求，为了改善高炉下部的工作状态，可对焦炭做负催化处理，投入成本吨焦低于 20 元，可获得降低 80 元，提高一个级别焦炭的价值和吨铁降低焦比 10kg 以上的效益。

6.5.2.4　采用褐铁块矿做铺底料，在烧结过程中脱去结晶水，降低高炉燃料比的实施方案

已有的生产实际数据显示，烧结铺底料采取褐铁块矿后，褐铁块矿的比例能到达入炉料的 25%，由于褐铁块矿结晶水的去除，气孔率的提高和还原性能的改善等诸多方面的原因，吨铁高炉燃料比降低达到 25kg 以上，这是一个大有可为的节能降低成本的课题。

6.5.2.5　高炉喷煤实现经济喷煤比的实施方案

高炉喷煤，以煤代焦，对高炉炼铁的强化，低硅生铁冶炼和降低炼铁成本，效果都是十分显著的，但高炉又不能过分喷煤，过多喷煤对炼铁成本不利，因此应实现经济喷煤，经济喷煤的标准是：提高喷煤比后，燃料比不升高。经济喷煤比是高炉最低焦比、最低燃料比、最高利用系数下的喷煤比。它可以通过生产数据统计得到，也可以由高炉除尘灰中的 C 含量是否超标得出结论（在不过度喷煤的条件下，高炉除尘灰中的 C 含量应不高于 20%）。

6.5.2.6　实现低 C 厚料层、偏析布料的均匀化烧结，提高烧结矿质量的实施方案

大量烧结生产实践证明，烧结混合料的制粒是搞好铁矿粉烧结生产的关键，如何改善和优化铁矿粉混合料制粒取决于矿的物理特性、合理的水分、黏结剂的质量和数量、还有混合机的参数诸因素，因此，烧结厂技术部门应对改善混合料的制粒进行专题讨论和分析，提出改进措施，稳定黏结剂的数量和质量，规范混合料打水操作，达到通过制粒，混合料的粒度大于 3mm 的到达 60% 以上。

偏析布料器工作对强化制粒后的厚料层烧结也是重要的一环，应通过调整布料器的角度改善布料的效果，以实现均匀化烧结。

烧结台车料面的形成对烧结效果有重要影响，应实现台车两侧料面高于中间

的料面，有效克服边缘效应。要从机尾断面红火层的状态判断烧结抽风气流分布是否均匀，及时不断调整布料状态，实现均匀烧结。

点火温度和点火负压对烧结过程有重要影响，点火温度应根据矿种做适当调整（正常点火温度为（1050±50）℃，褐铁矿烧结点火温度要下调，高 Al_2O_3 烧结点火温度应上调），点火负压影响原始料层的透气性，正常条件下，点火负压应是烧结抽风负压的 60%~70%，点火负压与抽风负压一样高，会破坏烧结原始料层的透气性，影响烧结速度。

烧结混合料的配 C 和配水是搞好烧结矿质量的重要保障条件，厚料层烧结一定要低配 C，目前 60kg 吨烧结矿的燃耗太高，一般 100mm 料层影响烧结矿 10kg 的燃耗，800mm 厚料层应是 40~42kg 固体燃耗才比较合理。烧结生产低 C 后低水分才能低 FeO，混合料水分一般为 6%~7%，料层 700mm 以上还应适当下调，褐铁矿粉烧结需大水制粒，混合料水分需根据褐铁矿粉的配比做相应调整。

6.5.2.7 建立 1080m³ 以上高炉长期顺行稳定的基本操作方针实施方案

1080m³ 以上高炉应建立以高炉下部调节为基础，辅之以高炉上部调节。下部调节主要掌握合理的送风比，以保持适宜的风速和鼓风动能；上部调节以形成炉喉料面平台加浅漏斗的料面，既不主张发展边缘，也不强调发展中心，追求高炉煤气三次合理分布，以提高煤气利用率。争取煤气利用率达到 50%，目前国内高炉煤气利用率低的只有 40%，高的已达到 51.5%，目前低于 48% 的第一步要追赶到 48%，争取达到 50% 的水平。大高炉都应建立炉腹煤气量指数软件，保持高炉长期稳定顺行的良好状态。

6.5.2.8 实现高炉矿焦混装降低燃料比的实施方案

高炉软熔带的透气性是高炉顺行的关键，其占高炉阻力损失的 60% 以上，矿焦混装后焦炭支持其上部料层的负荷，使矿石层在高温下能保持一定的空隙度，煤气流通过这些空隙，为炉料的透气性和改善高温下的还原提供了保障，这对大料批布料条件下作用尤为明显，也为煤气流在软熔带的合理分布创造了条件。矿焦混装对软熔带透气性的影响见表 6-15。日本的研究证明：在 1050~1200℃ 的高温下，无论烧结矿的比例是 75% 还是 65%，当焦炭比例增加到 120kg/t 时，含铁矿物的还原率都会得到明显的改善。许满兴教授 2002 年就进行了矿焦混装对软熔带透气性影响的专题研究，并撰写了论文发表在《实用高炉炼铁技术》一书上。日本则将矿焦混装技术列为一项创新型炼铁工艺技术，并加以推广。

表 6-15 矿焦混装对软熔带透气性的影响

矿焦混装比例/%	T_{10}/%	T_s/℃	Δp_{max}/kPa	T_d/℃	ΔT/℃	S 值/kPa·℃
焦-矿-焦	1052	1160	29.20	1400	240	705.6
1/4 矿焦混装	1098	1295	16.46	1428	133	158.3

矿焦混装比例/%	T_{10}/%	T_s/℃	Δp_{max}/kPa	T_d/℃	ΔT/℃	S 值/kPa·℃
1/2 矿焦混装	1112	1396	6.37	1405	9	1.44
100% 矿焦混装	1050	1301	8.23	1400	99	34.65
1/2 矿焦分层装	1028	1118	19.80	1405	287	439.1

本低成本、低燃料比炼铁的战略方案和举措目标明确，就是要通过创新技术，用1~2年的时间，达到降低吨铁成本100元以上，实现平均吨铁燃料比低于500kg的水平，进入全国低成本、低燃料比先进企业的行列。五项创新技术是：

（1）降低采购成本、优化配矿，不降低入炉料质量的创新技术。

（2）采用褐铁块矿做烧结铺底料，有效提高烧结矿产量和降低燃料比创新技术。

（3）优化炉料结构，全面改善烧结矿质量，降低高炉炼铁燃料比的创新技术。

（4）烧结矿和焦炭质量，采用两项国家发明专利技术，有效改善烧结矿低温还原粉化和焦炭热态性能，进而改善高炉上、下部透气性的创新技术。

（5）实现矿焦混装，改善高炉下部软融带的透气性新技术。

以上低成本、低燃料比炼铁的战略举措和实施方案，是以先进的理论作为指导，以科学实验研究和技术培训为手段，以企业与高等院校产、学、研、用相结合为平台，以降低成本和炼铁燃料比为中心，把所在企业建设成全国低成本、低燃料比炼铁的先进企业，推动企业在钢铁业"困境"时期取得新的更大的发展。

参考文献

[1] 许满兴. 新世纪我国烧结生产技术发展现状与展望 [C]. 低成本、低燃料比炼铁新技术文集，2016：214~219.

[2] 许满兴. 我国球团生产技术现状及发展趋势 [C]. 2012 年度全国炼铁生产技术会议暨炼铁学术年会文集（上），2012.

[3] 许满兴，许赞文，张玉兰. 新世纪我国球团矿生产技术现状及发展趋势 [C]. 低成本、低燃料比炼铁新技术文集，2016：48~52.

[4] 许满兴. 企业打出降本增效"组合拳" 炼铁向烧结要效益 [C]. 2016 年度全国烧结球团技术交流会论文集，2016.

[5] 许满兴. 钢铁企业低成本、低燃料比炼铁的两大战略举措与八项实施方案 [C]. 2013 年钢铁企业低成本、低燃料比烧结炼铁新技术专题讲座文集，2013.

[6] 许满兴. 优化高炉炼铁 MgO/Al$_2$O$_3$ 提高高炉炉内操作水平和成本竞争力 [C]. 低成本、低燃料比炼铁新技术文集，2016：220~223.

[7] 杨雷. 莱钢 1880m³ 高炉低（MgO）操作实践 [J]. 炼铁，2016，35（4）：8.

附　　录

附录1　铁烧结矿、球团矿的冶金性能

序号	冶金性能名称	符号表示	概 念 描 述	标 准
1	还原度（900℃）	RI	还原性指用还原气体从铁矿石中排除与铁相结合的氧的难易程度的一种量度。 从还原曲线读出还原达到30%和60%时相对应的还原时间（min）。我国以3h的还原度指数 RI 作为考核用指标，还原速率指数 RVI 作为参考指标。测定标准为GB/T 13241—91"铁矿石还原性的测定方法"	$RI \geqslant 72\%$
2	还原速率指数	RVI		
3	低温还原粉化率（500℃）	RDI	指高炉含铁原料（如烧结矿、块矿、球团矿）在高炉上部较低温度下被煤气还原时，主要由于赤铁矿向磁铁矿转变，体积膨胀，产生应力，从而导致粉化的程度。低温还原粉化率是烧结矿重要的冶金性能指标之一。 还原粉化指数（RDI）表示还原后的铁矿石通过转鼓实验后的粉化程度，分别用 $RDI_{+6.3}$、$RDI_{+3.15}$、$RDI_{-0.5}$ 表示。实验结果评定以 $RDI_{+3.15}$ 的结果为考核指标，$RDI_{+6.3}$、$RDI_{-0.5}$ 只作为参考指标	$RDI_{+3.15} \geqslant 72\%$ $RDI_{-3.15} < 28\%$
4	荷重还原软化性能	T_{BS} T_{BE} ΔT_B	荷重还原软化性能反映炉料加入高炉后，炉身下部和炉腰部位透气性，这一部位悬料和炉腰结厚往往是由于炉料的荷重软化性能不良所造成的，故这一性能对高炉冶炼也显得比较重要，是矿石在高炉内开始还原软化温度，还原软化开始与终了温度区间的描述	$T_{BS} > 1100℃$ $\Delta T_B = T_{BE} - T_{BS} < 150℃$
5	熔融滴落性能	$\Delta T = T_d - T_s$ Δp_{max} S 值	铁矿石的熔融滴落性能简称熔滴性能，它是反映铁矿石进入高炉后，在高炉下部熔滴带的性状的，由于这一带的透气阻力占整个高炉阻力损失的60%以上，熔滴带的厚薄不仅影响高炉下部的透气性，它还直接影响脱硫和渗碳反应，从而影响高炉的产质量，因此它是铁矿石最重要的冶金性能	$T_s > 1400℃$ $\Delta T = T_d - T_s < 100℃$ $\Delta p_{max} < 1.76kPa$ S 值 $\leqslant 40kPa \cdot ℃$

续表

序号	冶金性能名称	符号表示	概 念 描 述	标 准
6	还原膨胀性能	RSI	还原膨胀性能是球团矿的重要冶金性能，由于氧化球团的主要矿物组成为 Fe_2O_3，Fe_2O_3 还原为 Fe_3O_4 过程中有个晶格转变，即由六方晶体转变为立方晶体，晶格常数由 0.542nm 增至 0.838nm，会产生体积膨胀 20%～25%，Fe_3O_4 还原为 FeO 过程中，体积膨胀可为 4%～11%	国际标准（ISO）规定：$RSI \leqslant 20\%$，$RSI \leqslant 15\%$ 为一级品。若 $RSI > 20\%$ 高炉只能搭配使用，若 $RSI > 30\%$ 称为灾难性膨胀，高炉不能用

附录2　铁矿粉的烧结基础特性

序号	基础特性名称	概 念 描 述	标 准
1	同化性	指铁矿粉在烧结矿过程中与 CaO 的反应能力，它表征的是铁矿粉在烧结过程中生成液相（黏结相）的难易程度。一般而言，高同化性的铁矿粉，在烧结过程中更容易生成液相。但是，基于烧结料层透气性以及烧结矿的质量等多方面考虑，并不希望作为核矿石的粗粒矿石过分熔化，故铁矿粉的同化性并非越高越好	铁矿粉最低同化温度 1275～1315℃
2	液相流动性	指在烧结过程中铁矿粉与 CaO 反应而生成液相的流动能力，它表征的是黏结相的"有效黏结范围"。一般而言，铁矿粉的液相流动性较高时，其黏结周围铁矿粉的范围也较大，从而提升烧结矿的固结强度。但是，铁矿粉的液相流动性也不宜过高，否则其黏结周围物料的黏结层厚度会变薄，易形成烧结体的薄壁大孔结构，而使烧结矿整体变脆，固结强度降低，也使烧结矿的还原性变差	液相流动性指数 0.7～1.6
3	黏结相强度特性	黏结相强度表征铁矿粉在烧结过程中形成的液相对其周围的核矿石进行固结的能力。在烧结工艺参数和混匀矿同化性、液相流动性等一定的条件下，以尽可能提高混匀矿黏结相自身强度为目标的配矿，有助于提升烧结矿的固结强度。	铁矿粉的黏结相强度 >500N

续表

序号	基础特性名称	概 念 描 述	标　准
4	铁酸钙生成特性	在烧结黏结相中，以复合铁酸钙（SFCA）矿物为主的黏结相性能最优。提升烧结矿中的复合铁酸钙含量，既有利于提高烧结矿固结强度，又有利于改善烧结矿的还原性。 在烧结工艺参数和混匀矿同化性、液相流动性、黏结相强度满足条件的情况下，选择铁酸钙生成特性优良的混匀矿，有助于改善烧结矿质量	
5	连晶特性	指铁矿石在造块过程中靠铁矿物晶体再结晶长大而形成固相固结的能力，可以通过测定纯铁矿粉试样高温焙烧后的抗压强度予以评价。 铁矿粉的连晶特性，表征的是其在烧结过程的高温状态下以连晶方式而固结成矿的能力，其指标是以烧结体连晶强度的形式表达	
6	铁矿粉除以上 5 个基础特性外，还有熔融特性、吸液性等		

附录 3　影响高炉炼铁燃料比 20 种因素量化分析

序号	影 响 因 素	量 化 分 析
1	入炉矿含铁品位的影响	在入炉品位 57% 左右条件下，入炉矿品位提高 1%，焦比下降 1.0%～1.5%，产量提高 2%～2.5%
2	烧结矿碱度（CaO/SiO_2）的影响	烧结矿碱度降低 0.1（当 $CaO/SiO_2 < 1.85$ 时），焦比升高 3%～3.5%，产量下降 3%～3.5%
3	烧结矿的 FeO 的影响	烧结矿的 FeO 升高 1%，高炉焦比升高 1.0%～1.5%，产量降低 1.0%～1.5%
4	烧结矿小于 5mm 粉末含量影响	小于 5mm 粉末增加 1%，焦比升高 0.5%，产量下降 0.5%～1.0%
5	烧结矿 RDI 的影响	当烧结矿的 $RDI_{+3.15} \leqslant 72\%$ 时，$RDI_{+3.15}$ 每提高 10%，高炉降低焦比 1.655%，产量提高 5.64%（$RDI \geqslant 72\%$ 以后，幅度递减）
6	含铁炉料还原性对焦比的影响	含铁原料还原度降低 10%，焦比升高 8～9kg/t，烧结矿的 MgO 每升高 1%，还原性下降 5%
7	入炉料 SiO_2 和渣量对焦比的影响	入炉料 SiO_2 升高 1%，渣量增加 30～35kg/t，渣量每增加 100kg/t，焦比升高 3.0%～3.5%（校正值 20kg）

续表

序号	影 响 因 素	量 化 分 析
8	热风温度的影响	高炉热风温度提高 100℃（在 900~1300℃ 风温范围内），入炉焦比下降 12~20kg/t，并随风温水平提高而递减
9	鼓风湿度的影响	高炉鼓风湿度提高 1g/m³，吨铁焦比降低 1kg，产量提高 0.1%~0.5%
10	富氧的影响	高炉鼓风富氧 1%，焦比下降 0.5%，产量提高 2.5%~3.0%（随着富氧率提高递减）
11	炉顶煤气压力的影响	顶压提高 10kPa，焦比下降 0.3%~0.5%
12	高炉煤气利用率的影响	煤气利用率提高 1%，吨铁入炉焦比下降 5kg
13	焦炭固定碳含量的影响	C 固下降 1%，焦比升高 2%，产量下降 3%
14	焦炭含水分的影响	焦炭含 H_2O 提高 1%，焦比升高 1.1%~1.3%，产量降低 2.0%~3.0%
15	焦炭 S 含量的影响	焦炭 S 含量升高 0.1%，焦比升高 1.2%~2.0%，产量降低 2.0%~3.0%
16	焦炭灰分的影响	焦炭灰分（A）升高 1%，焦比升高 1.7%~2.3%，产量降低 2.0%~3.0%
17	焦炭 M_{40} 的影响	焦炭 M_{40} 升高 1%，焦比下降 5.6kg/t，产量提高 1.6%
18	焦炭 M_{10} 的影响	焦炭 M_{10} 降低 0.2%，焦比下降 7kg/t，产量提高 5.0%
19	焦炭热态性能的影响	焦炭反应性 CRI 升高 1%，吨铁焦比上升 3kg，产量降低 3.9%，焦炭反应后的强度下降 1%，焦比上升 3~6kg/t，产量下降 4.65%
20	生铁含 Si 量的影响	生铁 Si 含量下降 0.1%，入炉焦比下降 4~5kg/t

附录 4　瑞典 LKAB 公司球团矿的质量状况

年份	球团种类	化学成分（质量分数）/%						CaO /SiO₂	MgO/SiO₂	RI/% (ISO 7215)
		TFe	FeO	SiO₂	CaO	MgO	Al₂O₃			
1983	酸性球团	66.1	1.0	3.8	0.2	0.3	0.5	0.05	0.08	73.8
	橄榄石球团	66.5	0.6	2.74	0.13	1.14	0.5	0.05	0.42	76.1
	橄榄石球团	65.9	1.0	2.8	2.1		0.5	0.07	0.75	75.5
	橄榄石球团	66.6	1.1	1.69	0.16	2.02	0.47	0.09	1.20	82.6

续表

年份	球团种类	化学成分（质量分数）/%						CaO /SiO$_2$	MgO/SiO$_2$	RI/% (ISO 7215)
		TFe	FeO	SiO$_2$	CaO	MgO	Al$_2$O$_3$			
1995	橄榄石球团	66.7	0.6	2.1	0.22	1.6	0.24	0.10	0.76	76.0
	橄榄石球团	66.1	0.5	2.1	0.30	1.9	0.30	0.14	0.90	76.0
	橄榄石球团	66.7	0.5	2.1	0.25	—	—	0.12	—	—
	RD 球团	67.5	0.4	0.95	1.05	0.75	0.25	1.11	0.79	—

年份	球团种类	物 理 性 能						
		粒度组成/%				转鼓指数/%		单球抗压强度
		−16mm	−12.5mm	−9mm	−5mm	6.3mm	−0.5mm	（10~12.5mm）/N
1995	橄榄石球团	98.0	73.0	—	1.0	95	4	2350
	橄榄石球团	98.0	73.0	—	1.0	95	5	2350
	橄榄石球团	98.0	73.0	—	1.0	95	4	2250
	RD 球团	97.0	60.0	4.0	1.0	95	3.0	2650

年份	球团种类	化学成分（质量分数）/%						CaO /SiO$_2$	MgO/SiO$_2$	RI/% (ISO 4695)
		TFe	FeO	SiO$_2$	CaO	MgO	Al$_2$O$_3$			
2013	高炉球团	66.9	0.4	2.60	0.55	0.52	0.23	0.21	0.20	65
	橄榄石球团	66.6	0.4	2.10	0.46	1.40	0.23	0.22	0.67	
	橄榄石球团	66.8	0.5	1.80	0.45	1.30	0.32	0.25	0.72	
	RD 球团	67.9	0.3	0.75	0.90	0.65	0.16	1.20	0.87	

年份	球团种类	物 理 性 能						
		粒度组成/%				转鼓指数/%		单球抗压强度
		−16mm	−12.5mm	−9mm	−5mm	>6.3mm	−0.5mm	（10~12.5mm）/N
2013	高炉球团	99	78	3	1	96	4	2450
	橄榄石球团	99	73	3	1	96	4	2250
	橄榄石球团	99	83	4	1	95	4	2150
	RD 球团	98	35	3	1	94	5	2550

附录5　国外代表性企业高炉炉料结构及相关技术经济指标

企　业	炉料结构/%			高炉技术经济指标				
	烧结矿	球团矿	块矿	利用系数 /t·(m³·d)⁻¹	入炉品位(THM)/%	焦比/kg·t⁻¹	煤比/kg·t⁻¹	渣铁比/kg·t⁻¹
荷兰霍戈文 6BF	49	47	4	3.06	61.81	316	206	211
芬兰罗德罗基	75	25	—	2.9	62.5	439（燃料比）		203
英国雷德卡 1BF	62	7	31	2.32	59.5	470（燃料比）		284
瑞典乌克瑟 4BF	89.91	7.06	3.03	2.16		379	90	164
施威尔根 1BF	61	27.6	11.4	—	—	313	168	279
神户厂 3BF	86.5	0.5	13.0	2.19	59.31	308	188	270
加拿大寞伐斯科	—	100	—	3.2	65.10	480	—	194
瑞典瑞钢	0.5	97.2	2.3	3.5	66.5	457（燃料比）	—	146
瑞典 SSAB 3 号	0.95 钢渣	92.05	7.0 压块	2.60	65.69	300	150	160
瑞典 SSAB 4 号	1.27	88.56	10.17	2.91	65.26	332+20	90	153

附录6　2001~2016 年我国生铁年产量、年进口铁矿石量、年国产铁矿石量

（万吨）

项目	2001	2002	2003	2004	2005	2006	2007	2008	2009	2010	2011	2012	2013	2014	2015	2016
我国生铁年产量	14541	16765	20235	25166	33741	40751	46945	47067	54375	59022	62969	65790	70897	71614	69141	70073
年进口铁矿石量	9231	11149	14819	20807	27524	32630	38367	44365	62778	61865	68608	74355	81310	93269	95284	1032412
年国产铁矿石量	21701	23144	26108	33546	42049	58817	70700	82401	88127	107155	132694	130964	145101	151424	138129	128089

注：国产铁矿石是原矿产量。

参考文献

[1] Lars Bentell, Lars Norrman. LKAB 公司加橄榄石球团的生产和使用，烧结球团，1983.

[2] BHP research newcastle laboratories prperties of world iron ores, Pellets and HBI, 1996 (172).

[3] LKAB PRODUCTS 2013 OUR Prodrcts 2013 (9).